FPGA/CPLD 數位電路設計入門與應用實務—使用 Quartus II (附系統、範例光碟)

莊慧仁　編著

全華圖書股份有限公司

Altera Semiconductor Technology Service (Shanghai) Co., Ltd.
RM301 Changxing Building, No.888 Bi Bo Road Pudong,
Shanghai 201203, China
Tel: 86-21-61461700   Fax: 86-21-50277881

Date: Mar. 13th, 2015

全華圖書股份有限公司

台灣(236)新北市土城區忠義路 21 號

收件人: 周常瑞 先生

聯絡電話: (02)2262-5666*826

Dear Sir

This is to acknowledge that you may extract the contents, including text, charts and photographs from our software Quartus II 8.1 (in a CD ROM to be attached with the book) in your textbook of "FPGA/CPLD 數位電路設計入門與實務應用－使用 Quartus II (第五版)(附系統.範例光碟)" that will be published worldwide.

However, please note that Altera has ceased support on MAX + Plus II Development Software. Users are advised to move onto Development Software.

Yours sincerely

Yarkeen Jiang

Product Marketing APAC, Stratix & Arria & SW/IP

Altera International Ltd

序 言

　　近年來 FPGA/CPLD 在邏輯閘密度與速度大幅提升，不僅電路體積縮小，其功效與保密性也相對提高許多，因此，越來越多的 IC 設計者利用此數位積體電路來驗證及研發設計。而 FPGA/CPLD 可讓使用者藉由電腦輔助設計工具，從簡單的布林函數運算式、暫存器功能、內嵌記憶體至複雜功能 IP 模組等，以簡單的繪圖法及高階硬體描述語言 HDL 編輯，使用者可自行整合其邏輯電路及重複進行設計重組之電路驗證功能。這有別於傳統數位邏輯及微處理機(單晶片)的設計課程，其中在數位邏輯電路實驗中，每一個實驗必須完成硬體線路，並藉由許多儀器量測電路驗證，需要耗費許多人力及物力；另外於微處理機(單晶片) 電路實驗中，在程式編輯方面使用低階組合語言，學生不易了解。

　　QuartusII 軟體是 Altera 公司續 Max+PlusII 軟體之後，所開發之 FPGA/CPLD 的電腦輔助設計工具，此軟體之基本功能有輸入專案程式、專案程式編譯及合成、功能模擬分析、佈局及配置、時序模擬分析及專案程式燒錄。

　　本書以 QuartusII 8.1 版為開發平台，從基本的算術邏輯設計、組合邏輯設計、計數器至除頻器設計，循序漸進，最後應用上述之設計完成複雜的專案設計。書中內容分基礎篇及綜合應用專題篇，其中在基礎篇，為了讓讀者能容易理解，分別以圖形編輯、AHDL 編輯及 VHDL 編輯三種方式設計。而綜合應用專題篇為實務篇，所以使用 AHDL、VHDL 及 Verilog HDL 混合編輯設計。另外，應用華亨數位實驗器所提供擴充子卡，整合 VGA 顯示、Audio 音訊及 PS/2 滑鼠控制等模組，可設計出具有 Audio 音效之遊戲專案。也使用 Altera UP1 教學實驗板來完成跑馬燈電路設計。書中所有的範例專案程式均燒錄在所附的光碟片上，提供給讀者參考。

　　本書的最大特色是應用 VGA 顯示模組之部份，從簡單的乒乓球遊戲設計，進入具有 Audio 音效之乒乓球遊戲設計，利用 PS/2 之滑鼠移動平台進行遊戲，使讀者不僅了解 VGA 顯示、PS/2 滑鼠及 Audio 音訊之應用，也可以知道如何應用 FPGA/CPLD 在電子遊戲領域上。最後感謝華亨科技有限公司提供相關設備及資料，以及茂綸股份有限公司提供 Altera 軟體相關資料及授權書，讓本書能夠順利完成。

編 輯 部 序

　　「系統編輯」是我們的編輯方針，我們所提供給您的，絕不只是一本書，而是關於這門學問的所有知識，它們由淺入深，循序漸進。

　　本書是一本簡單、易懂的數位電路設計及應用。書中軟體是以 Quartus II 8.1 版做為開發平台並運用到數位電路設計。將理論數位電路與現今的 FPGA/CPLD，透過電腦輔助設計工具相結合，使讀者可以應用各種編輯技術設計晶片外，更讓讀者了解如何將 FPGA/CPLD 應用在電子遊戲領域之晶片上。本書共有七章:包括 Quartus II 軟體安裝及設計簡介、算術邏輯電路設計、組合邏輯電路設計、計數器及除頻器設計、綜合練習設計、綜合練習設計、綜合應用專題以及具有 Audio 音效乒乓球遊戲實作等介紹。適用於私立大學、科大電子、電機、資工系「數位電路設計」、「數位系統設計」、「FPGA 系統設計」課程。

　　同時，為了使您能有系統且循序漸進研習相關方面的叢書，我們以流程圖方式，列出各有關圖書的閱讀順序，以減少您研習此門學問的摸索時間，並能對這門學問有完整的知識。若您在這方面有任何問題，歡迎來函連繫，我們將竭誠為您服務。

相關叢書介紹

書號：06108007
書名：FPGA 數位邏輯設計－使用
　　　Xilinx ISE 發展系統(附程式範
　　　例光碟)
編著：鄭群星
16K/704 頁/580 元

書號：05546017
書名：FPGA 晶片設計與專題製作
　　　(第二版)(附範例光碟)
編著：劉紹漢
16K/616 頁/560 元

書號：06231017
書名：FPGA/CPLD 可程式化邏輯設計
　　　實習：使用 VHDL 與 Terasic
　　　DE2(第二版)(附範例光碟)
編著：宋啓嘉
16K/336 頁/380 元

書號：06159017
書名：電路設計模擬－應用 PSpice
　　　中文版(第二版)(附中文版試
　　　用版及範例光碟)
編著：盧勤庸
16K/336 頁/350 元

書號：06052027
書名：電腦輔助電路設計－活用
　　　PSpice A/D －基礎與應用
　　　(第三版)(附試用版與範例
　　　光碟)
編著：陳淳杰
16K/416 頁/420 元

書號：05579027
書名：Verilog 晶片設計
　　　(附範例程式光碟)(第三版)
編著：林灶生
16K/424 頁/480 元

書號：06177017
書名：乙級數位電子術科秘笈(使
　　　用 VHDL/Verilog-HDL)
　　　(2012 第二版)(附範例程式
　　　光碟)
編著：Deniel Chia.王炳聰.林彥伯
菊 8/166 頁/230 元

◎上列書價若有變動，請以
　最新定價為準。

流程圖

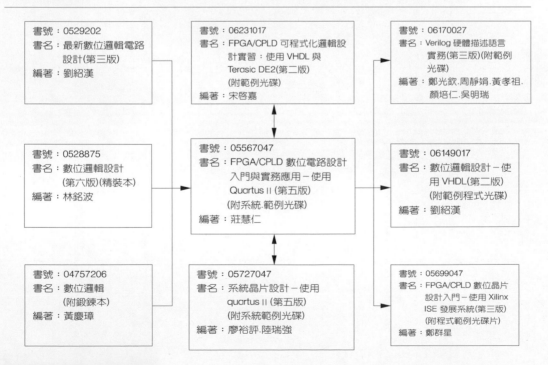

書號：0529202
書名：最新數位邏輯電路
　　　設計(第三版)
編著：劉紹漢

書號：0528875
書名：數位邏輯設計
　　　(第六版)(精裝本)
編著：林銘波

書號：04757206
書名：數位邏輯
　　　(附鍛鍊本)
編著：黃慶璋

書號：06231017
書名：FPGA/CPLD 可程式化邏輯設
　　　計實習：使用 VHDL 與
　　　Terasic DE2(第二版)
　　　(附範例光碟)
編著：宋啓嘉

書號：05567047
書名：FPGA/CPLD 數位電路設計
　　　入門與實務應用－使用
　　　Quartus II (第五版)
　　　(附系統.範例光碟)
編著：莊慧仁

書號：05727047
書名：系統晶片設計－使用
　　　quartus II (第五版)
　　　(附系統範例光碟)
編著：廖裕評.陸瑞強

書號：06170027
書名：Verilog 硬體描述語言
　　　實務(第三版)(附範例
　　　光碟)
編著：鄭光欽.周靜娟.黃孝祖.
　　　顏培仁.吳明瑞

書號：06149017
書名：數位邏輯設計－使
　　　用 VHDL(第二版)
　　　(附範例程式光碟)
編著：劉紹漢

書號：05699047
書名：FPGA/CPLD 數位晶片
　　　設計入門－使用 Xilinx
　　　ISE 發展系統(第三版)
　　　(附程式範例光碟片)
編著：鄭群星

目 錄

第 3 章　組合邏輯電路設計

第 4 章   計數器及除頻器設計

第 5 章　綜合練習設計

第 6 章　綜合應用專題篇

第 7 章　具有 Audio 音效乒乓球遊戲實作

附錄 A　華亨數位實驗器 Cyclone FPGA 擴充卡之 Video DAC 元件介紹

附錄 B

參考書籍

參考資料

QuartusII 軟體安裝
及設計流程簡介

本章主要針對 QuartusII 軟體介紹,首先示範 QuartusII 軟體安裝,再介紹 QuartusII 軟體之設計流程,最後簡介 QuartusII 軟體基本功能。

1.1 QuartusII 軟體安裝

使用 PC 版 Altera QuartusII 軟體安裝時,系統硬體配備需求如下:

- PC:PentiumII 400 等級以上之 PC,RAM 記憶體至少需要 512MB RAM,但是強烈建議您配備 1GB 以上之 RAM 。
- 作業系統:Windows 2000 或 XP。
- 硬碟空間:建議安裝前預留硬碟空間為 256 MB。
- 螢幕及繪圖卡:彩色螢幕及 SVGA 卡。
- 網路卡:安裝 TCP/IP 網路通信協定之網路卡
- 輸入/輸出埠(I/O port) :一平行埠及兩個串列埠 (1P/2S)。

● 滑鼠：與 Windows 相容的二鍵或三鍵之滑鼠。

● 光碟機：安裝 Altera 軟體用。

安裝 QuartusII 軟體於電腦上，首先將 Altera QuartusII 軟體光碟置入光碟機，螢幕隨即出現如圖 1.1 所示之安裝畫面，請將 "81_quartus_free" 點兩下。

圖 1.1　QuartusII 起始畫面

圖 1.2 為 Altera QuartusII 軟體安裝精靈的歡迎畫面，使用者請直接點選『Next』。

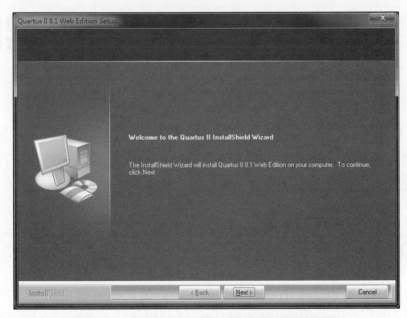

圖 1.2　QuartusII 軟體安裝精靈的歡迎畫面

　　圖 1.3 為 Altera QuartusII 之軟體版權宣告畫面，請選擇 "I accept the terms of the license agreement" 並點選『Next』。

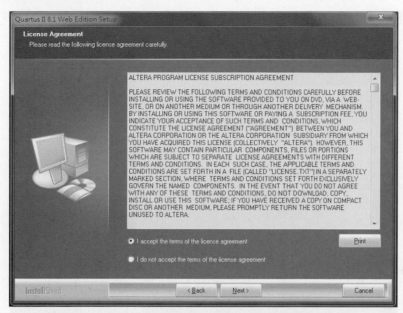

圖 1.3　QuartusII 之軟體版權宣告畫面

　　圖 1.4 為輸入使用者名稱及使用者單位名稱之畫面，使用者請於 User 欄位內輸入使用者名稱；Company Name 欄位內，輸入使用者單位名稱即可，並點選『Next』。

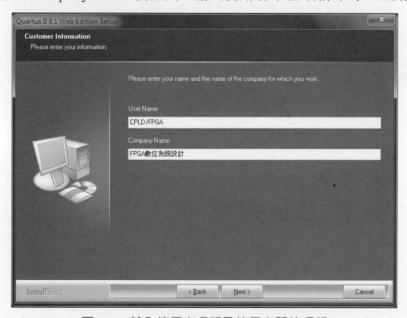

圖 1.4　輸入使用者名稱及使用者單位名稱

　　圖 1.5 為指定所欲安裝的路徑。通常 Altera QuartusII 軟體內定為 C:\altera\ 81 安裝路徑。當使用者安裝 QuartusII 完成，將於磁碟 C:\altera 內多了 81 資料夾。但建議若無特別需求，盡可能使用軟體內定的安裝路徑。當使用者定安裝路徑後，請點選『Next』。

圖 1.5　輸入使用者名稱及使用者單位名稱

　　圖 1.6 為選擇 Complete 或 Custom 安裝畫面，可由使用者選擇安裝方式，其中包含 Complete 及 Custom 選項。建議除非是硬碟空間不足，否則最好是選擇 Complete 選項，並點選『Next』。

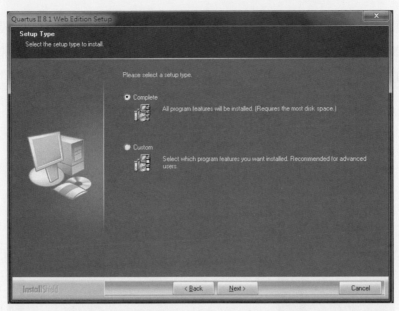

圖 1.6　選擇 Complete 或 Custom 安裝

　　圖 1.7 為指定 Altera　QuartusII 存放圖示(Icon)檔案的路徑畫面，可以直接採用安
裝程式預設的 Altera 即可，並點選『Next』。

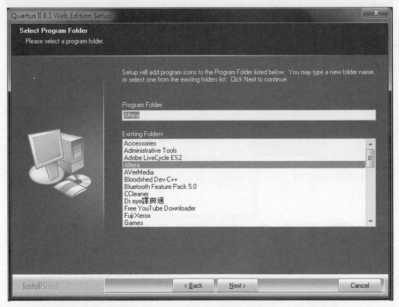

圖 1.7　指定 Altera QuartusII 存放圖示檔案的路徑

　　圖 1.8 為軟體安裝設定之確認畫面，使用者若需修改先前之軟體設定，可點選
"Back"返回修改。反之，若安裝設定正確，可點選『Next』，安裝程式隨即進行檔案
複製，如圖 1.9 所示。

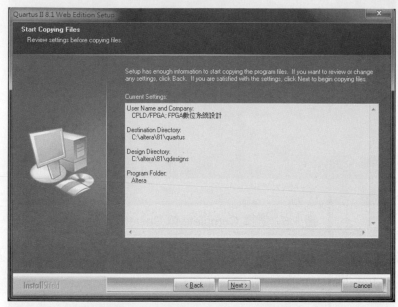

圖 1.8　軟體安裝設定之確認畫面

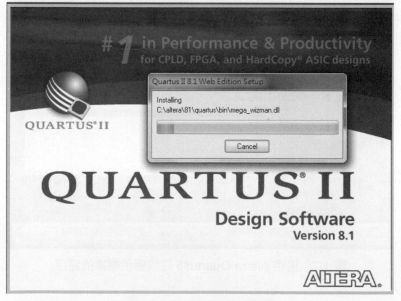

圖 1.9　開始執行軟體安裝

圖 1.10 為安裝完成對話框，詢問使用者是否於桌面建立超連結圖示。

圖 1.10　安裝完成對話框

圖 1.11 為完成 QuartusII 軟體安裝畫面，點選『Finish』完成 QuartusII 軟體安裝。

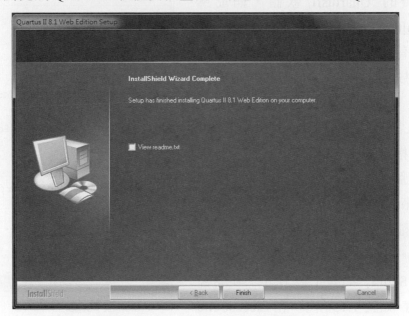

圖 1.11　完成 QuartusII 軟體安裝

　　當 QuartusII 8.1 版安裝完畢，於 C:\altera\81\目錄下產生 qdesigns 及 quartus 的資料夾。在 qdesigns 資料夾內包含有 fir_filter、incr_comp_makefile、logiclock_makefile 及 vhdl_verilog_tutorial 等參考設計，此參考設計為 Altera 原廠提供給使用者參考。而於 quartus 資料夾內包含 QuartusII 軟體工具相關檔案，如 bin 目錄下的 QuartusII 主程式、lmf 目錄下提供合成(synthesis)用途的元件庫映射檔案(library mapping file，lmf)、

在軟體 License 取得方面，QuartusII 為付費軟體，國內目前有國家晶片系統設計中心可以免費提供給學術界申請 Altera QuartusII 使用。申請人僅限定具有教師身份，且擁有國家晶片系統設計中心所提供的教職員帳號，始可上網申請軟體。學校教師可至以下網頁申請http://www.cic.org.tw。

由於晶片中心所提供的全功能版軟體僅供學術界使用，所以學校教師申請時，僅在學術網域所提供的固定 IP 才能使用。不過，原廠亦有提供免費版本的 QuartusII 軟體為"Web Edition"，學生可至 Altera 原廠網址申請免費的 QuartusII 軟體，網址為http://www.altera.com。此免費 QuartusII 軟體其功能是有受限制的，如 LogicLock 無法使用，或可供組態(Configuration)的元件數較少等。

當使用者第一次使用 QuartusII 軟體時，必須先指定其 License。若使用者以上網申請免費版本軟體，使用者將會收到由 Altera 原廠以電子郵件方式寄回之 License.dat 檔案。使用者可將此 License 儲存於硬碟內。並至 QuartusII 主選單 Tools 下的 License Setup，如圖 1.12 所示。並開啟 Options 視窗，如圖 1.13 所示，在 License file 欄位中指定 License.dat 路徑，點選 OK，即可正式使用 QuartusII 軟體。

圖 1.12　開啟 License Setup 視窗步驟

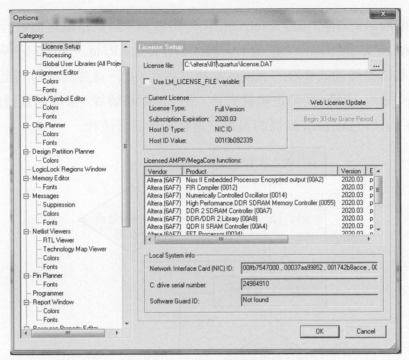

圖 1.13　License 設定

1.2　QuartusII 軟體介紹

　　QuartusII 軟體是 Altera 公司續 Max+PlusII 軟體之後，所開發之 FPGA(Field Programmable Gate Array)或 CPLD(Complex Programmable Logic Device)的電腦輔助設計工具，其主要是針對數百萬閘 PLD 以內的系統整合所設計，在功能上除了保留 Altera 之 Max+PlusII 的特色，也整合 NativeLink、Synopsys、Viewlogic、Cadence 及 nStep 等功能以縮短設計編譯時間，另外亦提供內嵌式邏輯分析儀(SignalTap)、內嵌式邏輯探針(Signal– Probe)、邏輯區塊(LogicLock)等功能以縮短驗證時間。自從 Altera 推出了 QuartusII 開發軟體後，Max+PlusII 已經有被 QuartusII 取代的趨勢，所以本書以 QuartusII 8.1 版為開發平台。

　　由於 QuartusII 軟體具有上述之優點，所以 IC 設計者可以使用 QuartusII 軟體，將所撰寫之可供合成(synthesis)的硬體描述語言(Hardware Description Language, HDL)，如 AHDL (Altera HDL) 、VHDL(Very High Speed Integrated Circuit HDL)、Verilog HDL、暫存器轉移層級(Register Transistor Level,RTL)及繪圖法(schematic)方

式，轉換成閘層級的網路(gate-level netlist)電路檔，並以網路電路檔進行模擬分析。再經由 QuartusII 軟體所提供之配置與繞線工具(Place& Route tools)，將模擬正確之閘層級的網路電路檔轉換成實際的 Altera 晶片的內部格式。當實際地對映至晶片上的查找表(Lookup Table)架構，同時也繞線完畢，最後作下載燒錄，來達到實體驗證(Silicon Proof)。圖 1.14 為 QuartusII 軟體的可程式邏輯元件設計流程。

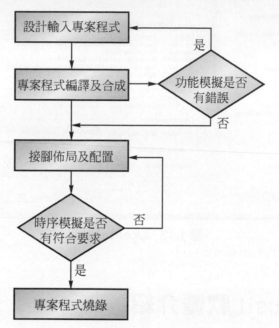

圖 1.14　QuartusII 軟體的可程式邏輯元件設計流程

其設計流程如下：

1.　輸入專案(Project)程式

　　　由於 QuartusII 軟體可支援多種設計輸入(Design Entry)，如繪圖/區塊法設計輸入，AHDL、VHDL、Verilog HDL 等硬體描述語言設計輸入，及第三方(third party)軟體所產生的設計網路檔(netlist *.EDF)，因此使用者可以選擇自己最熟悉的設計輸入方法。

2.　專案程式編譯(Compiler)及合成(Synthesis)

　　　當設計專案程式建立完成，即可執行設計專案程式的編譯，其中先進行語法分析及校正，若無任何不合法的設計問題，設計者即可執行邏輯合成的動作，此邏輯合成階段，包含將所有設計檔予以整合，並將整個設計轉換成低階的的設計描述，亦即轉換成所謂的閘層級(gate-level)網路檔。

3. 功能(Functional)模擬分析

　　若語法分析及校正正確，可進行 Simulator 模擬工具，在不考慮延遲時間 (Delay Time)狀況，執行功能的波形模擬分析，QuartusII 可以產生供波形模擬 的設計功能之網路檔。

4. 佈局及配置(Place & Route)

　　若模擬結果正確，則進行晶片接腳佈局及配置的編譯動作，此階段主要是 將邏輯合成所產生的閘層級設計檔，根據所使用之 Altera FPGA 元件架構，逐 一映射(Mapping)或擺放(Placement)至元件內，包含繞線、邏輯單元、記憶體區 塊等等。

5. 時序(Timing)模擬分析

　　接著進行 Simulator 模擬工具，在考慮延遲時間狀況，執行時序的波形模 擬分析，則 QuartusII 將可以產生具有 Altera 元件內部時間參數之模擬網路檔， 供作第三方模擬軟體使用。若時序分析的波形模擬結果，不符合設計者要求， 則重新進行晶片接腳佈局及配置的編譯動作。

6. 專案程式燒錄(Programmer)

　　若執行晶片接腳佈局及配置的模擬結果正確，即可進行燒錄模擬分析，並 產生燒錄檔如(*.SOF 或*.POF)，將所設計的專案程式燒錄在晶片上。

1.3　QuartusII 軟體基本功能介紹

　　本書將以 QuartusII 軟體的可程式邏輯元件設計流程完成所有專案設計，此軟體 之基本功能從輸入專案程式、專案程式編譯及合成、功能模擬分析、佈局及配置、時 序模擬分析至專案程式燒錄，其功能介紹如下：

1.3.1　電路圖編輯(Schematic Editor)

　　圖 1.15 為電路圖編輯視窗。電路圖編輯是在此編輯視窗中建立邏輯電路設計， 完成之檔案格式為*.bdf，如何利用此編輯器完成專案，在第二章中會詳細描述。

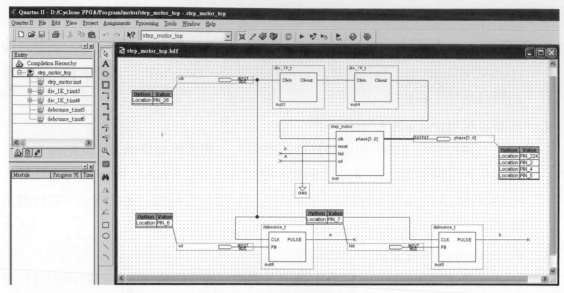

圖 1.15　電路圖編輯視窗

1.3.2　文字編輯(Text Editor)

　　Quartus II 軟體可支援 AHDL(***.tdf**)、VHDL(***.vdf**)、Verilog HDL(***.v**)等硬體描述語言設計輸入，使用者可以選擇自己最熟悉的設計輸入語法，利用文字編輯器完成專案的編輯，如何利用此編輯器完成專案，在第二章中會詳細描述。而每種硬體描述語言的語法及架構有其差異，其中在語法上本節只針對常使用的運算子建立比較表格，如表 1.1 所示，另外的差異於第二章中會詳細描述。

表 1.1　AHDL 與 VHDL 運算子比較表

AHDL		VHDL	
運算子	範例	運算子	範例
+(加)	counter[ ].q + 1	+(加)	counter + 1
-(減)	counter[ ].q - 1	-(減)	counter - 1
= =(等於)	counter[ ].q = = 0	=(等於)	counter[ ].q = = '0'
=(指定)	counter[ ].d = 0	:=(指定)	counter := 0
>(大於)	counter[ ] > 99	>(大於)	counter > 99
>=(大於或等於)	counter[ ] >= 99	>=(大於或等於)	counter >= 99
!(not,反閘)	! x	not (反閘)	not x
&(and,及閘)	x & y	and (及閘)	x and y

表 1.1　AHDL 與 VHDL 運算子比較表(續)

AHDL		VHDL	
運算子	範例	運算子	範例
!&(nand,反及閘)	x !& y	nand (反及閘)	x! nand y
$(xor,互斥或閘)	x $ y	xor (互斥或閘)	x xor y
!$(nxor,反互斥或閘)	x !$ y	nxor (反互斥或閘)	x nxor y
#(or,或閘)	x # y	or (或閘)	x or y
!#(nor,反或閘)	x !# y	nor (反或閘)	x nor y

1.3.3　專案編譯(Compiler)

　　QuartusII 的編譯，包含執行電路的分析與合成(Analysis & Synthesis)、配置 (Fitter)、組譯(Assembler)及時間分析(Timing Analyzer)的執行工作。圖 1.16 為 QuatusII 執行編譯的狀態視窗，此狀態視窗提供使用者了解每一個編譯的執行步驟狀態及所耗 費的執行時間。最後編譯完成會產生燒錄用的輸出檔如*.sof 或*.pof 等燒錄檔。

Module	Progress %	Time
Full Compilation	100 %	00:00:24
Analysis & Synthesis	100 %	00:00:08
Fitter	100 %	00:00:11
Assembler	100 %	00:00:03
Timing Analyzer	100 %	00:00:01

圖 1.16　編譯狀態視窗

1.3.4　波形編輯(Waveform Editor)

　　圖 1.17 為波形編輯視窗，此視窗是將所有輸入訊號波形編輯完後，存成*.vwf 檔。

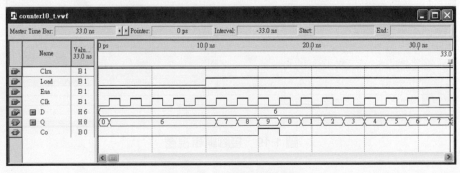

圖 1.17　波形編輯視窗

1.3.5 波形模擬(Waveform Simulator)

圖 1.18 為波形模擬視窗，此視窗是選擇在波形模擬過程考慮或不考慮延遲時間。

圖 1.18　波形模擬視窗

1.3.6 接腳編輯(Pin Assignment Editor)

圖 1.19 為接腳編輯視窗，此視窗是將接腳配置接腳號碼，並將閘層級的網路電路檔成實際的 Altera 晶片的內部格式。

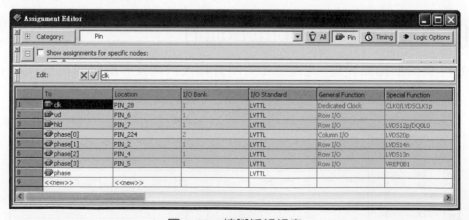

圖 1.19　接腳編輯視窗

1.3.7　燒錄(Programmer)

圖 1.20 為燒錄視窗，此視窗是將輸出檔如*.sof 或*.pof 等燒錄檔，透過 ByteBlasterII 燒錄纜線，燒錄至 Cyclone FPGA 基板。

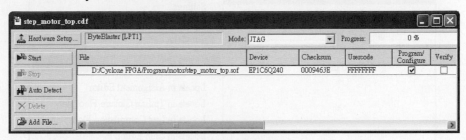

圖 1.20　燒錄視窗

1.3.8　專案內次模組(Sub-Module)之個別編譯

每一個專案設計，必定會有一個最上層的設計檔，亦就是所謂的 Top-File，此 Top-File 設計檔在任何專案設計中只能有一個。當選擇使用 QuartusII 的標準編譯時，只要每次修改專案其中的一個設計檔並進行電路驗證時，它將會從 Top-File 對整個專案從頭到尾重新編譯；若專案的程式很複雜，則非常浪費此專案之編譯時間。為了提高專案之編譯效率，QuartusII 允許只針對某個次模組(Sub-Module)進行編譯與驗證的工作，而無須進行整個 Top-File 編譯，大大節省了電路驗證的時間。

若以階層式設計架構(Hierarchy Architecture)來說，可以指定任一個次模組電路成為 Top-Level Entity，則此次模組電路同階層或上一階層的模組電路將被忽略，而只有被設為 Top-Level Entity 的次模組電路及其以下階層的模組才會被進行編譯。

圖 1.21 為專案瀏覽視窗下的階層導覽樹狀架構，圖中專案 lcdmdr8_p2 為 Top-File，其五個次模組電路如 lcdmdr8、div_1K_t、lpm_roa、div_100_t、div_10。在第一次編譯時，QuartusII 將以預設值 lcdmdr8_p2 為 Top-File 進行專案的編譯。

當要將 lcdmdr8 次模組電路變更成為 Top Level Entity 時，使用滑鼠右鍵點選欲設定成為 Top File 的 lcdmdr8 次模組 entity，並在出現的下拉式選單內，選擇『**Set as Top-Level Entity**』，如圖 1.21 所示。

此時，專案瀏覽視窗(Project Nevigator)下的階層導覽(Hierarchy View)，將可看到 Top Level Entity 已變更成為 lcdmdr8 次模組，如圖 1.22 所示。若以滑鼠右鍵點選 "lcdmdr8"，就可進行 lcdmdr8 的編譯設定(Compiler Setting Wizard…)或模擬設定(Simulation Setting Wizard…)。

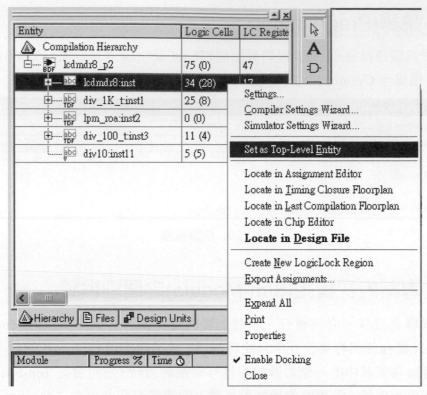

圖 1.21　專案瀏覽視窗下的階層導覽樹狀架構

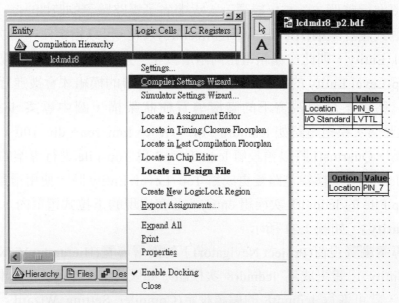

圖 1.22　Top Level Entity 已變更為 lcdmdr8 次模組

　　當 lcdmdr8 次模組完成驗證後，若要再切換以 lcdmdr8_p2 為 Top-File，可於專案瀏覽視窗下的文件導覽(File View)，以滑鼠右鍵點選 "lcdmdr8_p2" 將其重新指定為 Top-Level-Entity，如圖 1.23 所示。此時 lcdmdr8_p2 又回到專案的最上層 Top Level Entity，將可再重新執行 lcdmdr8_p2 專案的編譯。

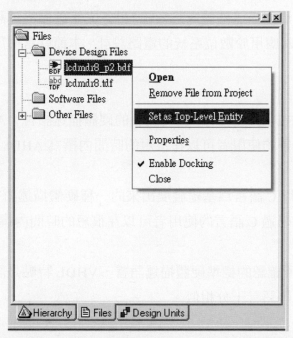

圖 1.23　滑鼠右鍵點選 lcdmdr8_p2.bdf 檔案

　　本書內容分基礎篇及綜合應用專題篇，其中在基礎篇的內容有算術邏輯設計、組合邏輯設計、計數器及除頻器設計，最後應用上述之設計完成簡單的綜合練習設計。而在專題篇的內容則應用華亨數位實驗器 Cyclone FPGA 為實驗器平台，分別以可調整時間之電子鐘實作、LCD 廣告字幕實作、VGA 顯示控制遊戲實作、步進馬達控制實作、8 乘 8 點矩陣廣告燈實作與繼電器控制實作外。另外，應用華亨數位實驗器所提供擴充子卡，整合 VGA 顯示、Audio 音效及 PS/2 滑鼠控制等模組，設計出具有 Audio 音效之遊戲專案。

1.4 硬體描述語言(HDL)介紹

由於 QuartusII 軟體可支援多種設計輸入(Design Entry)，如圖形硬體描述語言(繪圖/區塊法)設計輸入及文字硬體描述語言(AHDL、VHDL、Verilog HDL 等)設計輸入，因此使用者可以選擇自己最熟悉的設計輸入方法進行模擬分析。其中圖形硬體描述語言是直接使用電路圖形來描述硬體電路系統；另外文字硬體描述語言是以文字來描述硬體電路系統，其最常應用於數位系統的電路設計。本節就常使用的硬體描述語言語法簡單的介紹。

1. AHDL

Altera HDL(AHDL)是 ALTERA 公司開發的硬體描述語言，AHDL 特點是非常易學易用，學過高階語言的使用者可以在很短的時間內撰寫 AHDL。

2. Verilog HDL

Verilog HDL 是以 C 語言為基礎發展出來的一種硬體描述語言，Verilog HDL 特點是易學易用，如有學過 C 語言的使用者可以在很短的時間內撰寫 Verilog HDL。

3. VHDL

VHDL 是 IEEE 所確認的標準硬體描述語言，VHDL 特點是語言形式、描述風格和語法，與一般的高階語言十分相似。

1.4.1 程式架構

本節就 AHDL 及 VHDL 使用的硬體描述語言程式架構簡單的介紹。

1. AHDL 程式架構

以 AHDL 來編輯 4 位元乘法器電路為例，其編輯程式之架構有函數宣告、設計實體(輸入輸出接腳宣告)、變數宣告及主程式。

(1)函數宣告：AHDL 可引用電路的包含檔(.inc)，本例為引用已完成之電路的包含檔 *halfadder.inc*(半加器)及 *fulladder.inc*(全加器)。其中 halfadder(半加器)的輸入接腳有 ai(被加數) 及 bi(加數)，輸出接腳有 so(半加器的和)及 co(向高位元的進位)；另外 fulladder(全加器)的輸入接腳有 ai(被加數)、bi(加數)及 ci(低位元進位)，輸出接腳有 so(全加器的和)及 co(向高位元的進位)。

(2) 設計實體(輸入輸出接腳宣告) ：此部分包含 AHDL 電路名稱及輸入輸出接腳宣告。其中 AHDL 電路名稱必須與專案名稱相同，在 SUBDESIGN 之後為此電路名

稱 *mult4bit_t*；另外輸入接腳為 *A[3..0],B[3..0]*，其中 *A[3..0]*為一匯流排，共有
A[3]、A[2]、A[1]及 A[0]四條輸入接腳，輸出接腳為 *M[7..0]*，共有八條輸出接腳。

(3) 變數宣告：AHDL 的變數可以是結點、基本邏輯函數或自行產生的電路邏輯函數。
本例變數宣告有結點及自行產生的電路邏輯函數，宣告結點有 *N0* 至 *N15*；另外
宣電路邏輯函數 *halfadder* 有 *h1* 至 *h4* 及 *fulladder* 有 *f1* 至 *f8*。

(4) 主程式：此部分為 AHDL 電路之邏輯描述區，BEGIN 為邏輯描述區的開始，END
為邏輯描述區的結束。邏輯描述區中 *N0=A0 & B0* 是分別將輸入接腳 A0 與 B0 做
AND，結果給(連接至)結點 N0；*h1.ai=N1* 是將結點 N1 的值給(連接至)h1 (半加器)
的 ai 接腳；*f2.ci=h2.co* 是將 h2 (半加器)的 co 的值給(連接至)f2 (全加器)的 ci 接腳；
M1=h1.so 是將 h1 (半加器)的 so 的值給(連接至)M1 輸出接腳。

AHDL 之 4 位元乘法器電路

　　　　函數宣告
INCLUDE "halfadder.inc";
INCLUDE "fulladder.inc";

　　　　設計實體(輸入輸出接腳宣告)
SUBDESIGN mult4bit_t
(
　　　　A[3..0],B[3..0]　　: INPUT
　　　　M[7..0]　　　　　: OUTPUT;
)

　　　　變數宣告
VARIABLE
N0,N1,N2,N3,N4,N5,N6,N7,N8,N9,N10,N11,N12,N13,N14,N15 : Node;
h1,h2,h3,h4　　　　　　:halfadder;
f1,f2,f3,f4,f5,f6,f7,f8　　　:fulladder;

主程式

```
BEGIN
N0=A0 & B0; N1=A1 & B0; N2=A0 & B1; N3=A2 & B0;
N4=A1 & B1; N5=A0 & B2; N6=A3 & B0; N7=A2 & B1;
N8=A1 & B2; N9=A0 & B3; N10=A3 & B1; N11=A2 & B2;
N12=A1 & B3; N13=A3 & B2; N14=A2 & B3; N15=A3 & B3;
h1.ai=N1; h1.bi=N2;
f1.ci=N3; f1.ai=N4; f1.bi=N5;
h2.ai=h1.co; h2.bi=f1.so;
f2.ci=h2.co; f2.ai=f1.co; f2.bi=N6;
f3.ci=N7; f3.ai=N8; f3.bi=N9;
h3.ai=f2.so; h3.bi=f3.so;
f4.ci=h3.co; f4.ai=f2.co; f4.bi=f3.co;
f5.ci=N10; f5.ai=N11; f5.bi=N12;
h4.ai=f4.so; h4.bi=f5.so;
f6.ci=h4.co; f6.ai=f4.co; f6.bi=f5.co;
f7.ci=f6.so; f7.ai=N13; f7.bi=N14;
f8.ci=f6.co; f8.ai=f7.co; f8.bi=N15;
M0=N0; M1=h1.so; M2=h2.so; M3=h3.so;
M4=h4.so; M5=f7.so; M6=f8.so; M7=f8.co;
END;
```

2. VHDL 程式架構

　　以 VHDL 來編輯 4 位元乘法器電路為例，其編輯程式之架構有函數宣告、設計實體 ENTITY (輸入輸出接腳宣告)、結構體(Architecture)。

(1) 函數宣告：VHDL 可使用不同的函數庫，函數庫與函數庫之間是獨立的。函數庫可以分為 IEEE 函數庫、STD 函數庫、ASIC 函數庫、用戶定義函數庫及 WORK 函數庫。除了 STD 函數庫及 WORK 函數庫之外，另外的 3 種函數庫在使用前都要做說明。各函數庫的說明格式如下：

(a) IEEE 函數庫

在 IEEE 函數庫中有 *std_logic_1164* 的標準包集合；另外也有著名公司提供的
函數庫，如 *std_logic_arith* 及 *std_logic_unsigned*。說明格式如下：

> *LIBRARY ieee;*
> *USE ieee.std_logic_1164.all;*

(b) STD 函數庫

STD 函數庫是 VHDL 的標準函數庫，在函數庫中有 *standard* 的標準包集合；
另外也有 *textio* 的包集合，在使用 *textio* 的包集合中的數據時，應先說明函數
庫和包集合名，即可使用該包集合中的數據。說明格式如下：

> *LIBRARY std;*
> *USE std.textio.all;*

(c) ASIC 函數庫

為了讓使用者進行模擬，各個公司亦有提供 ASIC 的邏輯閘函數庫，使用時，
應先說明函數庫。

(d) 用戶定義函數庫

用戶可以將自身設計開發的共用包集合及實體定義成函數庫，使用時，應先
說明函數庫。

(e) WORK 函數庫

WORK 函數庫是目前作業庫。設計者所描述的 VHDL 語法不需要做任何說
明，都將存放在 WORK 函數庫中，使用時，不需要做任何說明。

(2) 設計實體(輸入輸出接腳宣告)：此部分包含 VHDL 電路名稱及輸入輸出接腳宣
告。其中 VHDL 電路名稱必須與專案名稱相同，以 *ENTITY mult4bit_v IS* 為開始
在 ENTITY 之後為此電路名稱 *mult4bit_v*，以 *END mult4bit_v* 為結束；另外 *port*
為設計實體與輸入輸出接腳的描述，包括接腳的名稱、輸入輸出方向和數據類型，
如 *A : IN　STD_LOGIC_VECTOR(3 downto 0)*，其中 A 為一輸入匯流排，共有四條
輸入接腳；*M : OUT　STD_LOGIC_VECTOR(7 downto 0)*，M 為一輸出匯流排，共
有八條輸出接腳。

(3) 結構體(Architecture)：包含變數宣告及主程式，其具體結構描述如下：
ARCHITECTURE 結構體名稱 OF　電路名稱　IS。
變數宣告:內部信號、常數、數據類型及函數等的定義。

BEGIN

邏輯描述區

END;

本例以 *ARCHITECTURE bdf_type OF mult4bit_v IS* 為開始，其中 *bdf_type* 是結構體名稱，*mult4bit_v* 是電路名稱。宣告一四位元乘法器套件 *mult4bit_lpm_vdf*為變數，如下：

　　component mult4bit_lpm_vdf

　　PORT(dataa : IN STD_LOGIC_VECTOR(3 downto 0);

　　datab : IN STD_LOGIC_VECTOR(3 downto 0);

　　result : OUT STD_LOGIC_VECTOR(7 downto 0));

　　end component;

BEGIN 為邏輯描述區的開始，END 為邏輯描述區的結束，邏輯描述區中引用元件的語法如下：

　b2v_inst : mult4bit_lpm_vdf

　PORT MAP(dataa => A,

　　　　　datab => B,

　　　　　result => M);

引用名稱為 *b2v_inst* ，引用元件名稱為 *mult4bit_lpm_vdf* ，引用元件的參數為 *dataa*、*datab* 及 *result*，實際參數為 *A*、*B* 及 *M*。

VHDL 之 4 位元乘法器電路

　　函數宣告

LIBRARY ieee;

USE ieee.std_logic_1164.all;

LIBRARY work;

　　設計實體(輸入輸出接腳宣告)

ENTITY mult4bit_v IS

```
    port
        (A :   IN   STD_LOGIC_VECTOR(3 downto 0);
         B :   IN   STD_LOGIC_VECTOR(3 downto 0);
         M :   OUT   STD_LOGIC_VECTOR(7 downto 0)
        );
END mult4bit_v;
```

結構體
```
ARCHITECTURE bdf_type OF mult4bit_v IS
component mult4bit_lpm_vdf
PORT(
        dataa : IN STD_LOGIC_VECTOR(3 downto 0);
        datab : IN STD_LOGIC_VECTOR(3 downto 0);
        result : OUT STD_LOGIC_VECTOR(7 downto 0)
        );
end component;
BEGIN
b2v_inst : mult4bit_lpm_vdf
PORT MAP(dataa => A,
            datab => B,
            result => M);
END bdf_type;
```

1.4.2　運算操作與層次化設計的使用

　　本節就 AHDL 及 VHDL 使用的硬體描述語言程式中運算操作與層次化設計介紹。
1.　AHDL 語法
　　以 AHDL 來編輯七段顯示器掃瞄器電路為例，其編輯硬體描述語言程式中運算
操作與層次化設計介紹如下。

(1) 運算操作：硬體描述語言程式中，宣告變數 *scansel[2..0]* :DFF 是定義 *scansel[2..0]* 為正反器。在邏輯描述區中 *scansel[].clk=scanclkin* 為 scanclkin 輸入接腳的值給(連接至)*scansel[].clk*，其中 *scansel[].clk* 代表所有 scansel 正反器的 clk 接腳。*scansel[].q==5* 為邏輯運算，當 *scansel[].q* 的值等於 5 時，邏輯運算結果為真(1)，其中 *scansel[].q* 代表所有 scansel 正反器的 q 接腳。*scansel[].d=0* 為算數運算，將 0 給 *scansel[].d*，其中 *scansel[].d* 代表所有 scansel 正反器的 d 接腳。*scansel[].d=scansel[].q+1* 為算數運算，將 *scansel[].q* 加 1 後給 *scansel[].d*。*scansel[]* => *scanout[]* 為建表對應值，當 *scansel[]* 之值為 0 時，*scanout[]* 之對應值為 b"000001"，其中 b 代表二位進。

(2) 層次化設計：層次化設計可使用多選擇控制的 IF 語法。其語法為

IF 條件句 THEN 順序語句；
ELSIF 條件句 THEN 順序語句；
ELSIF 條件句 THEN 順序語句；
ELSE 順序語句；
END IF。

本例中假如 *scansel[].q==5* 邏輯運算結果為真(1)時，就執行 *scansel[].d=0*，然後執行 *END IF* 結束 IF。否則 *scansel[].q==5* 邏輯運算結果為假(0)時，執行 *scansel[].d=scansel[].q+1*，然後執行 *END IF* 結束 IF，其語法如下。

> *IF   (scansel[].q==5)   THEN   scansel[].d=0;*
> *ELSE   scansel[].d=scansel[].q+1;*
> *END IF ;*

另外 TABLE 建表，以 *TABLE* 為開始，*END TABLE* 為建表結束。

AHDL 之七段顯示器掃瞄器電路

設計實體(輸入輸出接腳宣告)

SUBDESIGN seven_seg_scan_t
(scanclkin   : INPUT ;
 scanout[5..0]   : OUTPUT;

```
    scansel[2..0]              : OUTPUT;)
--------------------------------------------------------------------------------
        變數宣告
VARIABLE         scansel[2..0]         :     DFF;
--------------------------------------------------------------------------------
        主程式
BEGIN
    scansel[].clk=scanclkin;
IF   (scansel[].q==5)   THEN scansel[].d=0;
ELSE  scansel[].d=scansel[].q+1;
END IF ;
  TABLE
    scansel[] => scanout[];
        0    => b"000001";
        1    => b"000010";
        2    => b"000100";
        3    => b"001000";
        4    => b"010000";
        5    => b"100000";
    END TABLE;
END;
```

2.　VHDL 語法

　　　以 VHDL 來編輯七段顯示器掃瞄器電路為例，其編輯硬體描述語言程式中運算操作與層次化設計介紹如下。

(1) 運算操作：本例在邏輯描述區中 PROCESS 語法，以 *PROCESS(scanclkin)*開始，以 *END PROCESS* 為結束，其中以 *scanclkin* 敏感信號量之變化，執行一次的 PROCESS。*(scanclkin'event AND scanclkin='1')*為檢測上升沿的語法，其含義是當 *scanclkin* 的值發生變化，且 *scanclkin* 的值為 1(high)時，即為一個上升沿。*imper1<"101"*為邏輯運算，當 imper1 的值小於"101"時，邏輯運算結果為眞(1)，

其中二進位"101"是代表十進位 5。*imper1:= imper1+1* 爲算數運算，將 imper1 加 1 後給 imper1，其中:=代表指定 imper1+1 給 imper1。*scansel<=imper1* 爲算數運算，將 imper1 給 scansel，其中<=代表右邊 imper1 值發生變化時，新值將賦於左邊 scansel。*imper1:="000"*爲算數運算，將"000"給 imper1，其中:=代表指定"000"給 imper1。*WHEN "000" => scanout<="000001"*爲建表對應值，當 imper1 之值爲"000" 時，scanout 之對應值爲"000001"，其中"000001"代表二位進。。

(2) 層次化設計：層次化設計：層次化設計可使用多選擇控制的 IF 語法。其語法爲
IF 條件句 THEN 順序語句；
ELSIF 條件句 THEN 順序語句；
ELSIF 條件句 THEN 順序語句；
ELSE 順序語句；
END IF。
本例中假如 *(scanclkin'event AND scanclkin='1')* 邏輯運算結果爲眞(1)時，且 *imper1<"101"* 邏輯運算結果爲眞(1)時，就執行 *imper1:= imper1+1* 及 *scansel<=imper1*，然後執行 *END IF* 結束 IF。若*(scanclkin'event AND scanclkin='1')* 邏輯運算結果爲眞(1)時，且 *imper1<"101"* 邏輯運算結果爲假(0)時，執行 *imper1:="000"*及 *scansel<=imper1*，然後執行 *END IF* 結束 IF。否則*(scanclkin'event AND scanclkin='1')* 邏輯運算結果爲假(0)時，執行 *END IF* 結束 IF，其語法如下。

  IF (scanclkin'event AND scanclkin='1') THEN
   IF imper1<"101" THEN imper1:= imper1+1; scansel<=imper1;
   ELSE   imper1:="000"; scansel<=imper1;
   END IF;
  END IF;

另外 CASE 語法是根據滿足的條件直接選擇多項順序語法中的一項執行，語法結構如下：
CASE 表達式 IS
WHEN 選擇値 => 順序語句；
WHEN 選擇値 => 順序語句；

…………

WHEN 選擇值 => 順序語句；

END CASE。

本例中*表達式*為 *imper1*，當 *imper1* 為"000"時，*scanout* 的值為"000001"；*imper1* 為"001"時，*scanout* 的值為"000010"；*imper1* 為"010"時，*scanout* 的值為"000100"；*imper1* 為"011"時，*scanout* 的值為"001000"；*imper1* 為"100"時，*scanout* 的值為 "010000"；*imper1* 為"101"時，*scanout* 的值為"100000"；否則 *scanout* 的值為 "000000"，其語法如下。

```
    CASE imper1 IS
        WHEN "000" => scanout<="000001";
        WHEN "001" => scanout<="000010";
        WHEN "010" => scanout<="000100";
        WHEN "011" => scanout<="001000";
        WHEN "100" => scanout<="010000";
        WHEN "101" => scanout<="100000";
        WHEN OTHERS => scanout<="000000";
    END CASE;
```

VHDL 之七段顯示器掃瞄器電路

函數宣告

LIBRARY IEEE;

USE IEEE.STD_LOGIC_1164.ALL;

USE ieee.std_logic_unsigned.all;

設計實體(輸入輸出接腳宣告)

ENTITY seven_seg_scan_v IS

　　port (scanclkin :　 IN　 STD_LOGIC;

　　　　 scanout　 :　 OUT　 STD_LOGIC_VECTOR(5 downto 0);

　　　　 scansel　 :　 OUT　　 STD_LOGIC_VECTOR(2 downto 0));

```
END seven_seg_scan_v;

--------------------------------------------------------------------------------
    結構體
ARCHITECTURE a OF seven_seg_scan_v IS
BEGIN
  PROCESS(scanclkin)
    VARIABLE imper1 :STD_LOGIC_VECTOR(2 downto 0);
    BEGIN
      IF (scanclkin'event AND scanclkin='1') THEN
          IF imper1<"101" THEN imper1:= imper1+1; scansel<=imper1;
          ELSE    imper1:="000"; scansel<=imper1;
          END IF;
        END IF;
      CASE imper1 IS
          WHEN "000" => scanout<="000001";
          WHEN "001" => scanout<="000010";
          WHEN "010" => scanout<="000100";
          WHEN "011" => scanout<="001000";
          WHEN "100" => scanout<="010000";
          WHEN "101" => scanout<="100000";
          WHEN OTHERS => scanout<="000000";
      END CASE;
  END PROCESS;
END a;
```

算術邏輯電路設計

本章主要針對基本的算術邏輯電路設計介紹，先簡介半加器及全加器之電路設計，再應用半加器及全加器組成加法器及乘法器等算術邏輯電路。並使用 QuartusII 開發平台分別以圖形編輯、AHDL 編輯及 VHDL 編輯三種方式設計。

2.1 半加器(Half Adder)

半加器是將兩個輸入的二進位數字相加，分別得到兩個輸出為和(SUM)及進位(CARRY)，此半加器只使用在最低位元的相加，其輸入接腳為 Ai、Bi，輸出接腳為 So、Co，真值表如表 2.1，布林方程式如下：

So = ($\overline{\text{Ai}}$ and Bi) or (Ai and $\overline{\text{Bi}}$)

Co = Ai and Bi

表 2.1　半加器真值表

輸入		輸出	
Ai	Bi	So	Co
0	0	0	0
1	0	1	0
0	1	1	0
1	1	0	1

2.1.1　電路圖編輯半加器

設計程序如下：

1.　建立新的專案(Project)：

● 首先於 File 選單內，點選 New Project Wizard，並將出現 New Project Wizard 視窗。圖 2.1 為輸入此設計專案的工作路徑，可以直接輸入 D:\chap2，或點選 Browse(…)直接選取專案目錄名稱。指定設計專案之名稱，一般是以此專案的 top-level file 的名稱作為命名，例如 halfadder，並點選『下一步』。

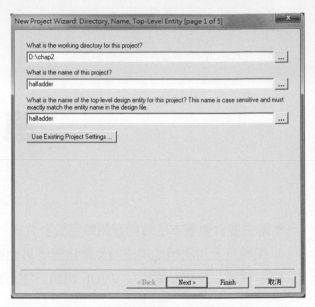

圖 2.1　新增專案設定精靈第一頁

● 圖 2.2 為載入即有資料夾中相關設計檔，至目前所建立的設計專案資料夾內，可點選 Browse(…)直接選取專案目錄名稱，再點選 Add 或 Add All 按鈕，選定相關 HDL 檔，並點選"開啓舊檔"將檔案載入。若此專案之相關 HDL 檔均與 top file 存放於同一工作目錄下，則無須另行載入，並點選"Next"。

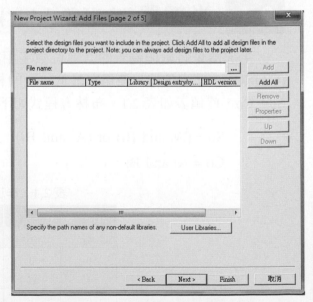

圖 2.2　新增專案設定精靈第二頁

● 圖 2.3 是提供使用者選擇所欲組態的 FPGA 元件。使用者可以藉由下圖視窗中的過濾器(filter)來篩選出所欲使用的元件。本範例選用 240 根腳位 Cyclone-EP1C6Q240C8 之元件編號。首先，使用者可選擇元件的族系 (Family)，例如選擇 Cyclone。再從 Show in 'available device' list 圖視窗中 Pin count 點選 240 根腳位，Speed grade 點選 8，最後於 available device 圖視窗中點選 EP1C6Q240C8 之元件編號。並點選『Next』。

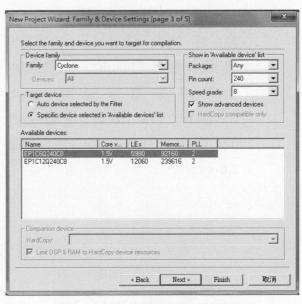

圖 2.3　新增專案設定精靈第三頁

● 圖 2.4 為使用其他 EDA 軟體工具的選取畫面。若使用者在尚未確定設計流程要配合的其他 EDA 軟體工具時，可略過此項步驟。

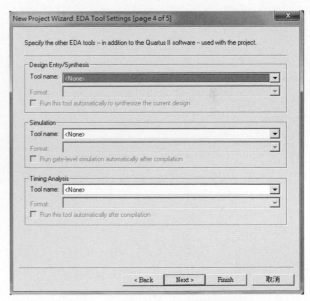

圖 2.4　新增專案設定精靈第四頁

● 最後如圖 2.5 所示，是將所有上述的設定值，再做一次確認。一旦確認無誤，則可點選『Finish』。並且於原本空的專案瀏覽視窗(Project Navigator)，將會出現最上層電路設計(top-file entity)名為 halfadder 如圖 2.6。

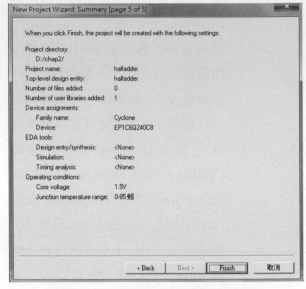

圖 2.5　新增專案設定精靈第五頁

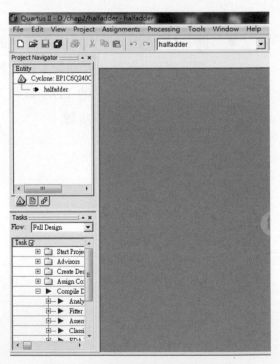

圖 2.6　新增專案設定精靈第六頁

2. 開啓新檔：
● 使用者可點選"File"，並於下拉式選單中點選"New"，將出現 New 視窗如圖 2.7 所示。於 Design Files 標籤下，選定欲開啓的檔案格式如"Block Diagram/Schematic File"，並點選 OK 後，一個新的區塊/圖形編輯器視窗，如圖 2.8 所示。

圖 2.7　建立新的檔案

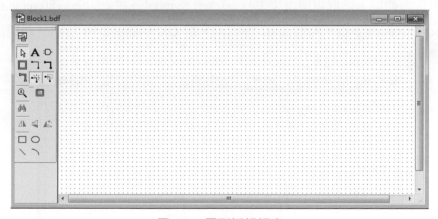

圖 2.8　圖形編輯視窗

3. 儲存檔案：

● 使用者可點選"File"，並於下拉式選單中點選"Save As"，可出現另存新檔的對話視窗如圖 2.9 所示。使用者可於 File name 欄位填入欲儲存之檔名例如 halfadder，並勾選 Add file to current project 後，點選"存檔"即可。

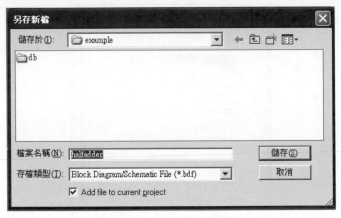

圖 2.9 儲存設計檔案

4. 編輯視窗中建立邏輯電路設計：

● 選定物件插入時的位置，在圖形編輯視窗畫面內適當的位置點一下。

● 引入邏輯閘，選取視窗選單 Edit→Insert Symbol→在 c:/altera//80/quaturs/libraries/ primitive/logic 處，點選 and2 邏輯閘，按 OK，如圖 2.10 所示。再選出一個 xor 邏輯閘。

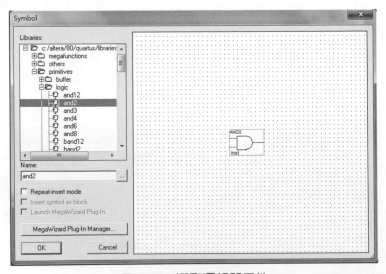

圖 2.10 選取邏輯閘元件

- 引入輸入及輸出接腳，選取視窗選單 Edit→Insert Symbol→在 c:/altera/80/quaturs/libraries/primitive/pin 處，點選二個 input 閘，及二個 output 閘。
- 更改輸入及輸出接腳名稱，在'PIN_NAME'處按兩下，更改輸入接腳為 Ai 與 Bi，輸出接腳為 So 與 Co。
- 連線，點選 ⌐ 按鈕，將 Ai 腳與 Bi 腳連接到 xor 與 and2 的輸入端，將 So 腳與 Co 腳連接到 xor 與 and2 的輸出端，如圖 2.11 所示。

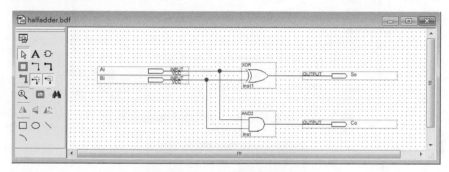

圖 2.11　半加器電路

5. 存檔並編譯，選取視窗選單 Processing→Compiler Tool→Start，即可進行編譯，如圖 2.12 所示，產生 halfadder.sof 或.pof 燒錄檔。

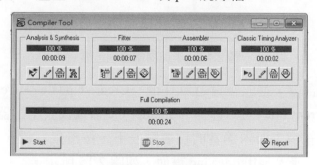

圖 2.12　編譯

6. 創造電路符號，選取視窗選單 File→Create/Update→Create Symbol Files for Current File，出現 Create Symbol File 儲存視窗畫面如圖 2.13 所示，可以產生 halfadder.bsf 檔以代表半加器電路的符號。在圖形編輯視窗畫面內適當的位置點一下，按滑鼠右鍵，選取 Open Symbol File，進入 halfadder.bsf 畫面如圖 2.14 所示。

圖 2.13　產生 Create Symbol File 儲存視窗

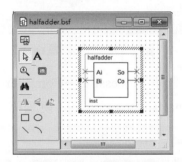

圖 2.14　半加器電路包含檔

7.　創造電路包含檔，選取視窗選單 File→Create/Update→Create AHDL Include Files for Current File，可以產生 halfadder.inc 檔以代表半加器電路的函數形態。在圖形編輯視窗畫面內適當的位置點一下，按滑鼠右鍵，選取 Open AHDL Include File，進入 halfadder.inc 畫面，如圖 2.15 所示。

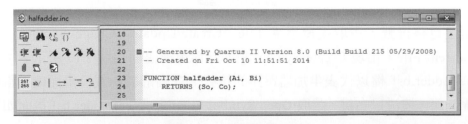

圖 2.15　延遲時間分析

8. 延遲時間分析，選取視窗選單
   Processing→Classic Timing
   Analyzer Tool，即可產生如圖 2.16
   的延遲時間分析結果。

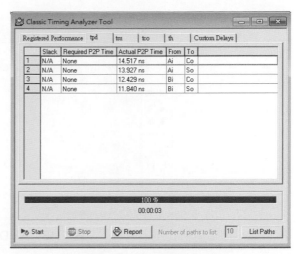

圖 2.16　延遲時間分析

2.1.2　AHDL 編輯半加器

　　AHDL 設計程序如下：

1. 建立新的專案(Project)：
   ● 首先於 File 選單內，點選 New Project Wizard，並將出現 New Project Wizard 視
     窗，其輸入步驟與電路圖編輯設計程序相同，如圖 2.1 至圖 2.6。

2. 開啟新檔：
   ● 使用者可點選 "File"，並於選單中點選
     "New"，將出現 New 視窗如圖 2.17 所示。
     於 Design Files 標籤下，選定欲開啟的檔
     案格式如 "AHDL File"，並點選 OK 後，一
     個新的 AHDL 文字編輯器視窗即展開如
     圖 2.18 所示。

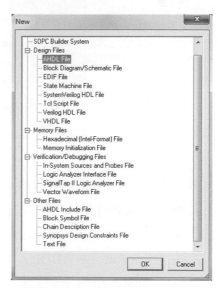

圖 2.17　建立新的 AHDL 檔案

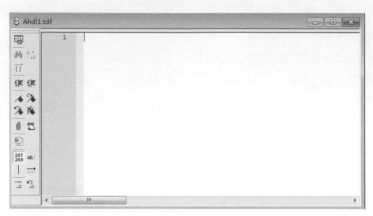

圖 2.18　AHDL 文字編輯視窗

3. 儲存檔案：

● 使用者可點選"File"，並於下拉式選單中點選"Save As"，可出現另存新檔的對話視窗如圖 2.19 所示。使用者可於 File name 欄位填入欲儲存之檔名例如 halfadder_t，並勾選 Add file to current project 後，點選"存檔"即可。

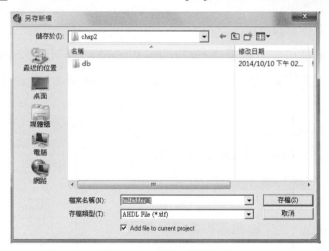

圖 2.19　儲存設計檔案

4. 編輯視窗中程式編輯設計：

● 選定物件插入時的位置，在文字編輯視窗畫面內第 1 列的位置點一下。

● 插入樣本(Template)，選取視窗選單 Edit → Insert Template → Language template → AHDL，在 Architecture 處，點選 Subdesign Section 樣本，按 OK，如圖 2.20 所示。

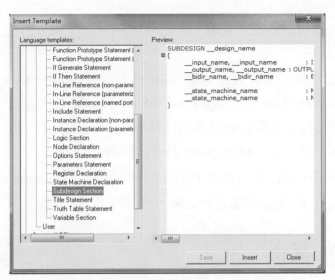

圖 2.20 選取 Subdesign Section 樣本

- 更改電路名稱與檔名相同，更改電路名稱'_design_name'為 halfadder_t。更改接腳名稱，以 Ai、Bi 替換 INPUT 前的變數，以 So、Co 替換 OUTPUT 前的變數，並刪除不需要的腳位。
- 邏輯描述，插入樣本'Logic Section'，在 BEGIN 與 END 間插入布林方程式，將 Ai AND Bi 的計算結果指定給 Co，再將 Ai XOR Bi 的計算結果指定給 So，如圖 2.21 所示。

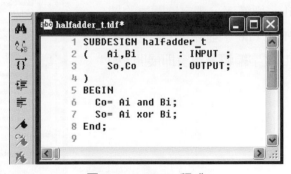

圖 2.21 AHDL 程式

5. 存檔並編譯，選取視窗選單 Processing→Compiler Tool→Start，即可進行編譯，如圖 2.12 所示，產生 halfadder_t.sof 或.pof 燒錄檔。

6. 創造電路符號，選取視窗選單 File→Create/Update→Create Symbol Files for Current File，出現 Create Symbol File 儲存視窗畫面如圖 2.13 所示，可以產生 halfadder_t.bsf 檔以代表半加器電路的符號。在圖形編輯視窗畫面內適當的位置點一下，按滑鼠右鍵，選取 Open Symbol File，進入 halfadder_t.bsf 畫面如圖 2.14 所示。

7. 創造電路包含檔，選取視窗選單 File→Create/Update→Create AHDL Include Files for Current File，可以產生 halfadder_t.inc 檔以代表半加器電路的函數形態。在圖形編輯視窗畫面內適當的位置點一下，按滑鼠右鍵，選取 Open AHDL Include File，進入 halfadder_t.inc 畫面，如圖 2.15 所示。

8. 延遲時間分析，選取視窗選單 Processing→Classic Timing Analyzer Tool，即可產生如圖 2.16 的延遲時間分析結果。

2.1.3 VHDL 編輯半加器

VHDL 設計程序如下：

1. 建立新的專案(Project)：
   ● 首先於 File 選單內，點選 New Project Wizard，並將出現 New Project Wizard 視窗，其輸入步驟與電路圖編輯設計程序相同，如圖 2.1 至圖 2.6。

2. 開啓新檔：
   ● 使用者可點選 "File"，並於選單中點選 "New"，將出現 New 視窗如圖 2.22 所示。於 Design Files 標籤下，選定欲開啓的檔案格式如 "VHDL File"，並點選 OK 後，一個新的 VHDL 文字編輯器視窗即展開，如圖 2.23 所示。

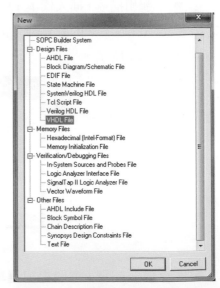

圖 2.22　建立新的 VHDL 檔案

● 使用者可點選"File"，並於選單中點選"New"，將出現 New 視窗如圖 2.22 所示。
於 Device Design Files 標籤下，選定欲開啓的檔案格式如"VHDL File"，並點選
OK 後，一個新的 VHDL 文字編輯器視窗即展開，如圖 2.23 所示。

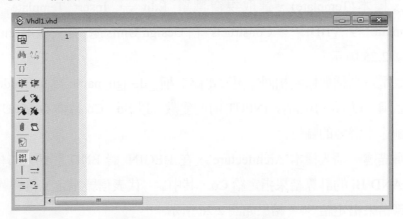

圖 2.23　VHDL 文字編輯視窗

3. 儲存檔案：

● 使用者可點選"File"，並於下拉式選單中點選"Save As"，可出現另存新檔的對話
視窗如圖 2.24 所示。使用者可於 File name 欄位填入欲儲存之檔名例如
halfadder_v，並勾選 Add file to current project 後，點選"存檔"即可。

圖 2.24　儲存設計檔案

4. 編輯視窗中程式編輯設計：
   - 選定物件插入時的位置，在文字編輯視窗畫面內第 1 列的位置點一下。
   - 插入樣本 (Template)，選取視窗選單 Edit → Insert Template → Language template → VHDL → Constructs，在 Design Units 處，插入樣本'Entity'，按 OK，如圖 2.25 所示。
   - 更改電路名稱與檔名相同，更改電路名稱'_design_name'為 halfadder_v。更改接腳名稱，以 Ai、Bi 替換 INPUT 前的變數，以 So、Co 替換 OUTPUT 前的變數，並刪除不需要的腳位。
   - 邏輯描述，插入樣本'Architecture'，在 BEGIN 與 END 間插入布林方程式，將 Ai AND Bi 的計算結果指定給 Co，其中'<='代表信號指定。再將 Ai XOR Bi 的計算結果指定給 So，結果如圖 2.26 所示。

5. 存檔並編譯，選取視窗選單 Processing→Compiler Tool→Start，即可進行編譯，如圖 2.12 所示，產生 halfadder_v.sof 或.pof 燒錄檔。

6. 創造電路符號，選取視窗選單 File → Create/Update → Create Symbol Files for Current File，可以產生 halfadder_v.bsf 檔以代表半加器電路的符號。在圖形編輯視窗畫面內適當的位置點一下，按滑鼠右鍵，選取 Open Symbol File，進入 halfadder_v.bsf 畫面，如圖 2.14 所示。

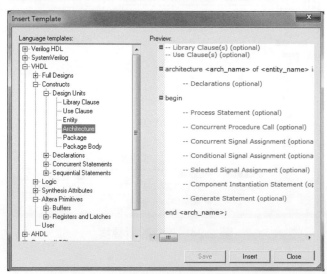

圖 2.25　選取 Entity Declaration 樣本

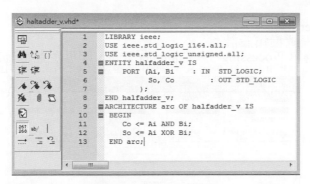

圖 2.26 VHDL 程式

7. 創造電路包含檔，選取視窗選單 File → Create/Update → Create AHDL
   Include Files for Current File，可以產生 halfadder_v.inc 檔以代表半加器電路的
   函數形態。在圖形編輯視窗畫面內適當的位置點一下，按滑鼠右鍵，選取 Open
   AHDL Include File，進入 halfadder_v.inc 畫面，如圖 2.15 所示。

8. 延遲時間分析，選取視窗選單 Processing→Classic Timing Analyzer Tool，即可
   產生如圖 2.16 的延遲時間分析結果。

2.1.4 模擬半加器

模擬流程如下：

1. 開啟專案(Open Project)：
   - 首先於 File 選單內，點選 Open Project，並將出現 Open Project 視窗，選取專
     案"halfadder.qpf"，如圖 2.27。

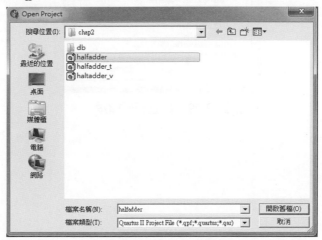

圖 2.27 開啟專案

2. 編譯(Complier) ▶ ：

- 選取視窗選單 Processing → Complier Tool，即可產生如圖 2.28 的編譯結果。

圖 2.28　編譯結果

3. 建立波形檔案(Vector Waveform File)：

- File ＼ New，選擇 Verification / Debugging Files 標籤，再選定 Vector Waveform File，如圖 2.29 所示。

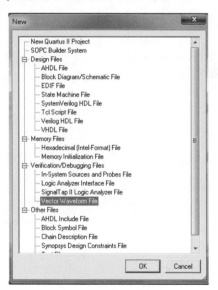

圖 2.29　建立波形檔案

● 點選『OK』，開啟 Waveform Editor 編輯一個新的波形檔 Vector Waveform File (.vwf)，如圖 2.30 所示。

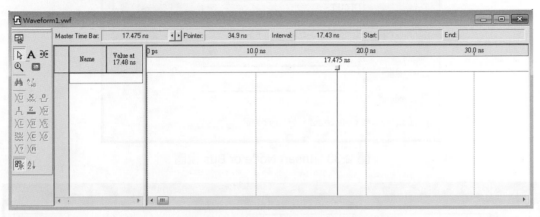

圖 2.30　編輯一個新的波形檔

● 點選 Edit 主選單下的 End Time...設定模擬的時間範圍，如圖 2.31 所示。
● 點選 Edit 主選單下的 Grid Size，如圖 2.32 所示，可設定時間軸刻度大小。

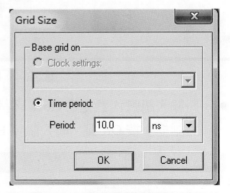

圖 2.31　設定模擬的時間範圍　　　　圖 2.32　設定時間軸刻度大小

● 以滑鼠右鍵點選波形編輯器 Name 欄位，並選擇 "Insert Node or Bus..."，如圖 2.33 所示，可加入訊號，再選 Node Finder，出現如圖 2.34 對話框，選 List，選擇 Nodes Found 中的輸入與輸出，按"=>"鍵將 Ai、Bi、So 及 Co 移至右邊，按兩次 OK 鍵進行波形模擬。

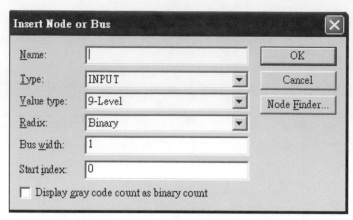

圖 2.33　Insert Node or Bus 視窗

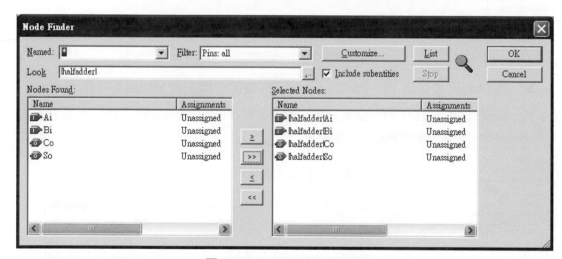

圖 2.34　Node Finder 視窗

● 將輸入訊號 A 設定為 clock，點選該訊號，按 [X] 設定 clock 特性，出現如圖 2.35 對話框，按 OK 鍵。輸入訊號 B 設定為 High，點選該訊號，按 [凸] 。

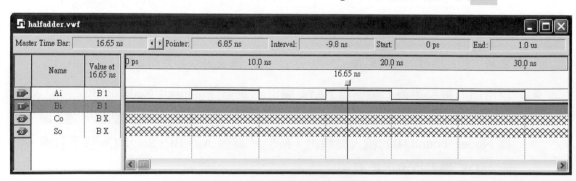

圖 2.35　輸入訊號設定視窗

- 所有輸入訊號波形編輯完後，存成 halfadder.vwf 檔。Snap to Grid  可以方便使用者依照 Grid，正確選定線段邊界。

- 執行波形模擬，可於 Processing 主選單下的 Simulation Tool，開始執行波形模擬，如圖 2.36 所示。

圖 2.36　執行波形模擬步驟

- Simulation mode 有兩種選擇：

  選擇 Functional 時，再選擇 Generate Functional Simulation Netlist 鍵，產生 Functional 所需的網路表，此模式在模擬過程不考慮延遲時間，按 Start 鍵，開始執行波形模擬(如圖 2.37 所示)。

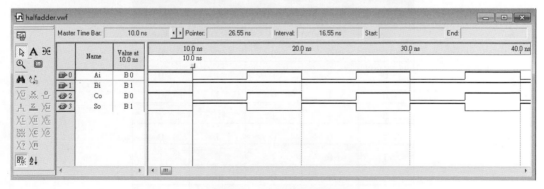

圖 2.37　波形模擬結果

選擇 Timing 時，此模式在模擬過程考慮延遲時間，按 Start 鍵，開始執行波形模擬(如圖 2.38 所示)。

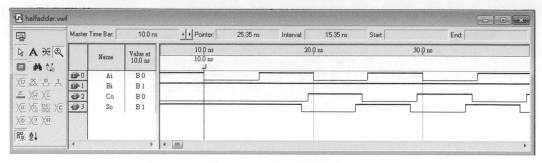

圖 2.38　波形模擬結果

2.2　全加器(Full Adder)

全加器是將兩個輸入的二進位數字及較低位元的進位相加，得到兩個輸出分別為和(SUM)及進位(CARRY)，其輸入接腳為 Ai、Bi、Ci，輸出接腳為 So、Co，真值表如表 2.2 所示，布林方程式如下：

So = Ai xor Bi xor Ci

Co = (Ai and Bi) or (Bi and Ci) or (Ai and Ci)

表 2.2　全加器真值表

輸入			輸出	
Ai	Bi	Ci	So	Co
0	0	0	0	0
0	0	1	1	0
0	1	0	1	0
0	1	1	0	1
1	0	0	1	0
1	0	1	0	1
1	1	0	0	1
1	1	1	1	1

2.2.1 電路圖編輯全加器

設計程序如下：

1. 建立新的專案(Project)：
   - 首先於 File 選單內，點選 New Project Wizard，並將出現 New Project Wizard 視窗。指定設計專案之名稱為 fulladder，其輸入步驟如圖 2.1 至圖 2.6。

2. 開啟新檔：
   - 使用者可點選"File"，並於下拉式選單中點選"New"，將出現 New 視窗。於 Design Files 標籤下，選定欲開啟的檔案格式如"Block Diagram/Schematic File"，並點選 OK 後，一個新的區塊/圖形編輯器視窗即展開。

3. 儲存檔案：
   - 使用者可點選"File"，並於下拉式選單中點選"Save As"，可出現另存新檔的對話視窗。使用者可於 File name 欄位填入欲儲存之檔名例如 fulladder，並勾選 Add file to current project 後，點選"存檔"即可。

4. 編輯視窗中建立邏輯電路設計：
   - 選定物件插入時的位置，在圖形編輯視窗畫面內適當的位置點一下。
   - 引入邏輯閘，選取視窗選單 Edit→Insert Symbol→在 c:/altera/80/quaturs/libraries/primitive/logic 處，點選 and2 邏輯閘，按 OK。再選出兩個 and2 邏輯閘、兩個 xor 邏輯閘及一個 or3 邏輯閘。
   - 引入輸入及輸出接腳，選取視窗選單 Edit → Insert Symbol→在 c:/altera/80/quaturs/libraries/primitive/pin 處，點選三個 input 閘，及二個 output 閘。
   - 更改輸入及輸出接腳名稱，在'PIN_NAME'處按兩下，更改輸入接腳為 Ai、Bi 與 Ci，輸出接腳為 So 與 Co。
   - 連線，點選 ⁊ 按鈕，將 Ai、Bi 與 Ci 腳連接到 xor 與 and2 的輸入端，將 So 腳與 Co 腳連接到 xor 與 or3 的輸出端，如圖 2.39 所示。

5. 存檔並編譯，選取視窗選單 Processing → Compiler Tool → Start，即可進行編譯，如圖 2.12 所示，產生 fulladder.sof 或 .pof 燒錄檔。

6. 創造電路符號，選取視窗選單 File → Create/Update → Create Symbol Files for Current File，可以產生 fulladder.bsf 檔以代表全加器電路的符號。在圖形編輯

視窗畫面內適當的位置點一下，按滑鼠右鍵，選取 Open Symbol File，進入 fulladder.bsf 畫面如圖 2.40 所示。

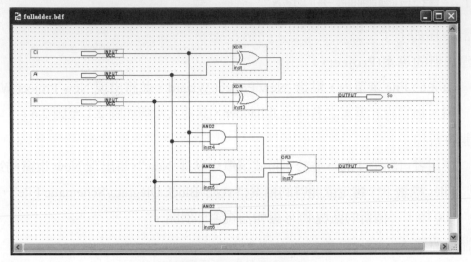

圖 2.39　全加器電路

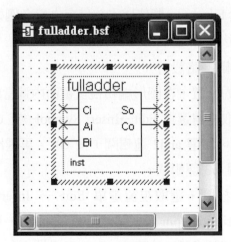

圖 2.40　全加器電路符號

7. 創造電路包含檔，選取視窗選單 File → Create/Update → Create AHDL Include Files for Current File，可以產生 fulladder.inc 檔以代表全加器電路的函數形態。在圖形編輯視窗畫面內適當的位置點一下，按滑鼠右鍵，選取 Open AHDL Include File，進入 fulladder.inc 畫面如圖 2.41 所示。

```
fulladder.inc
-- Generated by Quartus II Version 4.1 (Build Build /
-- Created on Thu Jun 09 15:40:52 2005

FUNCTION fulladder (Ci, Ai, Bi)
    RETURNS (Co, So);

```

圖 2.41　全加器電路符號包含檔

8. 延遲時間分析，選取視窗選單 Processing →Classic Timing Analyzer Tool，即可產生如圖 2.42 的延遲時間分析結果。

Timing Analyzer Tool

Registered Performance | tpd | tsu | tco | th | Custom Delays

	Slack	Required P2P Time	Actual P2P Time	From	To
1	N/A	None	8.135 ns	Ci	So
2	N/A	None	7.902 ns	Ci	Co
3	N/A	None	7.697 ns	Bi	So
4	N/A	None	7.538 ns	Ai	So
5	N/A	None	7.465 ns	Bi	Co
6	N/A	None	7.305 ns	Ai	Co

圖 2.42　延遲時間分析

2.2.2　AHDL 編輯全加器

AHDL 設計程序如下：

1. 建立新的專案(Project)：
   - 首先於 File 選單內，點選 New Project Wizard，並將出現 New Project Wizard 視窗，其輸入步驟與電路圖編輯設計程序相同，如圖 2.1 至圖 2.6。
2. 開啓新檔：
   - 使用者可點選“File”，並於選單中點選“New”，將出現 New 視窗如圖 2.17 所示於 Design Files 標籤下，選定欲開啓的檔案格式如“AHDL File”，並點選 OK 後，一個新的 AHDL 文字編輯器視窗即展開。

3. 儲存檔案：

● 使用者可點選"File"，並於下拉式選單中點選"Save As"，可出現另存新檔的對話視窗。使用者可於 File name 欄位填入欲儲存之檔名例如 fulladder_t，並勾選 Add file to current project 後，點選"存檔"即可。

4. 編輯視窗中程式編輯設計：

● 選定物件插入時的位置，在文字編輯視窗畫面內第 1 列的位置點一下。

● 插入樣本(Template)，選取視窗選單 Edit → Insert Template → Language template → AHDL，在 Architecture 處，點選 Subdesign Section 樣本，按 OK。

● 更改電路名稱與檔名相同，更改電路名稱'_design_name'為 falfadder_t。更改接腳名稱，以 Ai、Bi 及 Ci 替換 INPUT 前的變數，以 So、Co 替換 OUTPUT 前的變數，並刪除不需要的腳位。

● 邏輯描述，插入樣本'Logic Section'，在 BEGIN 與 END 間插入布林方程式，將 (Ai and Bi) or (Bi and Ci) or (Ai and Ci)的計算結果指定給 Co，再將 Ai xor Bi xor Ci 的計算結果指定給 So，如圖 2.43 所示。

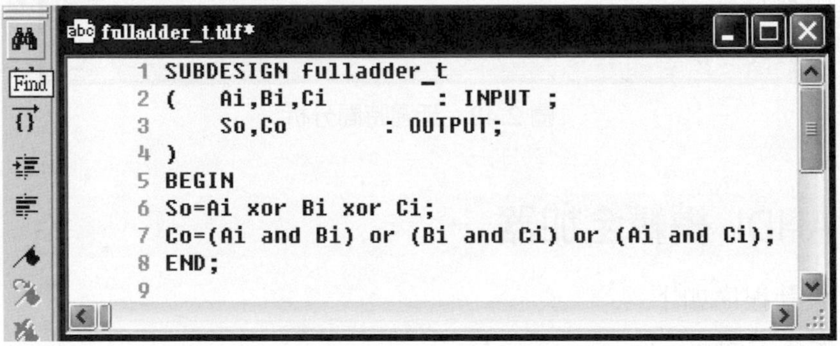

```
1  SUBDESIGN fulladder_t
2  (   Ai,Bi,Ci        : INPUT ;
3      So,Co           : OUTPUT;
4  )
5  BEGIN
6  So=Ai xor Bi xor Ci;
7  Co=(Ai and Bi) or (Bi and Ci) or (Ai and Ci);
8  END;
9
```

圖 2.43 AHDL 程式

5. 存檔並編譯，選取視窗選單 Processing → Compiler Tool → Start，即可進行編譯，產生 fulladder_t.sof 或.pof 燒錄檔。

6. 創造電路符號，選取視窗選單 File → Create/Update → Create Symbol Files for Current File，可以產生 fulladder_t.bsf 檔以代表全加器電路的符號。在圖形編輯視窗畫面內適當的位置點一下，按滑鼠右鍵，選取 Open Symbol File，進入 fulladder_t.bsf 畫面如圖 2.40 所示。

7. 創造電路包含檔，選取視窗選單 File → Create/Update → Create AHDL Include Files for Current File，可以產生 fulladder_t.inc 檔以代表全加器電路的函數形態。在圖形編輯視窗畫面內適當的位置點一下，按滑鼠右鍵，選取 Open AHDL Include File，進入 fulladder_t.inc 畫面如圖 2.41 所示。

8. 延遲時間分析，選取視窗選單 Processing →Classic Timing Analyzer Tool，即可產生如圖 2.42 的延遲時間分析結果。

2.2.3　VHDL 編輯全加器

VHDL 設計程序如下：

1. 建立新的專案(Project)：

● 首先於 File 選單內，點選 New Project Wizard，並將出現 New Project Wizard 視窗，其輸入步驟與電路圖編輯設計程序相同，如圖 2.1 至圖 2.6。

2. 開啓新檔：

● 使用者可點選"File"，並於選單中點選"New"，將出現 New 視窗。於 Design Files 標籤下，選定欲開啓的檔案格式如"VHDL File"，並點選 OK 後，一個新的 VHDL 文字編輯器視窗即展開。

3. 儲存檔案：

● 使用者可點選"File"，並於下拉式選單中點選"Save As"，可出現另存新檔的對話視窗。使用者可於 File name 欄位填入欲儲存之檔名例如 fulladder_v，並勾選 Add file to current project 後，點選"存檔"即可。

4. 編輯視窗中程式編輯設計：

● 選定物件插入時的位置，在文字編輯視窗畫面內第 1 列的位置點一下。

● 插入樣本(Template)，選取視窗選單 Edit → Insert Template → Language template → VHDL → Constructs，在 Design Units 處，插入樣本'Entity'，按 OK。

● 更改電路名稱與檔名相同，更改電路名稱'_entity_name'為 halfadder_v。更改接腳名稱，以 Ai、Bi 及 Ci 替換 INPUT 前的變數，以 So、Co 替換 OUTPUT 前的變數，並刪除不需要的腳位。

● 邏輯描述，插入樣本'Architecture'，在 BEGIN 與 END 間插入布林方程式，將(Ai AND Bi) or (Bi AND Ci) or (Ai AND Ci)的計算結果指定給 Co，其中'<='代表信號指定。再將 Ai XOR Bi XOR Ci 的計算結果指定給 So，結果如圖 2.44 所示。

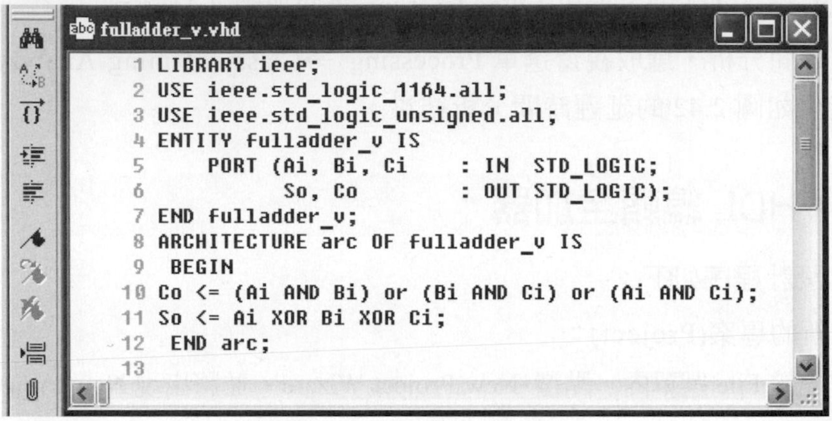

圖 2.44　VHDL 程式

5. 存檔並編譯，選取視窗選單 Processing → Compiler Tool → Start，即可進行編譯，產生 fulladder_v.sof 或.pof 燒錄檔。

6. 創造電路符號，選取視窗選單 File → Create/Update → Create Symbol Files for Current File，可以產生 fulladder_v.bsf 檔以代表全加器電路的符號。在圖形編輯視窗畫面內適當的位置點一下，按滑鼠右鍵，選取 Open Symbol File，進入 fulladder_v.bsf 畫面如圖 2.40 所示。

7. 創造電路包含檔，選取視窗選單 File → Create/Update → Create AHDL Include Files for Current File，可以產生 fulladder_v.inc 檔以代表全加器電路的函數形態。在圖形編輯視窗畫面內適當的位置點一下，按滑鼠右鍵，選取 Open AHDL Include File，進入 fulladder_v.inc 畫面如圖 2.41 所示。

8. 延遲時間分析，選取視窗選單 Processing →Classic Timing Analyzer Tool，即可產生如圖 2.42 的延遲時間分析結果。

2.2.4　模擬全加器

模擬流程如下：

1. 開啓專案(Open Project)：

● 首先於 File 選單內，點選 Open Project，並將出現 Open Project 視窗，選取專案"fulladder.qpf "。

2. 編譯 ▶ ：

● 選取視窗選單 Processing → Complier Tool，即可產生編譯結果。

3. 建立波形檔案(Vector Waveform File)：

● File \ New，選擇 Verification / Debugging Files 標籤，再選定 Vector Waveform File。

● 點選『OK』，開啓 Waveform Editor 編輯一個新的波形檔 Vector Waveform File (.vwf)。

● 點選 Edit 主選單下的 End Time...設定模擬的時間範圍。

● 點選 Edit 主選單下的 Grid Size，可設定時間軸刻度大小。

● 以滑鼠右鍵點選波形編輯器 Name 欄位，並選擇"Insert Node or Bus..."可加入訊號，再選 Node Finder，出現對話框，選 List，選擇 Nodes Found 中的輸入與輸出，按"=>"鍵將 Ai、Bi、Ci、So 及 Co 移至右邊，按兩次 OK 鍵進行波形模擬。

● 將輸入訊號 Ai 設定爲 clock，點選該訊號，按 🕛 設定 clock 特性，出現如圖 2.45 對話框，將訊號週期設定爲 20ns，按 OK 鍵。輸入訊號 Bi 設定爲 clock，點選該訊號，按 🕛 設定 clock 特性，出現如圖 2.45 對話框，將訊號週期設定爲 30ns，按 OK 鍵。輸入訊號 Ci 設定爲 High，點選該訊號，按 ⊥ 。

● 所有輸入訊號波形編輯完後，存成 fulladder.vwf 檔。Snap to Grid 🔲 可以方便使用者依照 Grid，正確選定線段邊界。

● 執行波形模擬，可於 Processing 主選單下的 Simulation Tool，開始執行波形模擬。

● Simulation mode 有兩種選擇：

選擇 Functional 時，再選擇 Generate Functional Simulation Netlist 鍵，產生 Functional 所需的網路表，此模式在模擬過程不考慮延遲時間，按 Start 鍵，開始執行波形模擬，如圖 2.45 所示。

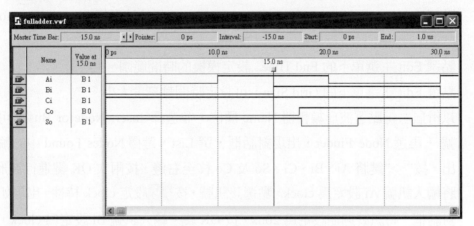

圖 2.45　波形模擬結果

選擇 Timing 時，此模式在模擬過程考慮延遲時間，按 Start 鍵，開始執行波形模擬，如圖 2.46 所示。

圖 2.46　波形模擬結果

2.3　四位元加法器(4 Bits Adder)

　　二進位的四位元加法器可應用 1 個半加器及 3 個全加器來完成設計，其輸入接腳為 A3、A2、A1、A0、B3、B2、B1、B0，輸出接腳為 S3、S2、S1、S0、Cout，四位元加法器運算式如下：

$$
\begin{array}{ccccc}
 & A_3 & A_2 & A_1 & A_0 \\
+ & B_3 & B_2 & B_1 & B_0 \\
\hline
C_{out} & S_3 & S_2 & S_1 & S_0
\end{array}
$$

2.3.1 電路圖編輯四位元加法器

設計程序如下：

1. 建立新的專案(Project)：
   - 首先於 File 選單內，點選 New Project Wizard，並將出現 New Project Wizard 視窗。指定設計專案之名稱為 4bitadder，其輸入步驟如圖 2.1 至圖 2.6。

2. 開啟新檔：
   - 使用者可點選"File"，並於下拉式選單中點選"New"，將出現 New 視窗。於 Design Files 標籤下，選定欲開啟的檔案格式如"Block Diagram/Schematic File"，並點選 OK 後，一個新的區塊/圖形編輯器視窗即展開。

3. 儲存檔案：
   - 使用者可點選"File"，並於下拉式選單中點選"Save As"，可出現另存新檔的對話視窗。使用者可於 File name 欄位填入欲儲存之檔名例如 4bitadder，並勾選 Add file to current project 後，點選"存檔"即可。

4. 編輯視窗中建立邏輯電路設計：
   - 選定物件插入時的位置，在圖形編輯視窗畫面內適當的位置點一下。
   - 引入邏輯閘，選取視窗選單 Edit → Insert Symbol→在 Libraries → Project 處，點選 halfadder 符號檔，按 OK，如圖 2.47 所示。再選出三個 fulladder 符號檔。

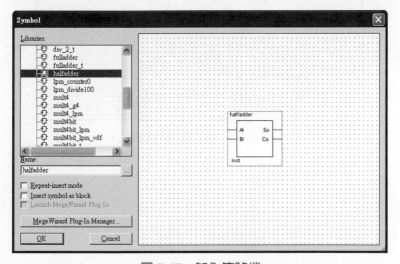

圖 2.47　加入符號檔

- 引入輸入及輸出接腳，選取視窗選單 Edit → Insert Symbol→在 c:/altera/80/ quaturs/libraries/primitive/pin 處，點選二個 input 閘，及二個 output 閘。

- 更改輸入及輸出接腳名稱，在'PIN_NAME'處按兩下，更改輸入接腳為 A[3..0] 與 B[3..0]，輸出接腳為 S[3..0]與 Cout。

- 連線，點選 ⌐ 按鈕，將輸入接腳 A[3..0] 以匯流排連線，並按滑鼠右鍵選取 Properties 輸入 A[3..0]之匯流排名稱，如圖 2.48 所示。將輸入接腳 B[3..0] 以匯流排連線，並按滑鼠右鍵選取 Properties 輸入 B[3..0]之匯流排名稱。將輸入接腳 S[3..0] 以匯流排連線，並按滑鼠右鍵選取 Properties 輸入 S[3..0]之匯流排名稱。點選 ⌐ 按鈕，將 A0、A1、A2、A3、B0、B1、B2 與 B3 連接到 halfadder 與 fulladder 符號檔的輸入端，將 S0、S1、S2、與 S3 連接到 halfadder 與 fulladder 符號檔的輸出端，如圖 2.49 所示。

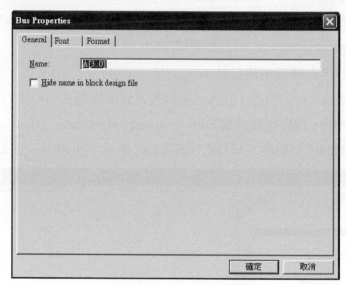

圖 2.48　輸入匯流排名稱

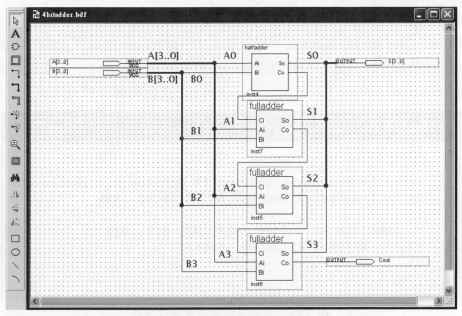

圖 2.49　四位元加法器電路

5. 存檔並編譯，選取視窗選單 Processing → Compiler Tool → Start，即可進行編譯，產生 4bitadder.sof 或.pof 燒錄檔。

6. 創造電路符號，選取視窗選單 File → Create/Update → Create Symbol Files for Current File，可以產生 4bitadder.bsf 檔以代表四位元加法器電路的符號。在圖形編輯視窗畫面內適當的位置點一下，按滑鼠右鍵，選取 Open Symbol File，進入 4bitadder.bsf 畫面如圖 2.50 所示。

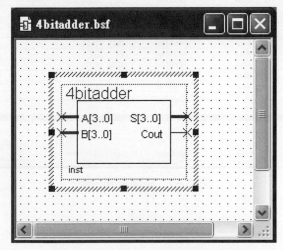

圖 2.50　四位元加法器電路符號

7. 創造電路包含檔，選取視窗選單 File → Create/Update → Create AHDL Include Files for Current File，可以產生 4bitadder.inc 檔以代表四位元加法器電路的函數形態。在圖形編輯視窗畫面內適當的位置點一下，按滑鼠右鍵，選取 Open AHDL Include File，進入 4bitadder.inc 畫面如圖 2.51 所示。

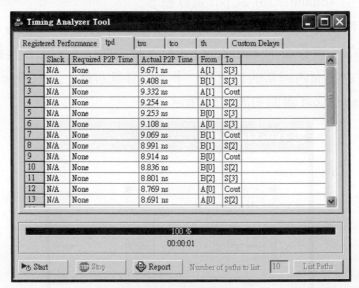

圖 2.51 四位元加法器電路包含檔

8. 延遲時間分析，選取視窗選單 Processing →Classic Timing Analyzer Tool，即可產生如圖 2.52 的延遲時間分析結果。

圖 2.52 延遲時間分析

2.3.2 AHDL 編輯四位元加法器

AHDL 設計程序如下：

1. 建立新的專案(Project)：

- 首先於 File 選單內，點選 New Project Wizard，並將出現 New Project Wizard 視窗，其輸入步驟與電路圖編輯設計程序相同，如圖 2.1 至圖 2.6。

2. 開啓新檔：

- 使用者可點選"File"，並於選單中點選"New"，將出現 New 視窗如圖 2.17 所示。於 Design Files 標籤下，選定欲開啓的檔案格式如"AHDL File"，並點選 OK 後，一個新的 AHDL 文字編輯器視窗即展開。

3. 儲存檔案：

- 使用者可點選"File"，並於下拉式選單中點選"Save As"，可出現另存新檔的對話視窗。使用者可於 File name 欄位填入欲儲存之檔名例如 4bitadder_t，並勾選 Add file to current project 後，點選"存檔"即可。

4. 編輯視窗中程式編輯設計：

- 選定物件插入時的位置，在文字編輯視窗畫面內第 1 列的位置點一下。

- 插入樣本(Template)，選取視窗選單 Edit → Insert Template → Language template → AHDL，在 Architecture 處，點選 Subdesign Section 樣本，按 OK。

- 更改電路名稱與檔名相同，更改電路名稱'_design_name'為 4bitadder_t。更改接腳名稱，以 A[3..0] 及 B[3..0]替換 INPUT 前的變數，以 S[3..0] 及 Cout 替換 OUTPUT 前的變數，並刪除不需要的腳位。

- 變數型態，插入樣本'Variable Section'與'Instance Declaration'，將'_function_instance_name'改成 half1，將'_function _name'改成 halfadder，以同樣的方法將'_function_instance_name'改成 full[3..1]，將'_function _name'改成 fulladder。

- 邏輯描述，插入樣本'Logic Section'，在 BEGIN 與 END 間引入函數的腳位 half1.ai、half1.bi、half1.so、half1.co、full1.ai、full1.bi、full1.ci、full1.so、full1.co、full2.ai、full2.bi、full2.ci、full2.so、full2.co、full3.ai、full3.bi、full3.ci、full3.so、full3.co，與輸入出腳 A[3..0] 、B[3..0]、S[3..0] 、Cout 相連。將訊號源寫在等號右邊，如圖 2.53 所示。

```
abc 4bitadder_t.tdf                                   _ □ X
 1  INCLUDE "halfadder.inc";
 2  % FUNCTION haldadder (Ai, Bi)      %
 3  %      RETURNS (So, Co);           %
 4  INCLUDE "fulladder.inc";
 5  % FUNCTION fulladder (Ci, Ai, Bi) %
 6  %      RETURNS (Co, So);          %
 7  SUBDESIGN 4bitadder_t
 8  (   A[3..0],B[3..0]      : INPUT ;
 9      S[3..0],Cout         : OUTPUT;)
10  VARIABLE
11      half1        : halfadder;
12      full[3..1]   : fulladder;
13  BEGIN
14      half1.ai=A0;
15      half1.bi=B0;
16      full[].ai=A[3..1];
17      full[].bi=B[3..1];
18      full1.ci=half1.co;
19      full[3..2].ci=full[2..1].co;
20      S0=half1.so;
21      S[3..1]=full[3..1].so;
22      Cout=full3.co;
23  END;
24
```

圖 2.53　AHDL 程式

5. 存檔並編譯，選取視窗選單 Processing → Compiler Tool → Start，即可進行
   編譯，產生 4bitadder_t.sof 或.pof 燒錄檔。

6. 創造電路符號，選取視窗選單 File → Create/Update → Create Symbol Files for
   Current File，可以產生 4bitadder_t.bsf 檔以代表四位元加法器電路的符號。在
   圖形編輯視窗畫面內適當的位置點一下，按滑鼠右鍵，選取 Open Symbol File，
   進入 4bitadder_t.bsf 畫面如圖 2.50 所示。

7. 創造電路包含檔，選取視窗選單 File → Create/Update → Create AHDL
   Include Files for Current File，可以產生 4bitadder_t.inc 檔以代表四位元加法器
   電路的函數形態。在圖形編輯視窗畫面內適當的位置點一下，按滑鼠右鍵，選
   取 Open AHDL Include File，進入 4bitadder_t.inc 畫面如圖 2.51 所示。

8. 延遲時間分析，選取視窗選單 Processing →Classic Timing Analyzer Tool，即
   可產生如圖 2.52 的延遲時間分析結果。

2.3.3　VHDL 編輯四位元加法器

VHDL 設計程序如下：

1.　建立新的專案(Project)：

● 首先於 File 選單內，點選 New Project Wizard，並將出現 New Project Wizard 視窗，其輸入步驟與電路圖編輯設計程序相同，如圖 2.1 至圖 2.6。

2.　開啟新檔：

● 使用者可點選"File"，並於選單中點選"New"，將出現 New 視窗。於 Design Files 標籤下，選定欲開啟的檔案格式如"VHDL File"，並點選 OK 後，一個新的 VHDL 文字編輯器視窗即展開。

3.　儲存檔案：

● 使用者可點選"File"，並於下拉式選單中點選"Save As"，可出現另存新檔的對話視窗。使用者可於 File name 欄位填入欲儲存之檔名例如 adder4bit，並勾選 Add file to current project 後，點選"存檔"即可。

4.　編輯視窗中程式編輯設計：

● 選定物件插入時的位置，在文字編輯視窗畫面內第 1 列的位置點一下。

● 插入樣本(Template)，選取視窗選單 Edit → Insert Template → Language template → VHDL → Constructs，在 Design Units 處，插入樣本'Entity'，按 OK。

● 更改電路名稱與檔名相同，更改電路名稱'_entity_name'為 adder4bit。更改接腳名稱，以 A 及 B 替換 IN 前的變數，設定資料型態為 STD_LOGIC_VECTOR(3 DOWNTO 0)。以 S 替換 OUT 前的變數，設定資料型態為 STD_LOGIC_VECTOR (3 DOWNTO 0)。以 Cout 替換 OUT 前的變數，設定資料型態為 STD_LOGIC，並刪除不需要的腳位。

● 邏輯描述，插入樣本'Architecture'，在訊號宣告區宣告一個名為 Y 的訊號資料型態為 STD_LOGIC_VECTOR (4 downto 0) ，在第一次 BEGIN 與 END 間插入樣本'Process'，在第二次 BEGIN 與 END 間插入樣本'IF Statement'，修改程式如圖 2.54 所示。

```
1  LIBRARY IEEE;
2  USE IEEE.STD_LOGIC_1164.ALL;
3  USE IEEE.STD_LOGIC_unsigned.ALL;
4
5  ENTITY adder4bit IS
6      PORT  (
7              A,B      : IN    STD_LOGIC_VECTOR(3 DOWNTO 0);
8              S        : OUT   STD_LOGIC_VECTOR(3 DOWNTO 0);
9              Cout     : OUT   STD_LOGIC
10          );
11 END adder4bit ;
12 ARCHITECTURE a OF adder4bit IS
13     SIGNAL   Y     : STD_LOGIC_VECTOR(4 DOWNTO 0);
14     SIGNAL   EA,EB : STD_LOGIC_VECTOR(4 DOWNTO 0);
15 BEGIN
16   PROCESS (Y, A, B)
17     BEGIN
18       EA <= '0' & A(3 DOWNTO 0);
19       EB <= '0' & B(3 DOWNTO 0);
20       Y <= EA + EB;
21       S <= Y(3 DOWNTO 0);
22       Cout <= Y(4);
23     END PROCESS aa;
24 END a;
```

圖 2.54　VHDL 程式

5. 存檔並編譯，選取視窗選單 Processing → Compiler Tool → Start，即可進行編譯，產生 adder4bit.sof 或.pof 燒錄檔。

6. 創造電路符號，選取視窗選單 File → Create/Update → Create Symbol Files for Current File，可以產生 adder4bit.bsf 檔以代表四位元加法器電路的符號。在圖形編輯視窗畫面內適當的位置點一下，按滑鼠右鍵，選取 Open Symbol File，進入 adder4bit.bsf 畫面如圖 2.40 所示。

7. 創造電路包含檔，選取視窗選單 File → Create/Update → Create AHDL Include Files for Current File，可以產生 adder4bit.inc 檔以代表四位元加法器電路的函數形態。在圖形編輯視窗畫面內適當的位置點一下，按滑鼠右鍵，選取 Open AHDL Include File，進入 adder4bit.inc 畫面如圖 2.41 所示。

8. 延遲時間分析，選取視窗選單 Processing → Timing Analyzer Tool，即可產生如圖 2.42 的延遲時間分析結果。

2.3.4　模擬四位元加法器

模擬流程如下：

1.　開啟專案(Open Project)：

- 首先於 File 選單內，點選 Open Project，並將出現 Open Project 視窗，選取專案" adder4bit.qpf"。

2.　編譯 ▶ ：

- 選取視窗選單 Processing → Complier Tool，即可產生編譯結果。

3.　建立波形檔案(Vector Waveform File)：

- File \ New，選擇 Verification / Debugging Files 標籤，再選定 Vector Waveform File。
- 點選『OK』，開啟 Waveform Editor 編輯一個新的波形檔 Vector Waveform File (.vwf)。
- 點選 Edit 主選單下的 End Time...設定模擬的時間範圍。
- 點選 Edit 主選單下的 Grid Size，可設定時間軸刻度大小。
- 以滑鼠右鍵點選波形編輯器 Name 欄位，並選擇"Insert Node or Bus..."可加入訊號，再選 Node Finder，出現對話框，選 List，選擇 Nodes Found 中的輸入與輸出，按"=>"鍵將 A、B、S 及 Cout 移至右邊，按兩次 OK 鍵進行波形模擬。
- 將輸入訊號 A[3..0]設定為 High，點選該訊號，按 ⊔ 。輸入訊號 B[3..0] 設定為 High，點選該訊號，按 ⊔ 。
- 所有輸入訊號波形編輯完後，存成 adder4bit.vwf 檔。Snap to Grid 🔳 可以方便使用者依照 Grid，正確選定線段邊界。
- 執行波形模擬，可於 Processing 主選單下的 Simulation Tool，開始執行波形模擬。
- 選擇 Timing 時，此模式在模擬過程考慮延遲時間，按 Start 鍵，開始執行波形模擬，如圖 2.46 所示。

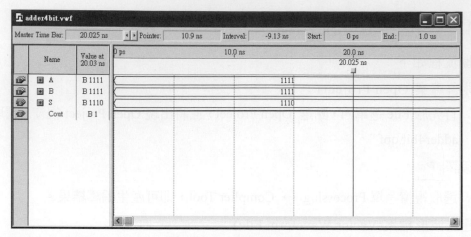

圖 2.55　波形模擬結果

2.4　四位元乘法器

二進位的四位元乘法器相乘運算後，可得到八位元的二進位數，其乘法運算如下：

			A3	A2	A1	A0	被乘數
		×	B3	B2	B1	B0	乘數
			A3B0	A2B0	A1B0	A0B0	
		A3B1	A2B1	A1B1	A0B1		
	A3B2	A2B2	A1B2	A0B2			
A3B3	A2B3	A1B3	A0B3				
F8.co	F6.co	H4.c	H3.c	H2.c	H1.c		
	F7.co	F4.co	F2.co	F1.co			
+		F5.co	F3.co				
M7(F8.co)	M6(F8.s)	M5(F7.s)	M4(H4.s)	M3(H3.s)	M2(H2.s)	M1(H1.s)	M0(A0B0)

其中

半加器(H1)

A1B0+A0B1　→　H1.s　　　H1.c

全加器(F1)

A2B0+A1B1+A0B2　→　F1.s　　　F1.co

半加器(H1)

H1.c+F1.s1　→　H2.s　　　H2.c

全加器(F2)

A0B3+H2.c+F1.co　→　F2.s　　　F2.co

全加器(F3)

A3B0+A2B1+A1B2　→　F3.s　　　F3.co

半加器(H3)

F2.s+F3.s　→　H3.s　　　H3.c

全加器(F4)

H3.c+F2.co+F3.co　→　F4.s　　　F4.co

全加器(F5)

A3B1+A2B2+A1B3　→　F5.s　　　F5.co

半加器(H4)

F4.s+F5.s　→　H4.s　　　H4.c

全加器(F6)

H4.c+F4.co+F5.co　→　F6.s　　　F6.co

全加器(F7)

A3B2+A2B3+F6.s　→　F7.s　　　F7.co

全加器(F8)

A3B3+F6.co+F7.co　→　F8.s　　　F8.co

2.4.1 電路圖編輯四位元乘法器

設計程序如下：

1. 建立新的專案(Project)：
   - 首先於 File 選單內，點選 New Project Wizard，並將出現 New Project Wizard 視窗。指定設計專案之名稱為 mult4bit，其輸入步驟如圖 2.1 至圖 2.6。

2. 開啓新檔：
   - 使用者可點選"File"，並於下拉式選單中點選"New"，將出現 New 視窗。於 Design Files 標籤下，選定欲開啓的檔案格式如"Block Diagram/Schematic File"，並點選 OK 後，一個新的區塊/圖形編輯器視窗即展開。

3. 儲存檔案：
   - 使用者可點選"File"，並於下拉式選單中點選"Save As"，可出現另存新檔的對話視窗。使用者可於 File name 欄位填入欲儲存之檔名例如 mult4bit，並勾選 Add file to current project 後，點選"存檔"即可。

4. 編輯視窗中建立邏輯電路設計：
   - 選定物件插入時的位置，在圖形編輯視窗畫面內適當的位置點一下。
   - 引入邏輯閘，選取視窗選單 Edit → Insert Symbol→在 Libraries → Project 處，點選 fulladder 符號檔，按 OK，如圖 2.56 所示。再選出十六個 and 邏輯閘、四個 halfadder 及七個 fulladder 符號檔。

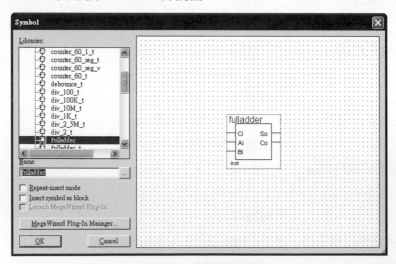

圖 2.56　加入符號檔

- 引入輸入及輸出接腳，選取視窗選單 Edit → Insert Symbol → 在 c:/altera/80/quaturs /libraries/primitive/pin 處，點選八個 input 閘，及一個 output 閘。

- 更改輸入及輸出接腳名稱，在'PIN_NAME'處按兩下，更改輸入接腳為 A3、A2、A1、A0、B3、B2、B1 與 B0，輸出接腳為 M[7..0]。

- 連線，點選 $\boxed{\rceil}$ 按鈕，將 A0、A1、A2、A3、B0、B1、B2 與 B3 分別連接到十六個 and 邏輯閘，halfadder 與 fulladder 符號檔的輸入端。點選 $\boxed{\rceil}$ 按鈕，將輸出接腳 M[7..0] 以匯流排連接至 and 邏輯閘、halfadder 與 fulladder 符號檔的輸出端，並點選 $\boxed{\rceil}$ 按鈕，將 M7、M6、M5、M4、M3、M2、M1 與 M0 分別連接到 M[7..0] 匯流排，並按滑鼠右鍵選取 Properties 分別輸入 M7、M6、M5、M4、M3、M2、M1、M0 之接腳名稱，如圖 2.57 所示。

5. 存檔並編譯，選取視窗選單 Processing → Compiler Tool → Start，即可進行編譯，產生 mult4bit.sof 或.pof 燒錄檔。

6. 創造電路符號，選取視窗選單 File → Create/Update → Create Symbol Files for Current File，可以產生 mult4bit.bsf 檔以代表四位元乘法器電路的符號。在圖形編輯視窗畫面內適當的位置點一下，按滑鼠右鍵，選取 Open Symbol File，進入 mult4bit.bsf 畫面如圖 2.58 所示。

7. 創造電路包含檔，選取視窗選單 File → Create/Update → Create AHDL Include Files for Current File，可以產生 mult4bit.inc 檔以代表四位元乘法器電路的函數形態。在圖形編輯視窗畫面內適當的位置點一下，按滑鼠右鍵，選取 Open AHDL Include File，進入 mult4bit.inc 畫面如圖 2.59 所示。

8. 延遲時間分析，選取視窗選單 Processing → Classic Timing Analyzer Tool，即可產生如圖 2.60 的延遲時間分析結果。

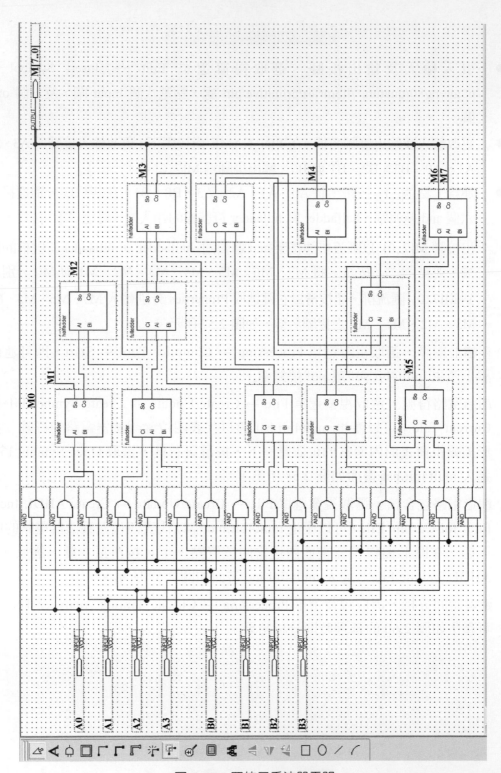

圖 2.57　四位元乘法器電路

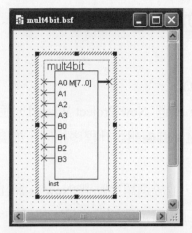

圖 2.58　四位元乘法器電路符號

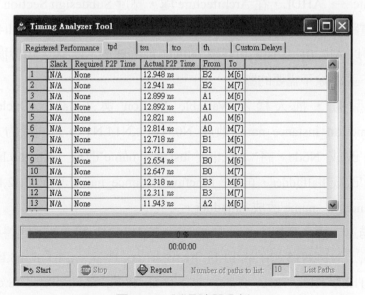

圖 2.59　四位元乘法器電路包含檔

	Slack	Required P2P Time	Actual P2P Time	From	To	
1	N/A	None	12.948 ns	B2	M[6]	
2	N/A	None	12.941 ns	B2	M[7]	
3	N/A	None	12.899 ns	A1	M[6]	
4	N/A	None	12.892 ns	A1	M[7]	
5	N/A	None	12.821 ns	A0	M[6]	
6	N/A	None	12.814 ns	A0	M[7]	
7	N/A	None	12.718 ns	B1	M[6]	
8	N/A	None	12.711 ns	B1	M[7]	
9	N/A	None	12.654 ns	B0	M[6]	
10	N/A	None	12.647 ns	B0	M[7]	
11	N/A	None	12.318 ns	B3	M[6]	
12	N/A	None	12.311 ns	B3	M[7]	
13	N/A	None	11.943 ns	A2	M[6]	

圖 2.60　延遲時間分析

2.4.2　AHDL 編輯四位元乘法器

AHDL 設計程序如下：

1.　建立新的專案(Project)：
- 首先於 File 選單內，點選 New Project Wizard，並將出現 New Project Wizard 視窗，其輸入步驟與電路圖編輯設計程序相同，如圖 2.1 至圖 2.6。

2.　開啟新檔：
- 使用者可點選"File"，並於選單中點選"New"，將出現 New 視窗如圖 2.17 所示。於 Design Files 標籤下，選定欲開啟的檔案格式如"AHDL File"，並點選 OK 後，一個新的 AHDL 文字編輯器視窗即展開。

3.　儲存檔案：
- 使用者可點選"File"，並於下拉式選單中點選"Save As"，可出現另存新檔的對話視窗。使用者可於 File name 欄位填入欲儲存之檔名例如 mult4bit_t，並勾選 Add file to current project 後，點選"存檔"即可。

4.　編輯視窗中程式編輯設計：
- 選定物件插入時的位置，在文字編輯視窗畫面內第 1 列的位置點一下。
- 插入樣本(Template)，選取視窗選單 Edit → Insert Template → Language template → AHDL，在 Architecture 處，點選 Subdesign Section 樣本，按 OK。
- 更改電路名稱與檔名相同，更改電路名稱'_design_name'為 mult4bit_t。更改接腳名稱，以 A[3..0] 及 B[3..0]替換 INPUT 前的變數，以 M[7..0]替換 OUTPUT 前的變數，並刪除不需要的腳位。
- 變數型態，插入樣本'Variable Section' 與 'Instance Declaration'，首先將'_function_instance_name'改成 N0,N1,…,N14,N15，以同樣的方法將'_function_name'改成 Node，將'_function_instance_name'改成 h1,h2,h3,h4，將'_function_name'改成 halfadder，再將'_function_instance_name'改成 f1,f2,f3,f4,f5,f6,f7,f8，將'_function_name'改成 fulladder。
- 邏輯描述，插入樣本'Logic Section'，在 BEGIN 與 END 間將引入函數的腳位 N0,N1,…,N14,N15、h1.ai, h1.bi, h1.so, h1.co, f1.ai, …, h3.ai, h3.bi, h3.so, h3.co、f1.ai, f1.bi, f1.ci, f1.so, f1.co, …..., f8.ai, f8.bi, f8.ci, f8.so, f8.co，與輸入出腳 A[3..0] 、B[3..0]、M[7..0]相連。將訊號源寫在等號右邊，如圖 2.61 所示。

5. 存檔並編譯，選取視窗選單 Processing → Compiler Tool → Start，即可進行編譯，產生 mult4bit_t.sof 或.pof 燒錄檔。

6. 創造電路符號，選取視窗選單 File → Create/Update → Create Symbol Files for Current File，可以產生 mult4bit_t.bsf 檔以代表四位元乘法器電路的符號。在圖形編輯視窗畫面內適當的位置點一下，按滑鼠右鍵，選取 Open Symbol File，進入 mult4bit_t.bsf 畫面如圖 2.58 所示。

7. 創造電路包含檔，選取視窗選單 File → Create/Update → Create AHDL Include Files for Current File，可以產生 mult4bit_t.inc 檔以代表四位元乘法器電路的函數形態。在圖形編輯視窗畫面內適當的位置點一下，按滑鼠右鍵，選取 Open AHDL Include File，進入 mult4bit_t.inc 畫面如圖 2.59 所示。

```
mult4bit_t.tdf*
 1 INCLUDE "halfadder.inc";
 2 INCLUDE "fulladder.inc";
 3 SUBDESIGN mult4bit_t
 4 (
 5     A[3..0],B[3..0]      : INPUT ;
 6     M[7..0]              : OUTPUT;
 7 )
 8 VARIABLE
 9 N0,N1,N2,N3,N4,N5,N6,N7,N8,N9,N10,N11,N12,N13,N14,N15 : Node;
10 h1,h2,h3,h4              :halfadder;
11 f1,f2,f3,f4,f5,f6,f7,f8 :fulladder;
12 BEGIN
13 N0=A0 & B0; N1=A1 & B0; N2=A0 & B1; N3=A2 & B0;
14 N4=A1 & B1; N5=A0 & B2; N6=A3 & B0; N7=A2 & B1;
15 N8=A1 & B2; N9=A0 & B3; N10=A3 & B1; N11=A2 & B2;
16 N12=A1 & B3; N13=A3 & B2; N14=A2 & B3; N15=A3 & B3;
17 h1.ai=N1; h1.bi=N2;
18 f1.ci=N3; f1.ai=N4; f1.bi=N5;
19 h2.ai=h1.co; h2.bi=f1.so;
20 f2.ci=h2.co; f2.ai=f1.co; f2.bi=N6;
21 f3.ci=N7; f3.ai=N8; f3.bi=N9;
22 h3.ai=f2.so; h3.bi=f3.so;
23 f4.ci=h3.co; f4.ai=f2.co; f4.bi=f3.co;
24 f5.ci=N10; f5.ai=N11; f5.bi=N12;
25 h4.ai=f4.so; h4.bi=f5.so;
26 f6.ci=h4.co; f6.ai=f4.co; f6.bi=f5.co;
27 f7.ci=f6.so; f7.ai=N13; f7.bi=N14;
28 f8.ci=f6.co; f8.ai=f7.co; f8.bi=N15;
29 M0=N0; M1=h1.so; M2=h2.so; M3=h3.so;
30 M4=h4.so; M5=f7.so; M6=f8.so; M7=f8.co;
31 END;
32
```

圖 2.61　AHDL 程式

8. 延遲時間分析，選取視窗選單 Processing → Classic Timing Analyzer Tool，即可產生如圖 2.60 的延遲時間分析結果。

2.4.3　使用 MegaWizard 建立四位元乘法器

設計程序如下：

1. 建立新的專案(Project)：
   - 首先於 File 選單內，點選 New Project Wizard，並將出現 New Project Wizard 視窗。指定設計專案之名稱爲 mult4bit_lpm，其輸入步驟如圖 2.1 至圖 2.6。

2. 開啓新檔：
   - 使用者可點選"File"，並於下拉式選單中點選"New"，將出現 New 視窗。於 Design Files 標籤下，選定欲開啓的檔案格式如"Block Diagram/Schematic File"，並點選 OK 後，一個新的區塊/圖形編輯器視窗即展開。

3. 儲存檔案：
   - 使用者可點選"File"，並於下拉式選單中點選"Save As"，可出現另存新檔的對話視窗。使用者可於 File name 欄位填入欲儲存之檔名例如 mult4bit_lpm，並勾選 Add file to current project 後，點選"存檔"即可。

4. 編輯視窗中建立邏輯電路設計：
   - 選定物件插入時的位置，在圖形編輯視窗畫面內適當的位置點一下。
   - 引入乘法器元件，選取視窗選單 Edit → Insert Symbol→在 Symbol 視窗的左下處，選取 "Mega Wizard Plug-In Manager" 按鈕，乘法器元件設定精靈首頁，如圖 2.62 所示。
   - 元件設定精靈第一頁，將詢問使用者是否建立一個新的元件；或是修改一個已建立的元件；或是複製一個已建立的元件。我們在此點選第一個選項 "Create a new custom magefunction variation"，並點選『Next』，如圖 2.63 所示。
   - 元件設定精靈第二頁，設定輸出檔案形式，由於乘法器屬於算數類，因此可於 arithemetic 選出 LPM_MULT 此乘法器元件。元件設定精靈第二頁的右半部，可選擇 Cyclone 元件，且選擇所支援的語法(AHDL/VHDL/Verilog HDL)，最後再給予此元件的路徑檔名，即可點選『Next』，如圖 2.64 所示。

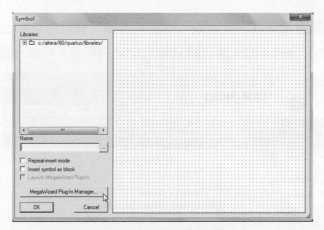

圖 2.62　加入符號檔

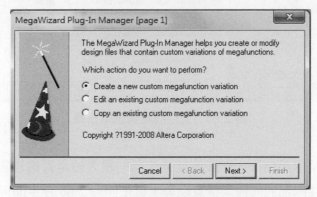

圖 2.63　元件設定精靈第一頁

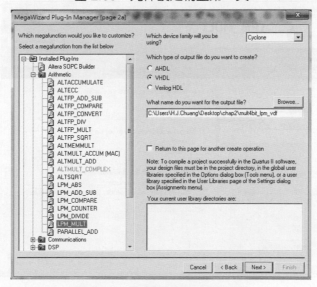

圖 2.64　元件設定精靈第二頁

● 元件設定精靈第三頁，設定輸入出位元參數，在設定此乘法器的輸出入匯流排
位元數(bits)、result 輸入匯流排或輸出位元規範等，可依照圖 2.65 設定即可。

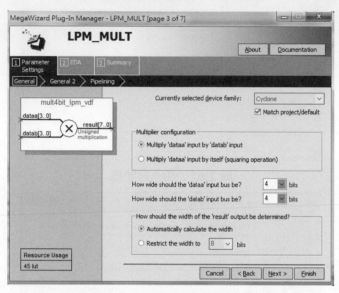

圖 2.65　元件設定精靈第三頁

● 元件設定精靈第四頁，在設定此乘法器的輸入值是否為常數、是否有正負號之
分、用元件內部的何種架構實現等。可依照圖 2.66 設定即可。

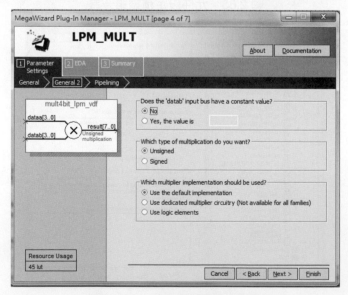

圖 2.66　元件設定精靈第四頁

● 元件設定精靈第五頁，設定此乘法器是否以管線式 (Pipeline) 架構來實現，或者需在幾個時脈週期後輸出結果等。可依照圖 2.67 設定即可。

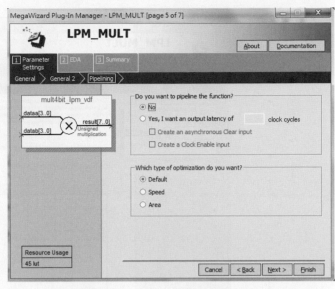

圖 2.67　元件設定精靈第五頁

● 元件設定精靈第六頁，為 EDA 設定，合適模擬產生設計檔，如圖 2.68 所示。元件設定精靈第七頁，在產生此乘法器元件的相關設計檔，如圖 2.69 所示。詢問是否自動增加 Qaurtus II IP 檔案至所有專案，如圖 2.70 所示。倘若有任何需要再修正的部分，仍可以點選『Back』回到前頁設定。否則，點選『Finish』，將於繪圖編輯器出現如圖 2.71 的乘法器元件。

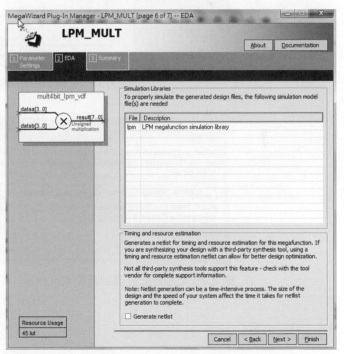

圖 2.68　元件設定精靈第六頁

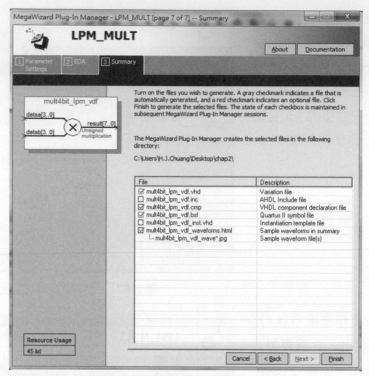

圖 2.69　元件設定精靈第七頁

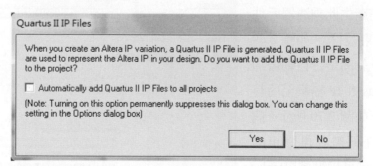

圖 2.70　詢問是否自動增加 Qaurtus II IP 檔案檔案至所有專案

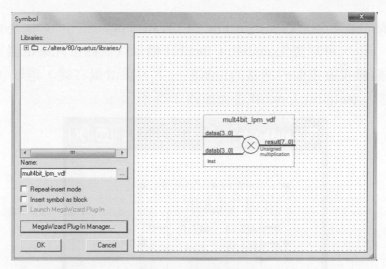

圖 2.71　乘法器元件

- 引入輸入及輸出接腳，選取視窗選單 Edit → Insert Symbol→在 c:/altera/80/ quaturs / libraries/primitive/pin 處，點選二個 input 閘，及一個 output 閘。
- 更改輸入及輸出接腳名稱，在'PIN_NAME'處按兩下，更改輸入接腳為 A[3..0] 與 B[3..0]，輸出接腳為 M[7..0]。
- 連線，點選 ⌐ 按鈕，將 A[3..0]與 B[3..0]分別連接到乘法器元件的輸入端。點選 ⌐ 按鈕，將輸出接腳 M[7..0] 以匯流排連接至乘法器元件的輸出端，如圖 2.72 所示。

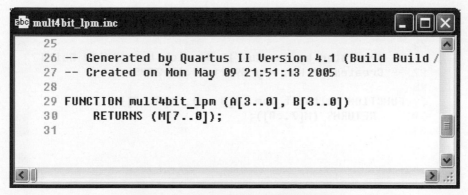

圖 2.72　四位元乘法器電路包含檔

5. 存檔並編譯，選取視窗選單 Processing → Compiler Tool → Start，即可進行編譯，產生 mult4bit_lpm.sof 或.pof 燒錄檔。

6.   創造電路符號，選取視窗選單 File → Create/Update → Create Symbol Files for Current File，可以產生 mult4bit_lpm.bsf 檔以代表四位元乘法器電路的符號。在圖形編輯視窗畫面內適當的位置點一下，按滑鼠右鍵，選取 Open Symbol File，進入 mult4bit_lpm.bsf 畫面如圖 2.73 所示。

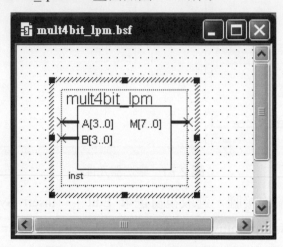

圖 2.73　四位元乘法器電路符號

7.   創造電路包含檔，選取視窗選單 File → Create/Update → Create AHDL Include Files for Current File，可以產生 mult4bit_lpm.inc 檔以代表四位元乘法器電路的函數形態。在圖形編輯視窗畫面內適當的位置點一下，按滑鼠右鍵，選取 Open AHDL Include File，進入 mult4bit_lmp.inc 畫面如圖 2.72 所示。

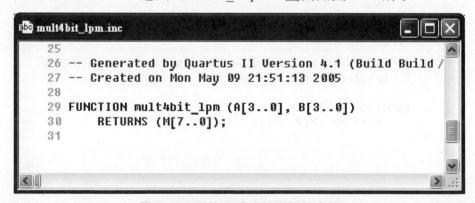

圖 2.74　四位元乘法器電路包含檔

8.   延遲時間分析，選取視窗選單 Processing →Classic Timing Analyzer Tool，即可產生如圖 2.60 的延遲時間分析結果。

2.4.4　VHDL 編輯四位元乘法器

VHDL 設計程序如下：

1.　建立新的專案(Project)：
   - 首先於 File 選單內，點選 New Project Wizard，並將出現 New Project Wizard 視窗，其輸入步驟與電路圖編輯設計程序相同，如圖 2.1 至圖 2.6。

2.　開啓新檔：
   - 使用者可點選"File"，並於選單中點選"New"，將出現 New 視窗。於 Design Files 標籤下，選定欲開啓的檔案格式如"VHDL File"，並點選 OK 後，一個新的 VHDL 文字編輯器視窗即展開。

3.　儲存檔案：
   - 使用者可點選"File"，並於下拉式選單中點選"Save As"，可出現另存新檔的對話視窗。使用者可於 File name 欄位填入欲儲存之檔名例如 mult4bit_v，並勾選 Add file to current project 後，點選"存檔"即可。

4.　編輯視窗中程式編輯設計：
   - 選定物件插入時的位置，在文字編輯視窗畫面內第 1 列的位置點一下。
   - 插入樣本(Template)，選取視窗選單 Edit → Insert Template → Language template → VHDL → Constructs，在 Design Units 處，插入樣本'Entity'，按 OK。
   - 更改電路名稱與檔名相同，更改電路名稱'_entity_name'為 mult4bit_v。更改接腳名稱，以 A 及 B 替換 IN 前的變數，設定資料型態為 STD_LOGIC_VECTOR(3 DOWNTO 0)。以 M 替換 OUT 前的變數，設定資料型態為 STD_LOGIC_VECTOR(7 DOWNTO 0)，並刪除不需要的腳位。
   - 邏輯描述，插入樣本'Architecture'，在訊號宣告區宣告一個名為 dataa 及 datab 的訊號資料型態為 STD_LOGIC_VECTOR (3 downto 0)，result 的訊號資料型態為 STD_LOGIC_VECTOR (7 downto 0)，在 BEGIN 與 END 間，鍵入程式如圖 2.73 所示。

```
mult4bit_v.vhd*                                                        [ _ ] [ □ ] [ × ]
 1  LIBRARY ieee;
 2  USE ieee.std_logic_1164.all;
 3  LIBRARY work;
 4  ENTITY mult4bit_v IS
 5      port
 6      (
 7          A  :  IN   STD_LOGIC_VECTOR(3 downto 0);
 8          B  :  IN   STD_LOGIC_VECTOR(3 downto 0);
 9          M  :  OUT  STD_LOGIC_VECTOR(7 downto 0)
10      );
11  END mult4bit_v;
12  ARCHITECTURE bdf_type OF mult4bit_v IS
13  component mult4bit_lpm_vdf
14      PORT(dataa : IN STD_LOGIC_VECTOR(3 downto 0);
15           datab : IN STD_LOGIC_VECTOR(3 downto 0);
16           result : OUT STD_LOGIC_VECTOR(7 downto 0)
17      );
18  end component;
19  BEGIN
20  b2v_inst : mult4bit_lpm_vdf
21  PORT MAP(dataa => A,
22           datab => B,
23           result => M);
24  END;
```

圖 2.75　VHDL 程式

5. 存檔並編譯，選取視窗選單 Processing → Compiler Tool → Start，即可進行編譯，產生 mult4bit_v.sof 或 .pof 燒錄檔。

6. 創造電路符號，選取視窗選單 File → Create/Update → Create Symbol Files for Current File，可以產生 mult4bit_v.bsf 檔以代表四位元乘法器電路的符號。在圖形編輯視窗畫面內適當的位置點一下，按滑鼠右鍵，選取 Open Symbol File，進入 mult4bit_v.bsf 畫面如圖 2.58 所示。

7. 創造電路包含檔，選取視窗選單 File → Create/Update → Create AHDL Include Files for Current File，可以產生 mult4bit_v.inc 檔以代表四位元乘法器電路的函數形態。在圖形編輯視窗畫面內適當的位置點一下，按滑鼠右鍵，選取 Open AHDL Include File，進入 mult4bit_v.inc 畫面如圖 2.59 所示。

8. 延遲時間分析，選取視窗選單 Processing →Classic Timing Analyzer Tool，即可產生如圖 2.60 的延遲時間分析結果。

2.4.5　模擬四位元乘法器

模擬流程如下：

1.　開啟專案(Open Project)：
- 首先於 File 選單內，點選 Open Project，並將出現 Open Project 視窗，選取專案"mult4bit_lpm.qpf"。

2.　編譯 ▶ ：
- 選取視窗選單 Processing → Complier Tool，即可產生編譯結果

3.　建立波形檔案(Vector Waveform File)：
- File \ New，選擇 Verification / Debugging Files 標籤，再選定 Vector Waveform File。
- 點選『OK』，開啟 Waveform Editor 編輯一個新的波形檔 Vector Waveform File (.vwf)。
- 點選 Edit 主選單下的 End Time...設定模擬的時間範圍。
- 點選 Edit 主選單下的 Grid Size，可設定時間軸刻度大小。
- 以滑鼠右鍵點選波形編輯器 Name 欄位，並選擇"Insert Node or Bus..."可加入訊號，再選 Node Finder，出現對話框，選 List，選擇 Nodes Found 中的輸入與輸出，按"=>"鍵將 A[3..0]、B [3..0]及 M[7..0]移至右邊，按兩次 OK 鍵進行波形模擬。
- 點選輸入訊號 A[3..0]，按 XC ，出現 Countting Value 對話框，點選在 Counting → Radix →Hexadecimal，其他設定如圖 2.74，再按'確定'。同樣方式設定輸入訊號 B[3..0]。
- 所有輸入訊號波形編輯完後，存成 mult4bit_lpm.vwf 檔。Snap to Grid 品 可以方便使用者依照 Grid，正確選定線段邊界。
- 執行波形模擬，可於 Processing 主選單下的 Simulation Tool，開始執行波形模擬。

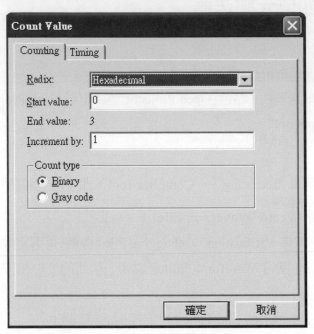

圖 2.76　設定輸入訊號 A[3..0]波形

● 選擇 Functional 時，再選擇 Generate Functional Simulation Netlist 鍵，產生 Functional 所需的網路表，此模式在模擬過程不考慮延遲時間，按 Start 鍵，開始 執行波形模擬，如圖 2.77 所示。

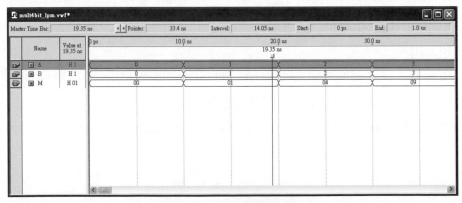

圖 2.77　波形模擬結果

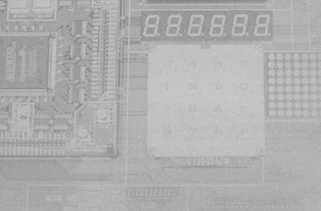

組合邏輯電路設計

本章針對組合邏輯電路之多工器及解碼器設計介紹，其中多工器可分為 1 對多或多對 1 多工器，解碼器為七段解碼器。本章設計之多工器及解碼器，可應用於未來專案設計。並分別以圖形編輯(參數式函數 Magefunctions)、AHDL 編輯及 VHDL 編輯三種方式設計。

3.1　4 對 1 多工器(4 to 1 Multiplexer)

多工器是將多個輸入信號選擇其中一個傳送到輸出端的電路，而那一個輸入信號被傳送到輸出端，是由選擇控制信號來決定。一般多工器有三個部份控制線、資料線與輸出線，4 對 1 多工器有 2 條控制線為 S0、S1，4 條資料線分別為 D0、D1、D2、D3，1 條輸出線為 Y，真值表如表 3.1，其布林方程式如下：

$$Y = (\overline{S_0} \text{ and } \overline{S_1} \text{ and D0) or } (S_0 \text{ and } \overline{S_1} \text{ and D1) or } (\overline{S_0} \text{ and } S_1 \text{ and D2) or } (S_0 \text{ and } S_1 \text{ and D3)}$$

表 3.1　4 對 1 多工器真值表

控制線		輸出
S1	S0	Y
0	0	D0
0	1	D1
1	0	D2
1	1	D3

3.1.1 使用 MegaWizard 建立 4 對 1 多工器

設計程序如下：

1. 建立新的專案(Project)：
- 首先於 File 選單內，點選 New Project Wizard，並將出現 New Project Wizard 視窗。指定設計專案之名稱為 mult4_lpm，其輸入步驟如圖 2.1 至圖 2.6。

2. 開啟新檔：
- 設計者可點選"File"，並於下拉式選單中點選"New"，將出現 New 視窗。於 Design Files 標籤下，選定欲開啟的檔案格式如"Block Diagram/Schematic File"，並點選 OK 後，一個新的區塊/圖形編輯器視窗即展開。

3. 儲存檔案：
- 設計者可點選"File"，並於下拉式選單中點選"Save As"，可出現另存新檔的對話視窗。設計者可於 File name 欄位填入欲儲存之檔名例如 mult4_lpm，並勾選 Add file to current project 後，點選"存檔"即可。

4. 編輯視窗中建立邏輯電路設計：
- 選定物件插入時的位置，在圖形編輯視窗畫面內適當的位置點一下。
- 引入多工器元件，選取視窗選單 Edit → Insert Symbol→在 Symbol 視窗的左下處，選取"Mega Wizard Plug-In Manager"按鈕，多工器元件設定精靈首頁，如圖 3.1 所示。

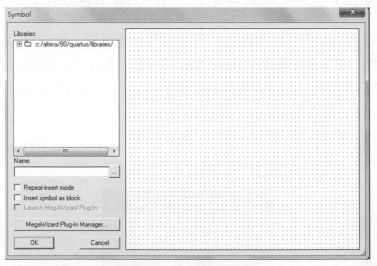

圖 3.1　加入符號檔

● 元件設定精靈第一頁，將詢問設計者是否建立一個新的元件；或是修改一個已建立的元件；或是複製一個已建立的元件。我們在此點選第一個選項"Create a new custom magefunction variation"，並點選『Next』，如圖 3.2 所示。

圖 3.2　元件設定精靈第一頁

● 元件設定精靈第二頁，設定輸出檔案形式，由於多工器屬於閘輯類(gates)，因此可於 gates 選出 LPM_MUX 此多工器元件。元件設定精靈第二頁的右半部，可選擇華亨數位實驗器所支援的 Cyclone 元件，且選擇將要產生輸出檔的語法 (AHDL/VHDL/Verilog HDL)，最後再給予此元件的路徑檔名，即可點選『Next』，如圖 3.3 所示。

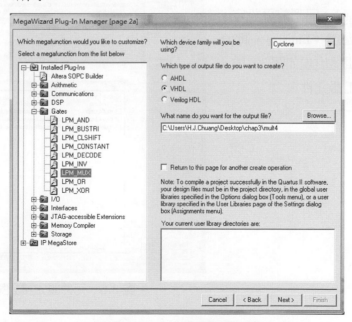

圖 3.3　元件設定精靈第二頁

● 元件設定精靈第三頁,設定
輸入及輸出位元參數,在設
定此多工器的輸入資料線數
(data)、輸出線數(result)規範
等,可依照圖 3.4 設定即可。

圖 3.4　元件設定精靈第三頁

● 元件設定精靈第四頁,在產
生此多工器元件的相關設計
檔,如圖 3.5 所示。若有任何
需要再修正的部分,仍可以
點選『Back』回到前頁設定。
否則,點選『Finish』,將於
繪圖編輯器出現如圖 3.6 的 4
對 1 多工器元件。

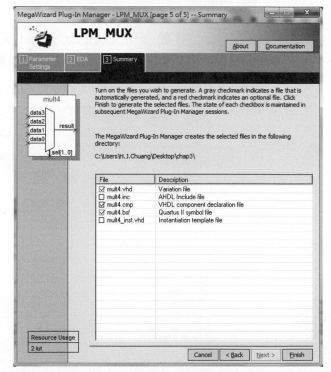

圖 3.5　元件設定精靈第四頁

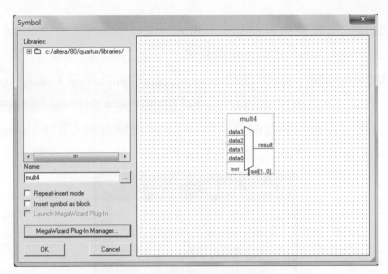

圖 3.6　4 對 1 多工器元件

● 引入輸入及輸出接腳，選取視窗選單 Edit → Insert Symbol→在 c:/altera/80/quaturs /libraries/primitive/pin 處，點選五個 input 閘，及一個 output 閘。

● 更改輸入及輸出接腳名稱，在'PIN_NAME'處按兩下，更改輸入接腳為 D0、D1、 D2、D3 與 S[1..0]，輸出接腳為 Y。

● 連線，點選 ⌐ 按鈕，將 D0、D1、D2 與 D3 分別連接到多工器元件的輸入端。 點選 ⌐ 按鈕，將 S[1..0]連接到多工器元件的輸入端。點選 ⌐ 按鈕，將輸出 接腳 Y 連接至多工器元件的輸出端，如圖 3.7 所示。

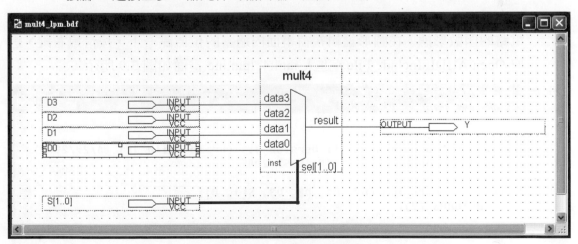

圖 3.7　4 對 1 多工器電路

5. 存檔並編譯，選取視窗選單 Processing → Compiler Tool → Start，即可進行編譯，產生 mult4_lpm.sof 或.pof 燒錄檔。

6. 創造電路符號，選取視窗選單 File → Create/Update → Create Symbol Files for Current File，可以產生 mult4_lpm.bsf 檔以代表 4 對 1 多工器電路的符號。在圖形編輯視窗畫面內適當的位置點一下，按滑鼠右鍵，選取 Open Symbol File，進入 mult4_lpm.bsf 畫面如圖 3.8 所示。

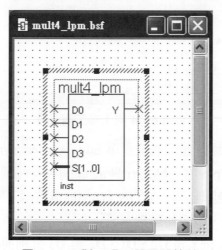

圖 3.8　4 對 1 多工器電路符號

7. 創造電路包含檔，選取視窗選單 File → Create/Update → Create AHDL Include Files for Current File，可以產生 mult4_lpm.inc 檔以代表 4 對 1 多工器電路的函數形態。在圖形編輯視窗畫面內適當的位置點一下，按滑鼠右鍵，選取 Open AHDL Include File，進入 mult4_lpm.inc 畫面如圖 3.9 所示。

```
24
25
26  -- Generated by Quartus II Version 4.1 (Build Build 181 06/29/2004)
27  -- Created on Wed May 11 10:18:57 2005
28
29  FUNCTION mult4_lpm (D0, D1, D2, D3, S[1..0])
30      RETURNS (Y);
31
```

圖 3.9　4 對 1 多工器電路包含檔

8. 延遲時間分析，選取視窗選單 Processing → Classic Timing Analyzer Tool，即可產生如圖 3.10 的延遲時間分析結果。

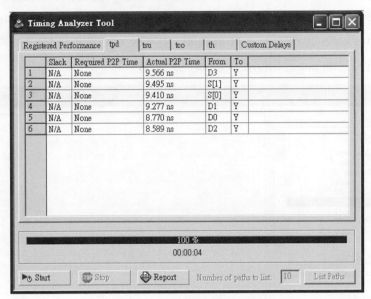

圖 3.10　延遲時間分析

3.1.2　電路圖編輯 4 對 1 多工器

設計程序如下：

1. 建立新的專案(Project)：
   - 首先於 File 選單內，點選 New Project Wizard，並將出現 New Project Wizard 視窗。指定設計專案之名稱爲 mult4_g4，其輸入步驟如圖 2.1 至圖 2.6。

2. 開啓新檔：
   - 設計者可點選"File"，並於下拉式選單中點選"New"，將出現 New 視窗。於 Design Files 標籤下，選定欲開啓的檔案格式如"Block Diagram/Schematic File"，並點選 OK 後，一個新的區塊/圖形編輯器視窗即展開。

3. 儲存檔案：
   - 設計者可點選"File"，並於下拉式選單中點選"Save As"，可出現另存新檔的對話視窗。設計者可於 File name 欄位填入欲儲存之檔名例如 mult4_g4，並勾選 Add file to current project 後，點選"存檔"即可。

4. 編輯視窗中建立邏輯電路設計：

● 選定物件插入時的位置，在圖形編輯視窗畫面內適當的位置點一下。

● 引入邏輯閘，選取視窗選單 Edit→Insert Symbol→在 c:/altera/80/quaturs/libraries/ primitive/logic 處，點選 and3 邏輯閘，按 OK，如圖 3.11 所示。再選出三個 and3 邏輯閘、二個 not 邏輯閘及一個 or4 邏輯閘。

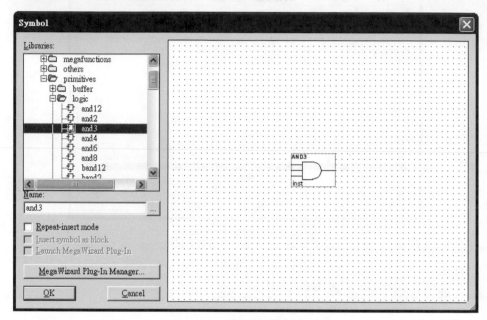

圖 3.11　選取邏輯閘元件

● 引入輸入及輸出接腳，選取視窗選單 Edit → Insert Symbol→在 c:/altera/80/ quaturs/libraries/primitive/pin 處，點選五個 input 閘，及一個 output 閘。

● 更改輸入及輸出接腳名稱，在'PIN_NAME'處按兩下，更改輸入接腳為 S[1..0]、 D0、D1、D2 與 D3，輸出接腳為 Y。

● 連線，點選 ⌐ 按鈕，將 D0、D1、D2 與 D3 分別連接到 and3 邏輯閘的輸入端。 點選 ⌐ 及 ⌐ 按鈕，將 S[1..0]連接到 not 邏輯閘及 and3 邏輯閘的輸入端，並 按滑鼠右鍵選取 Properties 分別輸入 S1、S0 之接腳名稱。點選 ⌐ 按鈕，將輸 出接腳 Y 連接至 or4 邏輯閘的輸出端，如圖 3.12 所示。

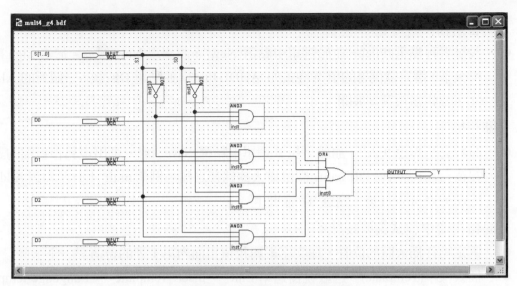

圖 3.12 4 對 1 多工器電路

5. 存檔並編譯，選取視窗選單 Processing → Compiler Tool → Start，即可進行編譯，產生 mult4_g4.sof 或.pof 燒錄檔。

6. 創造電路符號，選取視窗選單 File → Create/Update → Create Symbol Files for Current File，可以產生 mult4_g4.bsf 檔以代表 4 對 1 多工器電路的符號。在圖形編輯視窗畫面內適當的位置點一下，按滑鼠右鍵，選取 Open Symbol File，進入 mult4_g4.bsf 畫面如圖 3.8 所示。

7. 創造電路包含檔，選取視窗選單 File → Create/Update → Create AHDL Include Files for Current File，可以產生 mult4_g4.inc 檔以代表 4 對 1 多工器電路的函數形態。在圖形編輯視窗畫面內適當的位置點一下，按滑鼠右鍵，選取 Open AHDL Include File，進入 mult4_g4.inc 畫面如圖 3.9 所示。

8. 延遲時間分析，選取視窗選單 Processing →Classic Timing Analyzer Tool，即可產生如圖 3.10 的延遲時間分析結果。

3.1.3 AHDL 編輯 4 對 1 多工器

AHDL 設計程序如下：

1. 建立新的專案(Project)：
   ● 首先於 File 選單內，點選 New Project Wizard，並將出現 New Project Wizard 視窗，其輸入步驟與電路圖編輯設計程序相同，如圖 2.1 至圖 2.6。

2. 開啓新檔：
- 設計者可點選"File"，並於選單中點選"New"，將出現 New 視窗。於 Design Files 標籤下，選定欲開啓的檔案格式如"AHDL File"，並點選 OK 後，一個新的 AHDL 文字編輯器視窗即展開。

3. 儲存檔案：
- 設計者可點選"File"，並於下拉式選單中點選"Save As"，可出現另存新檔的對話視窗。設計者可於 File name 欄位填入欲儲存之檔名例如 mult_4_t，並勾選 Add file to current project 後，點選"存檔"即可。

4. 編輯視窗中程式編輯設計：
- 選定物件插入時的位置，在文字編輯視窗畫面內第 1 列的位置點一下。
- 插入樣本(Template)，選取視窗選單 Edit → Insert Template → Language template → AHDL，在 Architecture 處，點選 Subdesign Section 樣本，按 OK。
- 更改電路名稱與檔名相同，更改電路名稱'_design_name'為 mult_4_t。更改接腳名稱，以 S[1..0]、D0、D1、D2 與 D3 替換 INPUT 前的變數，以 Y 替換 OUTPUT 前的變數，並刪除不需要的腳位。
- 邏輯描述，插入樣本'Logic Section'，在 BEGIN 與 END 間插入樣本'If Then Statement'，將眞值表鍵入，如圖 3.13 所示。

```
mult_4_t.tdf
 1 SUBDESIGN mult_4_t
 2 (
 3     D0,D1,D2,D3,S[1..0]    : INPUT;
 4     Y   : OUTPUT;
 5 )
 6 BEGIN
 7 IF (S0==0 & S1==0 ) THEN
 8     Y=D0;
 9 ELSIF  (S0==1 & S1==0 ) THEN
10     Y=D1;
11 ELSIF  (S0==0 & S1==1 ) THEN
12     Y=D2;
13 ELSE
14     Y=D3;
15 END IF;
16 End;
```

圖 3.13　AHDL 程式

5.　存檔並編譯，選取視窗選單 Processing → Compiler Tool → Start，即可進行編譯，產生 mult_4_t.sof 或.pof 燒錄檔。

6.　創造電路符號，選取視窗選單 File → Create/Update → Create Symbol Files for Current File，可以產生 mult_4_t.bsf 檔以代表 4 對 1 多工器電路的符號。在圖形編輯視窗畫面內適當的位置點一下，按滑鼠右鍵，選取 Open Symbol File，進入 mult_4_t.bsf 畫面如圖 3.8 所示。

7.　創造電路包含檔，選取視窗選單 File → Create/Update → Create AHDL Include Files for Current File，可以產生 mult_4_t.inc 檔以代表 4 對 1 多工器電路的函數形態。在圖形編輯視窗畫面內適當的位置點一下，按滑鼠右鍵，選取 Open AHDL Include File，進入 mult_4_t.inc 畫面如圖 3.9 所示。

8.　延遲時間分析，選取視窗選單 Processing →Classic Timing Analyzer Tool，即可產生如圖 3.10 的延遲時間分析結果。

3.1.4　VHDL 編輯 4 對 1 多工器

VHDL 設計程序如下：

1.　建立新的專案(Project)：
- 首先於 File 選單內，點選 New Project Wizard，並將出現 New Project Wizard 視窗，其輸入步驟與電路圖編輯設計程序相同，如圖 2.1 至圖 2.6。。

2.　開啟新檔：
- 設計者可點選"File"，並於選單中點選"New"，將出現 New 視窗如。於 Design Files 標籤下，選定欲開啟的檔案格式如"VHDL File"，並點選 OK 後，一個新的 VHDL 文字編輯器視窗即展開。

3.　儲存檔案：
- 設計者可點選"File"，並於下拉式選單中點選"Save As"，可出現另存新檔的對話視窗。設計者可於File name欄位填入欲儲存之檔名例如mult_4_v，並勾選Add file to current project 後，點選"存檔"即可。

4.　編輯視窗中程式編輯設計：
- 選定物件插入時的位置，在文字編輯視窗畫面內第 1 列的位置點一下。
- 插入樣本(Template)，選取視窗選單 Edit → Insert Template → Language template → VHDL → Constructs，在 Design Units 處，插入樣本'Entity'，按 OK。

- 更改電路名稱與檔名相同，更改電路名稱'_design_name'為 mult_4_v。更改接腳名稱，以 D0、D1、D2 與 D3 替換 INPUT 前的變數，以 Y 替換 OUTPUT 前的變數，並刪除不需要的腳位。以 S[1..0]替換 IN 前的變數，設定資料型態為 STD_LOGIC_VECTOR(1 DOWNTO 0)。

- 邏輯描述，插入樣本'Architecture'，在第一次 BEGIN 與 END 間插入樣本'Process'，在第二次 BEGIN 與 END 間插入樣本'Case Statement'，鍵入程式如圖 3.14 所示。

```
1  LIBRARY IEEE;
2  USE IEEE.STD_LOGIC_1164.ALL;
3  ENTITY mult_4_V IS
4      port
5      (
6          D0,D1,D2,D3 :  IN  STD_LOGIC;
7          S :  IN  STD_LOGIC_VECTOR(1 downto 0);
8          Y :  OUT  STD_LOGIC
9      );
10 END mult_4_V;
11 ARCHITECTURE arc OF mult_4_V IS
12 BEGIN
13  PROCESS(S,D0,D1,D2,D3)
14  BEGIN
15    CASE S IS
16     WHEN "00" =>    Y<=D0;
17     WHEN "01" =>    Y<=D1;
18     WHEN "10" =>    Y<=D2;
19     WHEN OTHERS =>  Y<=D3;
20     END CASE;
21  END PROCESS;
22 END arc;
23
```

圖 3.14　VHDL 程式

5. 存檔並編譯，選取視窗選單 Processing → Compiler Tool → Start，即可進行編譯，產生 mult_4_v.sof 或.pof 燒錄檔。

6. 創造電路符號，選取視窗選單 File → Create/Update → Create Symbol Files for Current File，可以產生 mult_4_v.bsf 檔以代表 4 對 1 多工器電路的符號。在圖形編輯視窗畫面內適當的位置點一下，按滑鼠右鍵，選取 Open Symbol File，進入 mult_4_v.bsf 畫面如圖 3.8 所示。

7. 創造電路包含檔，選取視窗選單 File → Create/Update → Create AHDL Include Files for Current File，可以產生 mult_4_v.inc 檔以代表 4 對 1 多工器電路的函數形態。在圖形編輯視窗畫面內適當的位置點一下，按滑鼠右鍵，選取 Open AHDL Include File，進入 mult_4_v.inc 畫面如圖 3.9 所示。

8. 延遲時間分析，選取視窗選單 Processing →Classic Timing Analyzer Tool，即可產生如圖 3.10 的延遲時間分析結果。

3.1.5　模擬 4 對 1 多工器

模擬流程如下：

1. 開啟專案(Open Project)：
   ● 首先於 File 選單內，點選 Open Project，並將出現 Open Project 視窗，選取專案"mult_4_v.qpf"。

2. 編譯 ▶ ：
   ● 選取視窗選單 Processing → Complier Tool，即可產生編譯結果。

3. 建立波形檔案(Vector Waveform File)：
   ● File \ New，選擇 Verification / Debugging Files 標籤，再選定 Vector Waveform File。
   ● 點選『OK』，開啟 Waveform Editor 編輯一個新的波形檔 Vector Waveform File (.vwf)。
   ● 點選 Edit 主選單下的 End Time...設定模擬的時間範圍。
   ● 點選 Edit 主選單下的 Grid Size...可設定時間軸刻度大小。
   ● 以滑鼠右鍵點選波形編輯器 Name 欄位，並選擇"Insert Node or Bus..."可加入訊號，再選 Node Finder，出現對話框，選 List，選擇 Nodes Found 中的輸入與輸出，按"=>"鍵將 S[1..0]、D0、D1、D2、D3 及 Y 移至右邊，按兩次 OK 鍵進行波形模擬。
   ● 點選輸入訊號 S[1..0]，按 ⅩⒸ ，出現 Countting Value 對話框，點選 Counting → Radix → Binary；點選 Timing → Count every → 5.0 ns，再按'確定'。 點選輸入訊號 D0 設定為 clock，點選該訊號，按 Ⅹ◎ 設定 clock 特性，出現 Clock 對話框，點選 Time period → Period → 5.0 ns，按 OK 鍵。點選輸入訊號 D1 設定為 clock，點選該訊號，按 Ⅹ◎ 設定 clock 特性，出現 Clock 對話框，點選 Time period → Period → 10.0 ns，按 OK 鍵。點選輸入訊號 D2 設定為 clock，點選該訊號，

按 設定 clock 特性，出現 Clock 對話框，點選 Time period → Period → 15.0 ns，按 OK 鍵。點選輸入訊號 D3 設定為 clock，點選該訊號，按 設定 clock 特性，出現 Clock 對話框，點選 Time period → Period → 20.0 ns，按 OK 鍵。

● 所有輸入訊號波形編輯完後，存成 mult_4_v.vwf 檔。Snap to Grid 可以方便 設計者依照 Grid，正確選定線段邊界。

● 執行波形模擬，可於 Processing 主選單下的 Simulation Tool，開始執行波形模擬。

● 選擇 Functional 時，再選擇 Generate Functional Simulation Netlist 鍵，產生 Functional 所需的網路表，如圖 3.15 所示。此模式在模擬過程不考慮延遲時間，按 Start 鍵，開始執行波形模擬，如圖 3.16 所示。

圖 3.15　執行波形模擬步驟

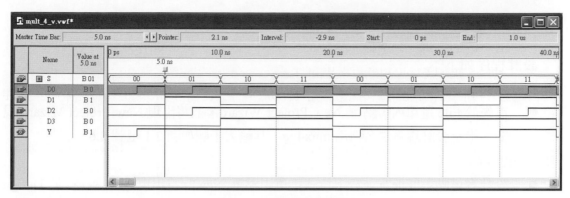

圖 3.16　波形模擬結果

3.2　1 對 4 解多工器(1 to 4 Demultiplexer)

　　1 對 4 解多工器是將一個輸入信號選擇傳送到多個輸出端上其中一個做為輸出的電路，而輸入信號被傳送到那一個輸出端，是由選擇控制信號來決定。一般多工器有三個部份控制線、資料線與輸出線，1 對 4 解多工器有 2 條控制線為 S0、S1，1 條資料線為 D_in，4 條輸出線分別為 D_out0、D_out1、D_out2、D_out3，真值表如表 3.2，其布林方程式如下：

$$D\_out0 = \overline{S0} \text{ and } \overline{S1} \text{ and } D\_in$$
$$D\_out1 = S0 \text{ and } \overline{S1} \text{ and } D\_in$$
$$D\_out2 = \overline{S0} \text{ and } S1 \text{ and } D\_in$$
$$D\_out3 = S0 \text{ and } S1 \text{ and } D\_in$$

表 3.2　1 對 4 解多工器真值表

控制線		輸出			
S1	S0	D_out0	D_out1	D_out2	D_out3
0	0	D_in	0	0	0
0	1	0	D_in	0	0
1	0	0	0	D_in	0
1	1	0	0	0	D_in

3.2.1 電路圖編輯 1 對 4 解多工器

設計程序如下：

1. 建立新的專案(Project)：
   - 首先於 File 選單內，點選 New Project Wizard，並將出現 New Project Wizard 視窗。指定設計專案之名稱為 mux4_g，其輸入步驟如圖 2.1 至圖 2.6。

2. 開啟新檔：
   - 設計者可點選"File"，並於下拉式選單中點選"New"，將出現 New 視窗。於 Design Files 標籤下，選定欲開啟的檔案格式如"Block Diagram/Schematic File"，並點選 OK 後，一個新的區塊/圖形編輯器視窗即展開。

3. 儲存檔案：
   - 設計者可點選"File"，並於下拉式選單中點選"Save As"，可出現另存新檔的對話視窗。設計者可於 File name 欄位填入欲儲存之檔名例如 mux4_g，並勾選 Add file to current project 後，點選"存檔"即可。

4. 編輯視窗中建立邏輯電路設計：
   - 選定物件插入時的位置，在圖形編輯視窗畫面內適當的位置點一下。
   - 引入邏輯閘，選取視窗選單 Edit→Insert Symbol→在 c:/altera/80/quaturs/libraries/primitive/logic 處，點選 and3 邏輯閘，按 OK，如圖 3.17 所示。再選出三個 and3 邏輯閘及二個 not 邏輯閘。

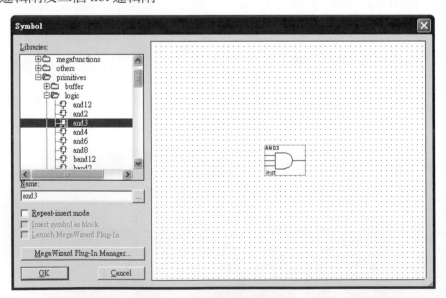

圖 3.17 選取邏輯閘元件

- 引入輸入及輸出接腳，選取視窗選單 Edit → Insert Symbol → 在 c:/altera/80/quaturs/ libraries/primitive/pin 處，點選二個 input 閘，及四個 output 閘。
- 更改輸入及輸出接腳名稱，在'PIN_NAME'處按兩下，更改輸入接腳爲 S[1..0] 與 D_in，輸出接腳爲 D_out0、D_out1、D_out2、D_out3。
- 連線，點選 🔲 按鈕，將 D_in 連接到 and3 邏輯閘的輸入端。點選 🔲 及 🔲 按鈕，將 S[1..0]連接到 not 邏輯閘及 and3 邏輯閘的輸入端，並按滑鼠右鍵選取 Properties 分別輸入 S1、S0 之接腳名稱。點選 🔲 按鈕，將輸出接腳 D_out0、D_out1、D_out2、D_out3 分別連接至 and3 邏輯閘的輸出端，如圖 3.18 所示。

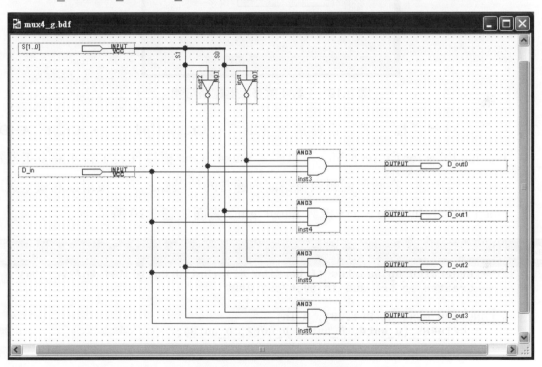

圖 3.18　1 對 4 解多工器電路

5. 存檔並編譯，選取視窗選單 Processing → Compiler Tool → Start，即可進行編譯，產生 mux4_g.sof 或.pof 燒錄檔。
6. 創造電路符號，選取視窗選單 File → Create/Update → Create Symbol Files for Current File，可以產生 mux4_g.bsf 檔以代表 1 對 4 解多工器電路的符號。在圖形編輯視窗畫面內適當的位置點一下，按滑鼠右鍵，選取 Open Symbol File，進入 mux4_g.bsf 畫面如圖 3.19 所示。

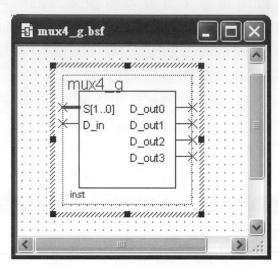

圖 3.19　1 對 4 解多工器電路符號

7. 創造電路包含檔，選取視窗選單 File → Create/Update → Create AHDL
    Include Files for Current File，可以產生 mux4_g.inc 檔以代表 1 對 4 解多工器電
    路的函數形態。在圖形編輯視窗畫面內適當的位置點一下，按滑鼠右鍵，選取
    Open AHDL Include File，進入 mux4_g.inc 畫面如圖 3.20 所示。

```
26  -- Generated by Quartus II Version 4.1 (Build Build 181 06/29/2004)
27  -- Created on Fri Jun 10 09:42:53 2005
28
29  FUNCTION mux4_g (S[1..0], D_in)
30      RETURNS (D_out0, D_out1, D_out2, D_out3);
31
```

圖 3.20　1 對 4 解多工器電路包含檔

8. 延遲時間分析，選取視窗選單 Processing → Classic Timing Analyzer Tool，即
    可產生如圖 3.21 的延遲時間分析結果。

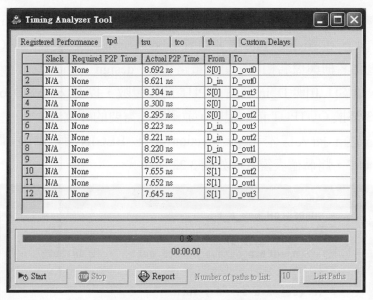

圖 3.21　延遲時間分析結果

3.2.2　AHDL 編輯 1 對 4 解多工器

AHDL 設計程序如下：

1. 建立新的專案(Project)：
   - 首先於 File 選單內，點選 New Project Wizard，並將出現 New Project Wizard 視窗，其輸入步驟與電路圖編輯設計程序相同，如圖 2.1 至圖 2.6。

2. 開啓新檔：
   - 設計者可點選"File"，並於選單中點選"New"，將出現 New 視窗。於 Design Files 標籤下，選定欲開啓的檔案格式如"AHDL File"，並點選 OK 後，一個新的 AHDL 文字編輯器視窗即展開。

3. 儲存檔案：
   - 設計者可點選"File"，並於下拉式選單中點選"Save As"，可出現另存新檔的對話視窗。設計者可於 File name 欄位填入欲儲存之檔名例如 mux_4_t，並勾選 Add file to current project 後，點選"存檔"即可。

4. 編輯視窗中程式編輯設計：
   - 選定物件插入時的位置，在文字編輯視窗畫面內第 1 列的位置點一下。

- 插入樣本(Template)，選取視窗選單 Edit → Insert Template → Language template → AHDL，在 Architecture 處，點選 Subdesign Section 樣本，按 OK。

- 更改電路名稱與檔名相同，更改電路名稱'_design_name'為 mult_4_t。更改接腳名稱，以 S[1..0]與 D_in 替換 INPUT 前的變數，以 D_out0、D_out1、D_out2 與 D_out3 替換 OUTPUT 前的變數，並刪除不需要的腳位。

- 邏輯描述，插入樣本'Logic Section'，在 BEGIN 與 END 間插入'IF Then Statement'，將真值表鍵入，如圖 3.22 所示。

```
mux_4_t.tdf
 1 SUBDESIGN mux_4_t
 2 (
 3     S[1..0],D_in           : INPUT;
 4     D_out0,D_out1,D_out2,D_out3     : OUTPUT;
 5 )
 6 BEGIN
 7 IF (S0==0 & S1==0 ) THEN
 8     D_out0=D_in;
 9 ELSIF  (S0==1 & S1==0 ) THEN
10     D_out1=D_in;
11 ELSIF  (S0==0 & S1==1 ) THEN
12     D_out2=D_in;
13 ELSE
14     D_out3=D_in;
15 END IF;
16 End;
17
```

圖 3.22　AHDL 程式

5. 存檔並編譯，選取視窗選單 Processing → Compiler Tool → Start，即可進行編譯，產生 mux_4_t.sof 或.pof 燒錄檔。

6. 創造電路符號，選取視窗選單 File → Create/Update → Create Symbol Files for Current File，可以產生 mux_4_t.bsf 檔以代表 1 對 4 解多工器電路的符號。在圖形編輯視窗畫面內適當的位置點一下，按滑鼠右鍵，選取 Open Symbol File，進入 mult4_g.bsf 畫面如圖 3.19 所示。

7. 創造電路包含檔，選取視窗選單 File → Create/Update → Create AHDL Include Files for Current File，可以產生 mux_4_t.inc 檔以代表 1 對 4 解多工器電路的函數形態。在圖形編輯視窗畫面內適當的位置點一下，按滑鼠右鍵，選取 Open AHDL Include File，進入 mux_4_t.inc 畫面如圖 3.20 所示。

8. 延遲時間分析，選取視窗選單 Processing → Classic Timing Analyzer Tool，即可產生如圖 3.21 的延遲時間分析結果。

3.2.3　VHDL 編輯 1 對 4 解多工器

VHDL 設計程序如下：

1. 建立新的專案(Project)：
   ● 首先於 File 選單內，點選 New Project Wizard，並將出現 New Project Wizard 視窗，其輸入步驟與電路圖編輯設計程序相同，如圖 2.1 至圖 2.6。

2. 開啟新檔：
   ● 設計者可點選"File"，並於選單中點選"New"，將出現 New 視窗如。於 Design Files 標籤下，選定欲開啟的檔案格式如"VHDL File"，並點選 OK 後，一個新的 VHDL 文字編輯器視窗即展開。

3. 儲存檔案：
   ● 設計者可點選"File"，並於下拉式選單中點選"Save As"，可出現另存新檔的對話視窗。設計者可於 File name 欄位填入欲儲存之檔名例如 mux_4_v，並勾選 Add file to current project 後，點選"存檔"即可。

4. 編輯視窗中程式編輯設計：
   ● 選定物件插入時的位置，在文字編輯視窗畫面內第 1 列的位置點一下。
   ● 插入樣本(Template)，選取視窗選單 Edit → Insert Template → Language template → VHDL → Constructs，在 Design Units 處，插入樣本'Entity'，按 OK。
   ● 更改電路名稱與檔名相同，更改電路名稱'_design_name'為 mux_4_v。更改接腳名稱，以 D_in 替換 INPUT 前的變數，以 S[1..0]替換 IN 前的變數，設定資料型態為STD_LOGIC_VECTOR(1 DOWNTO 0)，以 D_out0、D_out1、D_out2 與 D_out3 替換 OUTPUT 前的變數，並刪除不需要的腳位。
   ● 邏輯描述，插入樣本'Architecture'，在第一次 BEGIN 與 END 間插入樣本'Process'，在第二次 BEGIN 與 END 間插入樣本'Case Statement'，鍵入程式如圖 3.23 所示。

```
abc mux_4_v.vhd*                                                    _ □ X
 1 LIBRARY IEEE;
 2 USE IEEE.STD_LOGIC_1164.ALL;
 3 ENTITY mux_4_v IS
 4    port
 5    (
 6        D_in   :  IN  STD_LOGIC;
 7        S   :  IN  STD_LOGIC_VECTOR(1 downto 0);
 8        D_out0,D_out1,D_out2,D_out3   :   OUT  STD_LOGIC
 9    );
10 END mux_4_v;
11 ARCHITECTURE arc OF mux_4_v IS
12 BEGIN
13  PROCESS(S,D_in)
14  BEGIN
15    CASE S IS
16      WHEN "00" =>  D_out0<=D_in; D_out1<='0';  D_out2<='0';  D_out3<='0';
17      WHEN "01" =>  D_out0<='0'; D_out1<=D_in; D_out2<='0';  D_out3<='0';
18      WHEN "10" =>  D_out0<='0'; D_out1<='0'; D_out2<=D_in; D_out3<='0';
19      WHEN OTHERS => D_out0<='0'; D_out1<='0';  D_out2<='0'; D_out3<=D_in;
20    END CASE;
21  END PROCESS;
22 END arc;
23
```

圖 3.23　VHDL 程式

5. 存檔並編譯，選取視窗選單 Processing → Compiler Tool → Start，即可進行編譯，產生 mux_4_v.sof 或.pof 燒錄檔。

6. 創造電路符號，選取視窗選單 File → Create/Update → Create Symbol Files for Current File，可以產生 mux_4_v.bsf 檔以代表 1 對 4 解多工器電路的符號。在圖形編輯視窗畫面內適當的位置點一下，按滑鼠右鍵，選取 Open Symbol File，進入 mux_4_v.bsf 畫面如圖 3.19 所示。

7. 創造電路包含檔，選取視窗選單 File → Create/Update → Create AHDL Include Files for Current File，可以產生 mult_4_v.inc 檔以代表 1 對 4 解多工器電路的函數形態。在圖形編輯視窗畫面內適當的位置點一下，按滑鼠右鍵，選取 Open AHDL Include File，進入 mux_4_v.inc 畫面如圖 3.20 所示。

8. 延遲時間分析，選取視窗選單 Processing → Classic Timing Analyzer Tool，即可產生如圖 3.21 的延遲時間分析結果。

3.2.4　模擬 1 對 4 解多工器

模擬流程如下：

1. 開啟專案(Open Project)：
   * 首先於 File 選單內，點選 Open Project，並將出現 Open Project 視窗，選取專案 "mux4_g.qpf"。

2. 編譯 ▶ ：
   * 選取視窗選單 Processing → Complier Tool，即可產生編譯結果。

3. 建立波形檔案(Vector Waveform File)：
   * File \ New，選擇 Verification / Debugging Files 標籤，再選定 Vector Waveform File。
   * 點選『OK』，開啟 Waveform Editor 編輯一個新的波形檔 Vector Waveform File (.vwf)。
   * 點選 Edit 主選單下的 End Time...設定模擬的時間範圍。
   * 點選 Edit 主選單下的 Grid Size...可設定時間軸刻度大小。
   * 以滑鼠右鍵點選波形編輯器 Name 欄位，並選擇"Insert Node or Bus..."可加入訊號，再選 Node Finder，出現對話框，選 List，選擇 Nodes Found 中的輸入與輸出，按"=>"鍵將 S[1..0]、D_in、D_out0、D_out1、D_out2 及 D_out3 移至右邊，按兩次 OK 鍵進行波形模擬。
   * 點選輸入訊號 S[1..0]，按 ⌧c ，出現 Countting Value 對話框，點選 Counting → Radix → Binary；點選 Timing → Count every → 5.0 ns，再按'確定'。點選輸入訊號 D0 設定為 High，點選該訊號，按 ⊓ 鍵。
   * 所有輸入訊號波形編輯完後，存成 mux4_g.vwf 檔。Snap to Grid 🔡 可以方便設計者依照 Grid，正確選定線段邊界。
   * 執行波形模擬，可於 Processing 主選單下的 Simulation Tool，開始執行波形模擬。
   * 選擇 Functional 時，再選擇 Generate Functional Simulation Netlist 鍵，產生 Functional 所需的網路表，如圖 3.24 所示。此模式在模擬過程不考慮延遲時間，按 Start 鍵，開始執行波形模擬，如圖 3.25 所示。

圖 3.24　執行波形模擬步驟

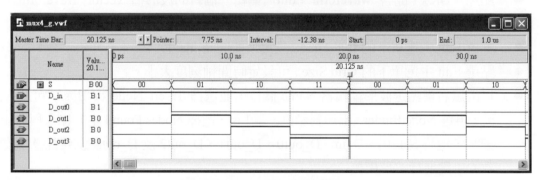

圖 3.25　波形模擬結果

3.3　七段顯示器構造

　　七段顯示器外型如圖 3.26 所示，內部構造由 8 個 LED 燈組成，依順時針方向為 a、b、c、d、e、f、g 與 dp 等 8 組資料，七段顯示器可用來顯示單一的十進制或十六進制的數字。七段顯示器分共陽極(Common anode)與共陰極(Common cathode)兩種電路組合，本書則使用共陽極七段顯示器，在共陽極七段顯示器要產生數字「0」，必須將 a、b、c、d、e、f 等接腳接"低電位"，而表 3.3 為共陽極 BCD 碼至十進制七段顯示解碼器之真值表。

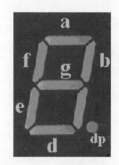

圖 3.26 七段顯示器

表 3.3 共陽極七段顯示解碼器之真值表

BCD 碼				七段顯示器控制碼							顯示字形
D	C	B	A	g	f	e	d	c	b	a	
0	0	0	0	1	0	0	0	0	0	0	0
0	0	0	1	1	1	1	1	0	0	1	1
0	0	1	0	0	1	0	0	1	0	0	2
0	0	1	1	0	1	1	0	0	0	0	3
0	1	0	0	0	0	1	1	0	0	1	4
0	1	0	1	0	0	1	0	0	1	0	5
0	1	1	0	0	0	0	0	0	1	0	6
0	1	1	1	1	1	1	1	0	0	0	7
1	0	0	0	0	0	0	0	0	0	0	8
1	0	0	1	0	0	1	0	0	0	0	9
1	0	1	0	0	0	0	1	0	0	0	A
1	0	1	1	0	0	0	0	0	1	1	B
1	1	0	0	1	0	0	0	1	1	0	C
1	1	0	1	0	1	0	0	0	0	1	D
1	1	1	0	0	0	0	0	1	1	0	E
1	1	1	1	0	0	0	1	1	1	0	F

3.3.1　AHDL 編輯七段顯示解碼器

AHDL 設計程序如下：

1. 建立新的專案(Project)：
   - 首先於 File 選單內，點選 New Project Wizard，並將出現 New Project Wizard 視窗，其輸入步驟與電路圖編輯設計程序相同，如圖 2.1 至圖 2.6。

2. 開啓新檔：
   - 設計者可點選"File"，並於選單中點選"New"，將出現 New 視窗。於 Design Files 標籤下，選定欲開啓的檔案格式如"AHDL File"，並點選 OK 後，一個新的 AHDL 文字編輯器視窗即展開。

3. 儲存檔案：
   - 設計者可點選"File"，並於下拉式選單中點選"Save As"，可出現另存新檔的對話視窗。設計者可於 File name 欄位填入欲儲存之檔名例如 seven_seg_t，並勾選 Add file to current project 後，點選"存檔"即可。

4. 編輯視窗中程式編輯設計：
   - 選定物件插入時的位置，在文字編輯視窗畫面內第 1 列的位置點一下。
   - 插入樣本(Template)，選取視窗選單 Edit → Insert Template → Language template → AHDL，在 Architecture 處，點選 Subdesign Section 樣本，按 OK。
   - 更改電路名稱與檔名相同，更改電路名稱'_design_name'爲 seven_seg_t。更改接腳名稱，以 D[3..0]替換 INPUT 前的變數，以 S[6..0]替換 OUTPUT 前的變數，並刪除不需要的腳位。
   - 邏輯描述，插入樣本'Logic Section'，在 BEGIN 與 END 間插入眞值表樣本'Table Statement'，將眞值表鍵入，如圖 3.27 所示。

5. 存檔並編譯，選取視窗選單 Processing → Compiler Tool → Start，即可進行編譯，產生 seven_seg_t.sof 或.pof 燒錄檔。

```
abc seven_seg__t.tdf*                                    _ □ X
   1 SUBDESIGN seven_seg__t
   2 (
   3     D[3..0]      : INPUT;
   4     S[6..0]      : OUTPUT;
   5 )
   6 BEGIN
   7 %   g, f, e, d, c, b, a %
   8 % = S6,S5,S4,S3,S2,S1,S0 %
   9  TABLE
  10     D3,D2,D1,D0 =>  S6,S5,S4,S3,S2,S1,S0;
  11     0, 0, 0, 0  =>  1, 0, 0, 0, 0, 0, 0;  % 0 %
  12     0, 0, 0, 1  =>  1, 1, 1, 1, 0, 0, 1;  % 1 %
  13     0, 0, 1, 0  =>  0, 1, 0, 0, 1, 0, 0;  % 2 %
  14     0, 0, 1, 1  =>  0, 1, 1, 0, 0, 0, 0;  % 3 %
  15     0, 1, 0, 0  =>  0, 0, 1, 1, 0, 0, 1;  % 4 %
  16     0, 1, 0, 1  =>  0, 0, 1, 0, 0, 1, 0;  % 5 %
  17     0, 1, 1, 0  =>  0, 0, 0, 0, 0, 1, 0;  % 6 %
  18     0, 1, 1, 1  =>  1, 1, 1, 1, 0, 0, 0;  % 7 %
  19     1, 0, 0, 0  =>  0, 0, 0, 0, 0, 0, 0;  % 8 %
  20     1, 0, 0, 1  =>  0, 0, 1, 0, 0, 0, 0;  % 9 %
  21     1, 0, 1, 0  =>  0, 0, 0, 1, 0, 0, 0;  % A %
  22     1, 0, 1, 1  =>  0, 0, 0, 0, 0, 1, 1;  % B %
  23     1, 1, 0, 0  =>  1, 0, 0, 0, 1, 1, 0;  % C %
  24     1, 1, 0, 1  =>  0, 1, 0, 0, 0, 0, 1;  % D %
  25     1, 1, 1, 0  =>  0, 0, 0, 0, 1, 1, 0;  % E %
  26     1, 1, 1, 1  =>  0, 0, 0, 1, 1, 1, 0;  % F %
  27  END TABLE;
  28 END;
```

圖 3.27　AHDL 程式

6.　創造電路符號，選取視窗選單 File → Create/Update → Create Symbol Files for Current File，可以產生 seven_seg_t.bsf 檔以代表七段顯示解碼器電路的符號。在圖形編輯視窗畫面內適當的位置點一下，按滑鼠右鍵，選取 Open Symbol File，進入 seven_seg_t.bsf 畫面如圖 3.28 所示。

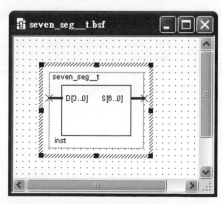

圖 3.28　七段顯示解碼器電路符號

7. 創造電路包含檔，選取視窗選單 File → Create/Update → Create AHDL Include Files for Current File，可以產生 seven_seg_t.inc 檔以代表七段顯示解碼器電路的函數形態。在圖形編輯視窗畫面內適當的位置點一下，按滑鼠右鍵，選取 Open AHDL Include File，進入 seven_seg_t.inc 畫面如圖 3.29 所示。

8. 延遲時間分析，選取視窗選單 Processing → Classic Timing Analyzer Tool，即可產生如圖 3.30 的延遲時間分析結果。

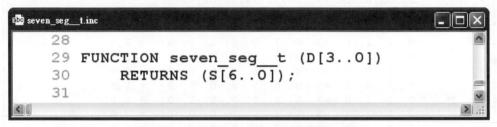

圖 3.29　七段顯示解碼器電路包含檔

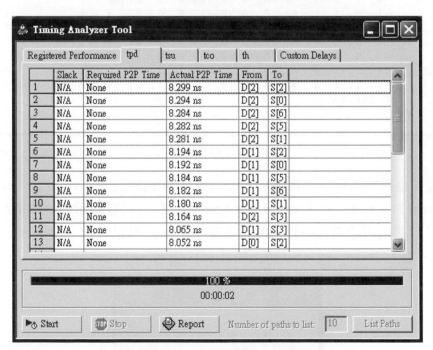

圖 3.30　延遲時間分析結果

3.3.2　VHDL 編輯七段顯示解碼器

VHDL 設計程序如下：

1. 建立新的專案(Project)：
   - 首先於 File 選單內，點選 New Project Wizard，並將出現 New Project Wizard 視窗，其輸入步驟與電路圖編輯設計程序相同，如圖 2.1 至圖 2.6。

2. 開啟新檔：
   - 設計者可點選"File"，並於選單中點選"New"，將出現 New 視窗。於 Design Files 標籤下，選定欲開啟的檔案格式如"VHDL File"，並點選 OK 後，一個新的 VHDL 文字編輯器視窗即展開。

3. 儲存檔案：
   - 設計者可點選"File"，並於下拉式選單中點選"Save As"，可出現另存新檔的對話視窗。設計者可於 File name 欄位填入欲儲存之檔名，例如 seven_seg_v，並勾選 Add file to current project 後，點選"存檔"即可。

4. 編輯視窗中程式編輯設計：
   - 選定物件插入時的位置，在文字編輯視窗畫面內第 1 列的位置點一下。
   - 插入樣本(Template)，選取視窗選單 Edit → Insert Template → Language template → VHDL → Constructs，在 Design Units 處，插入樣本'Entity'，按 OK。
   - 更改電路名稱與檔名相同，更改電路名稱'_design_name'為 seven_seg_v。更改接腳名稱，以 D 替換 INPUT 前的變數，設定資料型態為 STD_LOGIC_VECTOR(3 DOWNTO 0)，以 S 替換 OUTPUT 前的變數，設定資料型態為 STD_LOGIC_VECTOR(6 DOWNTO 0)，並刪除不需要的腳位。
   - 邏輯描述，插入樣本'Architecture'，在第一次 BEGIN 與 END 間插入樣本'Process'，在第二次 BEGIN 與 END 間插入樣本'Case Statement'，鍵入程式如圖 3.31 所示。

```
seven_seg_v.vhd*                                                        _ □ ×
 1  LIBRARY IEEE; USE IEEE.STD_LOGIC_1164.ALL;
 2  ENTITY seven_seg_v IS
 3      PORT(D  : IN    STD_LOGIC_VECTOR(3 DOWNTO 0);
 4           S  : OUT   STD_LOGIC_VECTOR(6 DOWNTO 0) );
 5  END seven_seg_v ;
 6  ARCHITECTURE arc OF seven_seg_v IS
 7  BEGIN
 8    PROCESS(D)
 9     BEGIN
10      CASE D IS
11      WHEN "0000" => S<="1000000";   -- 0
12      WHEN "0001" => S<="1111001";   -- 1
13      WHEN "0010" => S<="0100100";   -- 2
14      WHEN "0011" => S<="0110000";   -- 3
15      WHEN "0100" => S<="0011001";   -- 4
16      WHEN "0101" => S<="0010010";   -- 5
17      WHEN "0110" => S<="0000010";   -- 6
18      WHEN "0111" => S<="1111000";   -- 7
19      WHEN "1000" => S<="0000000";   -- 8
20      WHEN "1001" => S<="0010000";   -- 9
21      WHEN "1010" => S<="0001000";   -- A
22      WHEN "1011" => S<="0000011";   -- B
23      WHEN "1100" => S<="1000110";   -- C
24      WHEN "1101" => S<="0100001";   -- D
25      WHEN "1110" => S<="0000110";   -- E
26      WHEN "1111" => S<="0001110";   -- F
27      WHEN OTHERS => S<="1111111";
28        END CASE;
29    END PROCESS;
30  END arc;
31
```

圖 3.31　VHDL 程式

5. 存檔並編譯，選取視窗選單 Processing → Compiler Tool → Start，即可進行編譯，產生 seven_seg_v.sof 或.pof 燒錄檔。

6. 創造電路符號，選取視窗選單 File → Create/Update → Create Symbol Files for Current File，可以產生 seven_seg_v.bsf 檔以代表七段顯示解碼器電路的符號。在圖形編輯視窗畫面內適當的位置點一下，按滑鼠右鍵，選取 Open Symbol File，進入 seven_seg_v.bsf 畫面如圖 3.28 所示。

7. 創造電路包含檔，選取視窗選單 File → Create/Update → Create AHDL Include Files for Current File，可以產生 seven_seg_v.inc 檔以代表七段顯示解碼器電路的函數形態。在圖形編輯視窗畫面內適當的位置點一下，按滑鼠右鍵，選取 Open AHDL Include File，進入 seven_seg_v.inc 畫面如圖 3.29 所示。

8. 延遲時間分析，選取視窗選單 Processing → Classic Timing Analyzer Tool，即可產生如圖 3.30 的延遲時間分析結果。

3.3.3　模擬七段顯示解碼器

模擬流程如下：

1. 開啓專案(Open Project)：
   - 首先於 File 選單內，點選 Open Project，並將出現 Open Project 視窗，選取專案 "seven_seg_v.qpf"。

2. 編譯 ▶ ：
   - 選取視窗選單 Processing → Complier Tool，即可產生編譯結果。

3. 建立波形檔案(Vector Waveform File)：
   - File \ New，選擇 Verification / Debugging Files 標籤，再選定 Vector Waveform File。
   - 點選『OK』，開啓 Waveform Editor 編輯一個新的波形檔 Vector Waveform File (.vwf)。
   - 點選 Edit 主選單下的 End Time...可設定模擬的時間範圍。
   - 點選 Edit 主選單下的 Grid Size...可設定時間軸刻度大小。
   - 以滑鼠右鍵點選波形編輯器 Name 欄位，並選擇"Insert Node or Bus..."可加入訊號，再選 Node Finder，出現對話框，選 List，選擇 Nodes Found 中的輸入與輸出，按"=>"鍵將 D[3..0]及 S[6..0]移至右邊，按兩次 OK 鍵進行波形模擬。
   - 點選輸入訊號 D[3..0]，按 XC ，出現 Countting Value 對話框，點選 Counting → Radix → Binary；點選 Timing → Count every → 4.0 ns，再按'確定'。
   - 所有輸入訊號波形編輯完後，存成 seven_seg_v.vwf 檔。Snap to Grid 器 可以方便設計者依照 Grid，正確選定線段邊界。
   - 執行波形模擬，可於 Processing 主選單下的 Simulation Tool，開始執行波形模擬。
   - 選擇 Functional 時，再選擇 Generate Functional Simulation Netlist 鍵，產生 Functional 所需的網路表。此模式在模擬過程不考慮延遲時間，按 Start 鍵，開始執行波形模擬，如圖 3.32 所示。

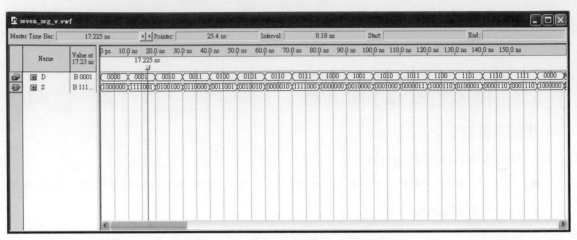

圖 3.32　七段顯示解碼器波形模擬結果

QUARTUS II

FPGA/CPLD *Digital Circuit Design*

Chapter **4**

計數器及除頻器設計

計數器及除頻器是使用正反器及邏輯閘所組成的序向邏輯電路,在數位系統中常應用計數器及除頻器來完成數位電路設計。本章首先介紹 10 模計數器、60 模計數器、24 模數計數器及除頻器,在綜合練習單元時,可以配合先前介紹 1 對多或多對 1 多工器及七段解碼器,完成數位電子鐘設計。並分別以圖形編輯(參數式函數 Magefunctions)、AHDL編輯及 VHDL 編輯三種方式設計。

4.1 10 模計數器設計

由於正反器的特性有 2 個狀態,故可以使用正反器來完成計數器設計,當使用 *n* 個正反器來設計計數器時,代表此計數器有 2^n 個自然計數值。而十進位的 10 模計數器,如以正反器來完成設計,需使用 4 個正反器來組合設計,也就是說二進位自然數的順序,由"0000"計數至"1001" ,其設計電路可使用程式編輯來完成設計。以 10 模計數器為例,其為 4 位元上數計數器,並具有預設及清除等功能。一般 10 模計數器有四個部份如控制線有 4 條為 Load、Clrn、Ena、Clk,資料輸入與輸出線各 4 條分別為 D0、D1、D2、D3 及 Q0、Q1、Q2、Q3,進位線 1 條為 Co,其真值表如表 4.1 所示。

表 4.1　10 模計數器真值表

Clrn	Load	Ena	Clk	D[3..0]				Q[3..0]			
				D3	D2	D1	D0	Q3	Q2	Q1	Q0
0	X	X	X	X	X	X	X	0	0	0	0
1	0	X	↑	0	1	1	0	0	1	1	0
1	1	0	↑	X	X	X	X	Q(不變)			
1	1	1	↑	X	X	X	X	Q=Q+1 上數至"1001"			

4.1.1　AHDL 編輯 10 模計數器

AHDL 設計程序如下：

1. 建立新的專案(Project)：
   - 首先於 File 選單內，點選 New Project Wizard，並將出現 New Project Wizard 視窗，其輸入步驟與電路圖編輯設計程序相同，如圖 2.1 至圖 2.6。

2. 開啟新檔：
   - 設計者可點選"File"，並於選單中點選"New"，將出現 New 視窗。於 Design Files 標籤下，選定欲開啟的檔案格式如"AHDL File"，並點選 OK 後，一個新的 AHDL 文字編輯器視窗即展開。

3. 儲存檔案：
   - 設計者可點選"File"，並於下拉式選單中點選"Save As"，可出現另存新檔的對話視窗。設計者可於 File name 欄位填入欲儲存之檔名，例如 counter10_t，並勾選 Add file to current project 後，點選"存檔"即可。

4. 編輯視窗中程式編輯設計：
   - 選定物件插入時的位置，在文字編輯視窗畫面內第 1 列的位置點一下。
   - 插入樣本(Template)，選取視窗選單 Edit → Insert Template → Language template → AHDL，在 Architecture 處，點選 Subdesign Section 樣本，按 OK。
   - 更改電路名稱與檔名相同，更改電路名稱'_design_name'為 counter10_t。更改接腳名稱，以 Clk、Load、Ena、Clrn 與 D[3..0]替換 INPUT 前的變數，以 Q[3..0] 與 Co 替換 OUTPUT 前的變數，並刪除不需要的腳位。

- 變數型態，插入樣本'Variable Section'與'Instance Declaration'，將'_function_ instance_name'改成 count[3..0]，將'_function _name'改成 DFF。

- 邏輯描述，插入樣本'Logic Section'， 在 BEGIN 與 END 間，首先將輸入接腳 Clk 與所有正反器 count[ ].clk 連接成同步型計數器。再插入眞值表樣本' IF Then Statement'，將眞值表鍵入，其中 Clrn、Load 及 Ena 均爲 high，一正緣時脈波 Clk 輸入，當計數器輸出 count[ ].q 等於 9 時，將計數器輸入 count[ ].d 設定爲零，等下一正緣時脈波 Clk 輸入，計數器輸出 count[ ].q 等於 0，重新計數器，如圖 4.1 所示。

```
SUBDESIGN counter10_t
(   Clk,Load,Ena,Clrn,D[3..0]    : INPUT;
    Q[3..0],Co                   : OUTPUT;
)
VARIABLE
    count[3..0]          :  DFF;
BEGIN
  count[].clk=Clk;
  IF Clrn==0 THEN
    count[].d=0 ;
  ELSIF Load==0 THEN
    count[].d=D[];
  ELSIF Ena THEN          % Clrn=1,Load=1,Ena=1%
    IF count[].q==9 THEN  % when q=9 %
       count[].d=0;
    ELSE count[].d=count[].q+1;
    END IF;
  ELSE                    % Clrn=1,Load=1,Ena=0 %
    count[].d=count[].q;
  END IF;
  Q[]=count[].q;
  Co=Q3 & Q0 & Ena;
END;
```

圖 4.1　AHDL 程式

5. 存檔並編譯，選取視窗選單 Processing → Compiler Tool → Start，即可進行編譯，產生 counter10_t.sof 或.pof 燒錄檔。

6. 創造電路符號，選取視窗選單 File → Create/Update → Create Symbol Files for Current File，可以產生 counter10_t.bsf 檔以代表 10 模計數器電路的符號。在

圖形編輯視窗畫面內適當的位置點一下，按滑鼠右鍵，選取 Open Symbol File，
進入 counter10_t.bsf 畫面如圖 4.2 所示。

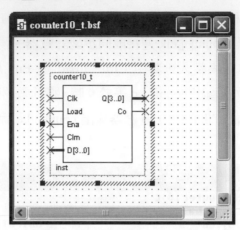

圖 4.2　10 模計數器電路符號

7.　創造電路包含檔，選取視窗選單 File → Create/Update → Create AHDL
Include Files for Current File，可以產生 counter10_t.inc 檔以代表 10 模計數器電
路的函數形態。在圖形編輯視窗畫面內適當的位置點一下，按滑鼠右鍵，選取
Open AHDL Include File，進入 counter10_t.inc 畫面，如圖 4.3 所示。

```
25
26  -- Generated by Quartus II Version 4.1 (Build Build 181 06/29/
27  -- Created on Mon May 16 22:33:09 2005
28
29  FUNCTION counter10_t (Clk, Load, Ena, Clrn, D[3..0])
30      RETURNS (Q[3..0], Co);
31
```

圖 4.3　10 模計數器電路包含檔

8.　延遲時間分析，選取視窗選單 Processing → Classic Timing Analyzer Tool，即
可產生延遲時間分析結果。

4.1.2　VHDL 編輯 10 模計數器

VHDL 設計程序如下：

1.　建立新的專案(Project)：

● 首先於 File 選單內，點選 New Project Wizard，並將出現 New Project Wizard 視窗，其輸入步驟與電路圖編輯設計程序相同，如圖 2.1 至圖 2.6。

2. 開啓新檔：

● 設計者可點選"File"，並於選單中點選"New"，將出現 New 視窗如。於 Design Files 標籤下，選定欲開啓的檔案格式如"VHDL File"，並點選 OK 後，一個新的 VHDL 文字編輯器視窗即展開。

3. 儲存檔案：

● 設計者可點選"File"，並於下拉式選單中點選"Save As"，可出現另存新檔的對話視窗。設計者可於 File name 欄位塡入欲儲存之檔名例如 counter10_v，並勾選 Add file to current project 後，點選"存檔"即可。

4. 編輯視窗中程式編輯設計：

● 選定物件插入時的位置，在文字編輯視窗畫面內第 1 列的位置點一下。

● 插入樣本(Template)，選取視窗選單 Edit → Insert Template → Language template → VHDL → Constructs，在 Design Units 處，插入樣本'Entity'，按 OK。

● 更改電路名稱與檔名相同，更改電路名稱'_design_name'爲 counter10_v。更改接腳名稱，以 Clk、Load、Ena 與 Clrn 替換 INPUT 前的變數，以 D 替換 IN 前的變數，設定資料型態爲 STD_LOGIC_VECTOR(3 DOWNTO 0)。以 Q 替換 OUTPUT 前的變數，設定資料型態爲 STD_LOGIC_VECTOR(3 DOWNTO 0)，以 Co 替換 OUTPUT 前的變數，並刪除不需要的腳位。

● 邏輯描述，插入樣本'Architecture'，在第一次 BEGIN 與 END 間插入樣本'Process'，在第二次 BEGIN 與 END 間插入樣本'IF Statement'，將眞値表鍵入，其中一正緣時脈波 Clk 輸入，Clrn、Load 及 Ena 均爲 high，當 imper 等於 9 時，將 imper 設定爲零，否則將 imper 加 1，鍵入程式，如圖 4.4 所示。

5. 存檔並編譯，選取視窗選單 Processing → Compiler Tool → Start，即可進行編譯，產生 counter10_v.sof 或.pof 燒錄檔。

6. 創造電路符號，選取視窗選單 File → Create/Update → Create Symbol Files for Current File，可以產生 counter10_v.bsf 檔以代表 10 模計數器電路的符號。在圖形編輯視窗畫面內適當的位置點一下，按滑鼠右鍵，選取 Open Symbol File，進入 counter10_v.bsf 畫面，如圖 4.2 所示。

```
abc counter10_v.vhd*                                        _ □ X
   1 LIBRARY ieee; USE ieee.std_logic_1164.all;
   2 USE ieee.std_logic_unsigned.all;
   3 ENTITY counter10_v IS
   4    PORT(Clk,Load,Ena,Clrn  : IN    STD_LOGIC;
   5         D      : IN    STD_LOGIC_VECTOR(3 downto 0);
   6         Q      : OUT   STD_LOGIC_VECTOR(3 downto 0);
   7         Co     : OUT   STD_LOGIC               );
   8 END counter10_v;
   9 ARCHITECTURE arc OF counter10_v IS
  10 BEGIN
  11  PROCESS (Clk)
  12    VARIABLE imper    : STD_LOGIC_VECTOR(3 downto 0);
  13  BEGIN
  14    IF Clrn='0' THEN  imper := "0000";
  15    ELSIF (Clk'event AND Clk='1') THEN
  16       IF Load='0' THEN     imper :=D;
  17       ELSIF Ena='1' THEN
  18              IF imper="1001" THEN imper :="0000";
  19              ELSE  imper := imper+1;
  20              END IF;
  21       END IF;
  22    END IF;
  23    Q <= imper;   Co<= (imper(0) AND imper(3) AND Ena);
  24  END PROCESS ;
  25 END arc;
  26
```

圖 4.4　VHDL 程式

7.　創造電路包含檔，選取視窗選單 File → Create/Update → Create AHDL Include Files for Current File，可以產生 counter10_v.inc 檔以代表 10 模計數器電路的函數形態。在圖形編輯視窗畫面內適當的位置點一下，按滑鼠右鍵，選取 Open AHDL Include File，進入 counter10_v.inc 畫面，如圖 4.3 所示。

8.　延遲時間分析，選取視窗選單 Processing → Classic Timing Analyzer Tool，即可產生延遲時間分析結果。

10 模計數器程式說明

第一個正緣觸發

假設　Clrn=0 時，

程式執行第 14 列

　　　IF Clrn='0' THEN，imper := "0000"，

因 Clrn=0，則 IF Clrn='0' 成立，使得 imper = "0000"，

離開 *IF*，

接著程式執行第 23 列，

　　　Q <= imper，Co<= (imper(0) AND imper(3) AND Ena)，

使得 Q=imper = "0000"，另外 Co= (0 AND 0 AND 0)=0，

　　　程式執行結束。

第二個正緣觸發

假設　Clrn=1，Load=0，D="1000"時，

因 Clrn=1，程式執行第 15 列

　　　ELSIF (Clk'event AND Clk='1') THEN

檢測 Clk 脈波是否為上升沿且為 1(high)，當 Clk 的值為上升沿，且 Clk 的值為 1(high)
時，則 ELSIF (Clk'event AND Clk='1')成立，

程式執行第 16 列，

　　　IF Load='0' THEN　　　imper :=D，

因 Load=0，則 ELSIF Load='0' 成立，使得 imper ="1000"，

　　　離開 IF，

接著程式執行第 23 列，

　　　Q <= imper，Co<= (imper(0) AND imper(3) AND Ena)，

使得 Q=imper = "1000"，另外 Co= (0 AND 1 AND 0)=0，

程式執行結束。

第三個正緣觸發

假設　Clrn=1，Load=1，Ena=1 時，

因 Clrn=1，程式執行第 15 列

　　　ELSIF (Clk'event AND Clk='1') THEN

檢測 Clk 脈波是否為上升沿且為 1(high)，當 Clk 的值為上升沿，且 Clk 的值為 1(high)
時，則 ELSIF (Clk'event AND Clk='1')成立，

程式執行第 17 列，

　　　ELSIF Ena='1' THEN，

因 Ena=1，則 ELSIF Ena='1' 成立，及 imper = "1000"，

則程式執行第 19 列，

     ELSE   imper := imper+1，

使得 imper = "1001"，

     離開 *IF*，

接著程式執行第 23 列，

     Q <= imper，Co<= (imper(0) AND imper(3) AND Ena)，

使得 Q=imper = "1001"，另外 Co= (1 AND 1 AND 1)=1，

     程式執行結束。

第四個正緣觸發

假設   Clrn=1，Load=1，Ena=1 時，

因 Clrn=1，程式執行第 15 列

     ELSIF (Clk'event AND Clk='1') THEN

檢測 Clk 脈波是否為上升沿且為 1(high)，當 Clk 的值為上升沿，且 Clk 的值為 1(high)時，則 ELSIF (Clk'event AND Clk='1')成立，

程式執行第 17 列，

     ELSIF Ena='1' THEN，

因 Ena=1，則 ELSIF Ena='1' 成立，及 imper = "1001"，

則程式執行第 18 列，

     IF imper="1001" THEN imper :="0000"，

使得 imper = "0000"，

     離開 IF，

接著程式執行第 23 列，

     Q <= imper，Co<= (imper(0) AND imper(3) AND Ena)，

使得 Q=imper = "0000"，另外 Co= (0 AND 0 AND 0)=0，

     程式執行結束。

第五個正緣觸發

假設   Clrn=1，Load=1，Ena=0 時，

因 Clrn=1，程式執行第 15 列

　　　　ELSIF (Clk'event AND Clk='1') THEN

檢測 Clk 脈波是否為上升沿且為 1(high)，當 Clk 的值為上升沿，且 Clk 的值為 1(high)
時，則 ELSIF (Clk'event AND Clk='1')成立，

程式執行第 17 列，

　　　　ELSIF Ena='1' THEN，

因 Ena=0，則 ELSIF Ena='1' 不成立，使得 imper = "0000"，

　　　　離開 IF，

接著程式執行第 23 列，

　　　　$Q <= imper$，$Co <= (imper(0)\ AND\ imper(3)\ AND\ Ena)$，

使得 Q=imper = "0000"，另外 Co= (0 AND 0 AND 0)=0，

　　　　程式執行結束。

4.1.3　模擬 10 模計數器

　　模擬流程如下：

1.　開啟專案(Open Project)：
- 首先於 File 選單內，點選 Open Project，並將出現 Open Project 視窗，選取專案 "counter10_t.qpf"。

2.　編譯 ▶ ：
- 選取視窗選單 Tools → Complier Tool，即可產生編譯結果。

3.　建立波形檔案(Vector Waveform File)：
- File \ New，選擇 Verification / Debugging Files 標籤，再選定 Vector Waveform File。
- 點選『OK』，開啟 Waveform Editor 編輯一個新的波形檔 Vector Waveform File (.vwf)。
- 點選 Edit 主選單下的 End Time...可設定模擬的時間範圍。
- 點選 Edit 主選單下的 Grid Size...可設定時間軸刻度大小。
- 以滑鼠右鍵點選波形編輯器 Name 欄位，並選擇"Insert Node or Bus..."可加入訊號，再選 Node Finder，出現對話框，選 List 後，再選擇 Nodes Found 中的輸入與輸出，按"=>"鍵將 Clk、Load、Ena、Clrn、D[3..0] 、Co 及 Q[1..0]移至右邊，按兩次 OK 鍵進行波形模擬。

● 點選輸入訊號 Clrn 設定為 High，點選該訊號，按 ⊥ 鍵。點選輸入訊號 Load 設定 0 至 10ns 為 Low，其他時間為 High，點選該訊號，按 ⊥ 鍵。點選輸入訊號 Ena 設定為 clock，點選該訊號，按 ⊗ 設定 clock 特性，出現 Clock 對話框，點選 Time period → Period → 2.0 ns，按 OK 鍵。點選輸入訊號 D[3..0]，按滑鼠右鍵，點選 Value 對話框，選擇 Arbitrary Value → Radix → Hexadecimal，Numeric or named value 輸入 6，按 OK 鍵，如圖 4.5 所示。

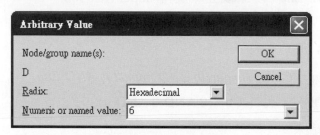

圖 4.5　輸入任意值

● 所有輸入訊號波形編輯完後，存成 counter10_t.vwf 檔。Snap to Grid 可以方便設計者依照 Grid，正確選定線段邊界。

● 執行波形模擬，可於 Processing 主選單下的 Simulation Tool，開始執行波形模擬。

● 選擇 Functional 時，再選擇 Generate Functional Simulation Netlist 鍵，產生 Functional 所需的網路表。此模式在模擬過程不考慮延遲時間，按 Start 鍵，開始執行波形模擬，如圖 4.6 所示。

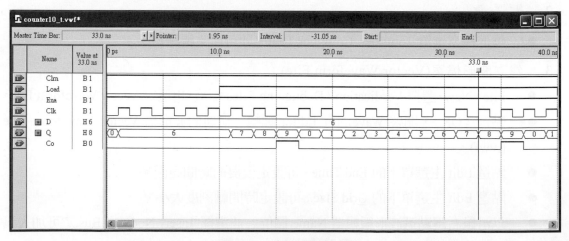

圖 4.6　波形模擬結果

4.2　60 模計數器設計

本節介紹之十進位的 60 模計數器可以修改 10 模計數器程式來完成，而 60 模計數器仍是設計數字鐘之秒鐘及分鐘所需之計數器。60 模計數器的十位數由"0000"計數至"0101"，個位數由"0000"計數至"1001"，其設計電路可使用程式編輯來完成設計。一般 60 模計數器有四個部份如控制線 4 條為 Load、Clrn、Ena、Clk，資料輸入與輸出線各 8 條分別 D0[3..0]、D1[3..0]及 Q0[3..0]、Q1[3..0]，進位線 1 條為 Co，其真值表如表 4.2。

表 4.2　60 模計數器真值表

Clrn	Load	Ena	Clk	十位載入 D1[3..0]	個位載入 D0[3..0]	十位輸出 Q1[3..0]	個位輸出 Q0[3..0]
0	X	X	X	X	X	0	0
1	0	X	↑	5	9	5	9
1	1	0	↑	X	X	Q(不變)	
1	1	1	↑	X	X	Q=Q+1 上數至 59	

4.2.1　AHDL 編輯 60 模計數器

AHDL 設計程序如下：

1.　建立新的專案(Project)：
   ● 首先於 File 選單內，點選 New Project Wizard，並將出現 New Project Wizard 視窗，其輸入步驟與電路圖編輯設計程序相同，如圖 2.1 至圖 2.6。

2.　開啟新檔：
   ● 設計者可點選"File"，並於選單中點選"New"，將出現 New 視窗。於 Design Files Files 標籤下，選定欲開啟的檔案格式如"AHDL File"，並點選 OK 後，一個新的 AHDL 文字編輯器視窗即展開。

3.　儲存檔案：
   ● 設計者可點選"File"，並於下拉式選單中點選"Save As"，可出現另存新檔的對話視窗。設計者可於 File name 欄位填入欲儲存之檔名例如 counter_60_seg_t，並勾選 Add file to current project 後，點選"存檔"即可。

4. 編輯視窗中程式編輯設計：

- 選定物件插入時的位置，在文字編輯視窗畫面內第 1 列的位置點一下。
- 插入樣本(Template)，選取視窗選單 Edit → Insert Template → Language template → AHDL，在 Architecture 處，點選 Subdesign Section 樣本，按 OK。
- 更改電路名稱與檔名相同，更改電路名稱'_design_name'爲 counter_60_seg_t。更改接腳名稱，以 Clk、Load、Ena、Clrn、D0[3..0]與 D1[3..0]替換 INPUT 前的變數，以 Q0[3..0] 、Q1[3..0]與 Co 替換 OUTPUT 前的變數，並刪除不需要的腳位。
- 變數型態，插入樣本'Variable Section'與'Instance Declaration'，將'_function_instance_name'改成 counter0[3..0]及 counter1[3..0]，將'_function _name'改成 DFF，將'_function_instance_name'改成 imper，將'_function _name'改成 NODE。
- 邏輯描述，插入樣本'Logic Section'，在 BEGIN 與 END 間，首先將輸入接腳 Clk 與所有正反器 counter0[ ].clk 及 counter1[ ].clk 連接成同步型計數器，再將輸入接腳 Clrn 與所有正反器 counter0[ ].clrn 及 counter1[ ].clrn 連接。插入眞值表樣本' IF Then Statement'，將眞值表鍵入，其中 Clrn、Load 及 Ena 均爲 high，一正緣時脈波 Clk 輸入，當計數器輸出 counter0[ ].q 等於 9 及 counter1[ ].q 等於 5 時，將計數器輸入 counter0[ ].d 及 counter1[ ].d 設定爲零，等下一正緣時脈波 Clk 輸入，計數器輸出 counter0[ ].q 及 counter1[ ].q 等於 0，重新計數器，如圖 4.7 所示。

counter_60_seg_t.tdf*

```
SUBDESIGN counter_60_seg_t
(    Clrn,Load,Ena,CLK,D0[3..0],D1[3..0] : INPUT;
     Q0[3..0],Q1[3..0],Co            : OUTPUT;)
VARIABLE
     counter0[3..0],counter1[3..0]            :  DFF;
BEGIN
   counter0[].clk=Clk;  counter1[].clk=Clk;
   counter0[].clrn=Clrn;  counter1[].clrn=Clrn;
   IF Clrn==0 THEN
      counter0[].d=0;  counter1[].d=0;
   ELSIF Load==0 THEN
      counter0[].d=D0[];  counter1[].d=D1[];
   ELSIF Ena THEN
         IF counter0[].q==9 THEN
            counter0[].d=0;
           IF counter1[].q==5 THEN
              counter1[].d=0; Co=VCC;
           ELSE counter1[].d=counter1[].q+1;
           END IF;
         ELSE counter0[].d=counter0[].q+1; counter1[].d=counter1[].q; Co=GND;
         END IF;
   ELSE counter0[].d=counter0[].q; counter1[].d=counter1[].q;
   END IF;
   Q0[]=counter0[].q;   Q1[]=counter1[].q;
END;
```

圖 4.7 AHDL 程式

5. 存檔並編譯，選取視窗選單 Processing → Compiler Tool → Start，即可進行編譯，產生 counter_60_seg_t.sof 或.pof 燒錄檔。

6. 創造電路符號，選取視窗選單 File → Create/Update → Create Symbol Files for Current File，可以產生 counter_60_seg_t.bsf 檔以代表 60 模計數器電路的符號。在圖形編輯視窗畫面內適當的位置點一下，按滑鼠右鍵，選取 Open Symbol File，進入 counter_60_seg_t.bsf 畫面如圖 4.8 所示。

7. 創造電路包含檔，選取視窗選單 File → Create/Update → Create AHDL Include Files for Current File，可以產生 counter_60_seg_t.inc 檔以代表 60 模計數器電路的函數形態。在圖形編輯視窗畫面內適當的位置點一下，按滑鼠右鍵，選取 Open AHDL Include File，進入 counter_60_seg_t.inc 畫面如圖 4.9 所示。

8. 延遲時間分析，選取視窗選單 Processing → Classic Timing Analyzer Tool，即可產生延遲時間分析結果。

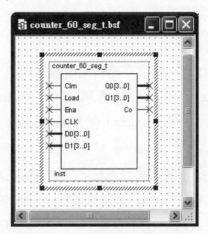

圖 4.8　60 模計數器電路符號

```
25
26  -- Generated by Quartus II Version 4.1 (Build Build 181 06/29/2004)
27  -- Created on Sat May 21 10:45:43 2005
28
29  FUNCTION counter_60_t (Clrn, Load, Ena, CLK, D0[3..0], D1[2..0])
30      RETURNS (Q0[3..0], Q1[2..0], Co);
31
```

圖 4.9　60 模計數器電路包含檔

4.2.2　VHDL 編輯 60 模計數器

VHDL 設計程序如下：

1.　建立新的專案(Project)：
- 首先於 File 選單內，點選 New Project Wizard，並將出現 New Project Wizard 視窗，其輸入步驟與電路圖編輯設計程序相同，如圖 2.1 至圖 2.6。

2.　開啟新檔：
- 設計者可點選"File"，並於選單中點選"New"，將出現 New 視窗如。於 Design Files 標籤下，選定欲開啟的檔案格式如"VHDL File"，並點選 OK 後，一個新的 VHDL 文字編輯器視窗即展開。

3.　儲存檔案：
- 設計者可點選"File"，並於下拉式選單中點選"Save As"，可出現另存新檔的對話視窗。設計者可於 File name 欄位填入欲儲存之檔名例如 counter_60_seg_v，並勾選 Add file to current project 後，點選"存檔"即可。

4.　編輯視窗中程式編輯設計：
- 選定物件插入時的位置，在文字編輯視窗畫面內第 1 列的位置點一下。
- 插入樣本(Template)，選取視窗選單 Edit → Insert Template → Language template → VHDL → Constructs，在 Design Units 處，插入樣本'Entity'，按 OK。
- 更改電路名稱與檔名相同，更改電路名稱'_design_name'為 counter_60_seg_v。更改接腳名稱，以 Clk、Load、Ena 與 Clrn 替換 INPUT 前的變數，以 D0 替換 IN 前的變數，設定資料型態為 STD_LOGIC_VECTOR(3 DOWNTO 0) ，以 D1 替換 IN 前的變數，設定資料型態為 STD_LOGIC_VECTOR(3 DOWNTO 0)。以 Q0 替換 OUTPUT 前的變數，設定資料型態為 STD_LOGIC_VECTOR(3 DOWNTO 0) ，以 Q1 替換 OUTPUT 前的變數，設定資料型態為 STD_LOGIC_VECTOR(3 DOWNTO 0)，以 Co 替換 OUTPUT 前的變數，並刪除不需要的腳位。
- 邏輯描述，插入樣本'Architecture'，在第一次 BEGIN 與 END 間插入樣本'Process'，在第二次 BEGIN 與 END 間插入樣本'IF Statement'，將真值表鍵入，其中一正緣時脈波 Clk 輸入，Clrn、Load 及 Ena 均為 high，當 imper0 等於

9 及 imper1 等於 5 時，將 imper0 及 imper1 設定爲零，否則將 imper 加 1，鍵入
程式如圖 4.10 所示。

5. 存檔並編譯，選取視窗選單 Processing → Compiler Tool → Start，即可進行
編譯，產生 counter_60_seg_v.sof 或 .pof 燒錄檔。

6. 創造電路符號，選取視窗選單 File → Create/Update → Create Symbol Files for
Current File，可以產生 counter_60_seg_v.bsf 檔以代表 60 模計數器電路的符
號。在圖形編輯視窗畫面內適當的位置點一下，按滑鼠右鍵，選取 Open Symbol
File，進入 counter_60_seg_v.bsf 畫面如圖 4.8 所示。

7. 創造電路包含檔，選取視窗選單 File → Create/Update → Create AHDL
Include Files for Current File，可以產生 counter_60_seg_v.inc 檔以代表 60 模計
數器電路的函數形態。在圖形編輯視窗畫面內適當的位置點一下，按滑鼠右
鍵，選取 Open AHDL Include File，進入 counter_60_seg_v.inc 畫面，如圖 4.9 所
示。

8. 延遲時間分析，選取視窗選單 Processing → Classic Timing Analyzer Tool，即
可產生延遲時間分析結果。

```
counter_60_seg_v.vhd
1  LIBRARY ieee;
2  USE ieee.std_logic_1164.all; USE ieee.std_logic_unsigned.all;
3  ENTITY counter_60_seg_v IS
4      PORT(Clrn,Load,Ena,Clk  : IN  STD_LOGIC;
5           D0,D1          : IN  STD_LOGIC_VECTOR(3 downto 0);
6           Q0,Q1          : OUT STD_LOGIC_VECTOR(3 downto 0);
7           Co             : OUT STD_LOGIC);
8  END counter_60_seg_v;
9  ARCHITECTURE arc OF counter_60_seg_v IS
10  BEGIN
11    PROCESS (Clk)
12       VARIABLE imper0,imper1 :STD_LOGIC_VECTOR(3 downto 0);
13    BEGIN
14     IF Clrn='0' THEN  imper1 := "0000"; imper0 := "0000";
15     ELSE IF (Clk'event AND Clk='1') THEN
16           IF Load='0' THEN   imper0 :=D0; imper1:=D1;
17           ELSIF Ena='1' THEN
18              IF imper0="1000" AND imper1="0101" THEN
19                 imper0:="1001";
20              ELSIF imper0<"1001"  THEN imper0 := imper0+1;
21              ELSE imper0:="0000";
22                 IF imper1<"0101" THEN imper1:= imper1+1;
23                 ELSE  imper1:="0000";
24                 END IF;
25              END IF;
26           END IF;
27        END IF;
28     END IF;
29     Co<=imper0(0)and imper0(3)and imper1(0)and imper1(2)and Ena;
30     Q0 <= imper0; Q1 <= imper1;
31    END PROCESS ;
32  END arc;
```

圖 4.10　VHDL 程式

60 模計數器程式說明

第一個正緣觸發

假設　Clrn=0，

程式執行第 14 列

　　　IF Clrn='0' THEN　　imper1 := "0000"；imper0 := "0000"，

因 Clrn=0，則 IF Clrn='0' 成立，使得 imper 1= "0000"，imper 0= "0000"，

　　　離開 IF，

接著程式執行第 29 列，

　　　Co<=imper0(0)and imper0(3)and imper1(0)and imper1(2)and Ena，

使得 Co=(0 and 0 and 0 and 0 and 0)=0，

　　　程式執行結束。

接著程式執行第 30 列，

　　　Q0 <= imper0，Q1 <= imper1，

使得 Q0=imper 0= "0000"，Q1=imper 1= "0000"，

　　　程式執行結束。

第二個正緣觸發

假設　Clrn=1，Load=0，D0="1000"，D1="0101"時，

因 Clrn=1，程式執行第 15 列

　　　ELSIF (Clk'event AND Clk='1') THEN

檢測 Clk 脈波是否為上升沿且為 1(high)，當 Clk 的值為上升沿，且 Clk 的值為 1(high)時，

則 ELSIF (Clk'event AND Clk='1')成立，

程式執行第 16 列，

　　　IF Load='0' THEN　　imper0 := D0；imper1 := D1，

因 Load=0，則 ELSIF Load='0' 成立，使得 imper0 ="1000"；imper1 ="0101"，

　　　離開 *IF*，

接著程式執行第 29 列，

　　　Co<=imper0(0)and imper0(3)and imper1(0)and imper1(2)and Ena，

使得 Co=(0 and 1 and 1 and 1 and 0)=0，

接著程式執行第 30 列，

　　　　Q0 <= imper0，Q1 <= imper1，

使得 Q0=imper 0= "1000"，Q1=imper 1= "0101"，

　　　程式執行結束。

第三個正緣觸發

假設　Clrn=1，Load=1，Ena=1 時，

因 Clrn=1，程式執行第 15 列

　　　　ELSIF (Clk'event AND Clk='1') THEN

檢測 Clk 脈波是否為上升沿且為 1(high)，當 Clk 的值為上升沿，且 Clk 的值為 1(high)時，

則 ELSIF (Clk'event AND Clk='1')成立，

則程式執行第 17 列

　　　　ELSIF Ena='1' THEN，

因 Ena=1，則 ELSIF Ena='1' 成立，及 imper0="1000"；imper1 ="0101"，

則程式執行第 18 列

　　　　IF imper0="1000" AND imper1 ="0101" 成立，

則程式執行第 19 列，

　　　　imper0:="1001"，

使得 imper0="1001"，

　　　　離開 *IF*，

接著程式執行第 29 列，

　　　　Co<=imper0(0)and imper0(3)and imper1(0)and imper1(2)and Ena，

使得 Co=(1 and 1 and 1 and 1 and 1)=1，

接著程式執行第 30 列，

　　　　Q0 <= imper0，Q1 <= imper1，

使得 Q0=imper0= "1001"，Q1=imper1= "0101"，

　　　程式執行結束。

第四個正緣觸發

假設　Clrn=1，Load=1，Ena=1 時，

因 Clrn=1，程式執行第 15 列

　　　　ELSIF (Clk'event AND Clk='1') THEN

檢測 Clk 脈波是否為上升沿且為 1(high)，當 Clk 的值為上升沿，且 Clk 的值為 1(high)時，
則 ELSIF (Clk'event AND Clk='1')成立，
則程式執行第 17 列

　　　　ELSIF Ena='1' THEN，

因 Ena=1，則 ELSIF Ena='1' 成立，及 imper0="1001"；imper1 ="0101"，
則程式執行第 21 列，

　　　　ELSE imper0:="0000"，

使得 imper0="0000"，因 imper1 ="0101"，
則程式執行第 23 列

　　　　ELSE imper1:="0000"，

使得 imper1="0000"，

　　　　離開 *IF*，

接著程式執行第 29 列，

　　　　Co<=imper0(0)and imper0(3)and imper1(0)and imper1(2)and Ena，

使得 Co=(0 and 0 and 0 and 1 and 1)=0，
接著程式執行第 30 列，

　　　　Q0 <= imper0，Q1 <= imper1，

使得 Q0=imper0= "0000"，Q1=imper1= "0000"，

　　　　程式執行結束。

第五個正緣觸發

假設　Clrn=1，Load=1，Ena=0 時，
因 Clrn=1，程式執行第 15 列

　　　　ELSIF (Clk'event AND Clk='1') THEN

檢測 Clk 脈波是否為上升沿且為 1(high)，當 Clk 的值為上升沿，且 Clk 的值為 1(high)時，
則 ELSIF (Clk'event AND Clk='1')成立，
程式執行第 17 列，

　　　　ELSIF Ena='1' THEN，

因 Ena=0，則 ELSIF Ena='0' 不成立，使得 imper0 = "0000"，imper1= "0000"，
　　　　離開 *IF*，
接著程式執行第 29 列，

　　　　Co<=imper0(0)and imper0(3)and imper1(0)and imper1(2)and Ena，
使得 Co=(0 and 0 and 0 and 0 and 0)=0，
接著程式執行第 30 列，

　　　　Q0 <= imper0，Q1 <= imper1，
使得 Q0=imper0= "0000"，Q1=imper1= "0000"，
　　　　程式執行結束。

第六個正緣觸發

假設　Clrn=1，Load=0，D0="1001"，D1="0010"時，
因 Clrn=1，程式執行第 15 列

　　　　ELSIF (Clk'event AND Clk='1') THEN
檢測 Clk 脈波是否為上升沿且為 1(high)，當 Clk 的值為上升沿，且 Clk 的值為 1(high)時，
則 ELSIF (Clk'event AND Clk='1')成立，
程式執行第 16 列，

　　　　IF Load='0' THEN　　imper0 := D0；imper1 := D1，
因 Load=0，則 ELSIF Load='0' 成立，使得 imper0 ="1001"；imper1 ="0010"，
離開 IF，
接著程式執行第 29 列，

　　　　Co<=imper0(0)and imper0(3)and imper1(0)and imper1(2)and Ena，
使得 Co=(1 and 1 and 0 and 0 and 0)=0，
接著程式執行第 30 列，

　　　　Q0 <= imper0，Q1 <= imper1，
使得 Q0=imper 0= "1001"，Q1=imper 1= "0010"，
　　　　程式執行結束。

第七個正緣觸發

假設　Clrn=1，Load=1，Ena=1 時，

因 Clrn=1，程式執行第 15 列

    ELSIF (Clk'event AND Clk='1') THEN

檢測 Clk 脈波是否為上升沿且為 1(high)，當 Clk 的值為上升沿，且 Clk 的值為 1(high)時，
則 ELSIF (Clk'event AND Clk='1')成立，

則程式執行第 17 列

    ELSIF Ena='1' THEN，

因 Ena=1，則 ELSIF Ena='1' 成立，及 imper0="1001"；imper1 ="0010"，

則程式執行第 21 列，

    ELSE imper0:="0000"，

使得 imper0="0000"，及 imper1 ="0010"，

則程式執行第 22 列

    IF imper1<"0101"; THEN imper1:= imper1+1，

使得 imper1="0011"，

    離開 *IF*，

接著程式執行第 29 列，

    Co<=imper0(0)and imper0(3)and imper1(0)and imper1(2)and Ena，

使得 Co=(0 and 0 and 1 and 0 and 1)=0，

接著程式執行第 30 列，

    Q0 <= imper0，Q1 <= imper1，

使得 Q0=imper0= "0000"，Q1=imper1= "0011"，

    程式執行結束。

4.2.3　模擬 60 模計數器

模擬流程如下：

1.　開啟專案(Open Project)：

● 首先於 File 選單內，點選 Open Project，並將出現 Open Project 視窗，選取專案 "counter_60_seg_t.qpf"。

2.　編譯 ▶ ：

● 選取視窗選單 Processing → Complier Tool，即可產生編譯結果。

3. 　建立波形檔案(Vector Waveform File)：

● File \ New，選擇 Verification / Debugging Files 標籤，再選定 Vector Waveform File。

● 點選『OK』，開啟 Waveform Editor 編輯一個新的波形檔 Vector Waveform File (.vwf)。

● 點選 Edit 主選單下的 End Time...可設定模擬的時間範圍。

● 點選 Edit 主選單下的 Grid Size...可設定時間軸刻度大小。

● 以滑鼠右鍵點選波形編輯器 Name 欄位，並選擇"Insert Node or Bus..."可加入訊號，再選 Node Finder，出現對話框，選 List，選擇 Nodes Found 中的輸入與輸出，按"=>"鍵將 Clk、Load、Ena、Clrn、D0[3..0]、D1[3..0]、Q0[3..0]、Q1[3..0] 及 Co 移至右邊，按兩次 OK 鍵進行波形模擬。

● 點選輸入訊號 Clrn 設定 0 至 5 ns 為 Low，其他時間為 High，按 ⎍ 鍵。點選輸入訊號 Load 設定 0 至 10 ns 為 Low，其他時間為 High，點選該訊號，按 ⎍ 鍵。點選輸入訊號 Ena 設定為 clock，點選該訊號，按 XC 設定 clock 特性，出現 Clock 對話框，點選 Time period → Period → 0.5 ns，按 OK 鍵。點選輸入訊號 D1[3..0]，按滑鼠右鍵，點選 Value 對話框，選擇 Arbitrary Value → Radix → Hexadecimal，Numeric or named value 輸入 5，按 OK 鍵，點選輸入訊號 D0[3..0]，按滑鼠右鍵，點選 Value 對話框，選擇 Arbitrary Value → Radix → Hexadecimal，Numeric or named value 輸入 8，按 OK 鍵。

● 所有輸入訊號波形編輯完後，存成 counter_60_seg_t.vwf 檔。Snap to Grid 可以方便設計者依照 Grid，正確選定線段邊界。

● 執行波形模擬，可於 Processing 主選單下的 Simulation Tool，開始執行波形模擬。

● 選擇 Functional 時，再選擇 Generate Functional Simulation Netlist 鍵，產生 Functional 所需的網路表。此模式在模擬過程不考慮延遲時間，按 Start 鍵，開始執行波形模擬，如圖 4.11 所示。

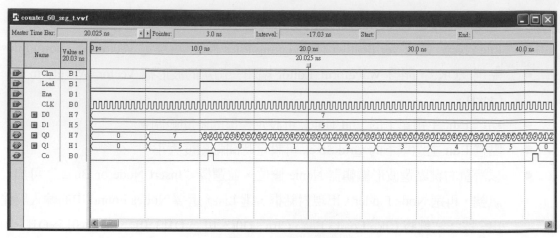

圖 4.11　波形模擬結果

4.3　24 模計數器設計

　　本節介紹之十進位的 24 模計數器可以修改 60 模計數器程式來完成，而 24 模計數器仍是設計數字鐘之時鐘所需之計數器。24 模計數器的十位數由"0000"計數至"0010"，個位數由"0000"計數至"1001"，其設計電路可使用程式編輯來完成設計。一般 24 模計數器有四個部份如控制線 4 條為 Load、Clrn、Ena、Clk，資料輸入與輸出線各 8 條分別 D0[3..0]、D1[3..0]及 Q0[3..0]、Q1[3..0]，其真值表如表 4.3。

表 4.3　24 模計數器真值表

Clrn	Load	Ena	Clk	十位載入 D1[3..0]	個位載入 D0[3..0]	十位輸出 Q1[3..0]	個位輸出 Q0[3..0]
0	X	X	X	X	X	0	0
1	0	X	↑	2	3	2	3
1	1	0	↑	X	X	Q(不變)	
1	1	1	↑	X	X	Q=Q+1 上數至 23	

4.3.1　AHDL 編輯 24 模計數器

AHDL 設計程序如下：

1. 建立新的專案(Project)：
   - 首先於 File 選單內，點選 New Project Wizard，並將出現 New Project Wizard 視窗，其輸入步驟與電路圖編輯設計程序相同，如圖 2.1 至圖 2.6。

2. 開啟新檔：
   - 設計者可點選"File"，並於選單中點選"New"，將出現 New 視窗。於 Design Files Files 標籤下，選定欲開啟的檔案格式如"AHDL File"，並點選 OK 後，一個新的 AHDL 文字編輯器視窗即展開。

3. 儲存檔案：
   - 設計者可點選"File"，並於下拉式選單中點選"Save As"，可出現另存新檔的對話視窗。設計者可於 File name 欄位填入欲儲存之檔名例如 counter_24_seg_t，並勾選 Add file to current project 後，點選"存檔"即可。

4. 編輯視窗中程式編輯設計：
   - 選定物件插入時的位置，在文字編輯視窗畫面內第 1 列的位置點一下。
   - 插入樣本(Template)，選取視窗選單 Edit → Insert Template → Language template → AHDL，在 Architecture 處，點選 Subdesign Section 樣本，按 OK。
   - 更改電路名稱與檔名相同，更改電路名稱'_design_name'為 counter_24_seg_t。更改接腳名稱，以 Clk、Load、Ena、Clrn、D0[3..0]與 D1[3..0]替換 INPUT 前的變數，以 Q0[3..0] 與 Q1[3..0]替換 OUTPUT 前的變數，並刪除不需要的腳位。
   - 變數型態，插入樣本'Variable Section'與'Instance Declaration'，將'_function_ instance_name'改成 counter0[3..0]及 counter1[3..0]，將'_function _name'改成 DFF。
   - 邏輯描述，插入樣本'Logic Section'， 在 BEGIN 與 END 間，首先將輸入接腳 Clk 與所有正反器 counter0[ ].clk 及 counter1[ ].clk 連接成同步型計數器，再將輸入接腳 Clrn 與所有正反器 counter0[ ].clrn 及 counter1[ ].clrn 連接。插入真值表樣本' IF Then Statement'，將真值表鍵入，其中 Clrn、Load 及 Ena 均為 high，一正緣時脈波 Clk 輸入，當計數器輸出 counter0[ ].q 等於 3 及 counter1[ ].q 等於 2 時，將計數器輸入 counter0[ ].d 及 counter1[ ].d 設定為零，等下一正緣時脈波 Clk 輸入，計數器輸出 counter0[ ].q 及 counter1[ ].q 等於 0，重新計數器，如圖 4.12 所示。

```
abc counter_24_seg_t.tdf                                               _ □ ×
 1  SUBDESIGN counter_24_seg_t
 2  (   Clrn,Load,Ena,Clk,D0[3..0],D1[3..0] : INPUT;
 3      Q0[3..0],Q1[3..0]           : OUTPUT;)
 4  VARIABLE
 5      counter0[3..0],counter1[3..0]             : DFF;
 6  BEGIN
 7   counter0[].clk=Clk;  counter1[].clk=Clk;
 8   counter0[].clrn=Clrn;  counter1[].clrn=Clrn;
 9   IF Clrn==0 THEN counter0[].d=0;  counter1[].d=0;
10   ELSIF Load==0 THEN  counter0[].d=D0[];  counter1[].d=D1[];
11   ELSIF Ena THEN
12       IF counter0[].q==9 THEN
13          counter0[].d=0;  counter1[].d=counter1[].q+1;
14       ELSIF (counter1[].q==2)&(counter0[].q==3) THEN
15             counter0[].d=0;  counter1[].d=0;
16       ELSE
17          counter0[].d=counter0[].q+1; counter1[].d=counter1[].q;
18       END IF;
19   ELSE
20     counter0[].d=counter0[].q; counter1[].d=counter1[].q;
21   END IF;
22   Q0[]=counter0[].q; Q1[]=counter1[].q;
23  END;
24
```

圖 4.12　AHDL 程式

5. 存檔並編譯，選取視窗選單 Processing → Compiler Tool → Start，即可進行編譯，產生 counter_24_seg_t.sof 或 .pof 燒錄檔。

6. 創造電路符號，選取視窗選單 File → Create/Update → Create Symbol Files for Current File，可以產生 counter_24_seg_t.bsf 檔以代表 24 模計數器電路的符號。在圖形編輯視窗畫面內適當的位置點一下，按滑鼠右鍵，選取 Open Symbol File，進入 counter_24_seg_t.bsf 畫面如圖 4.13 所示。

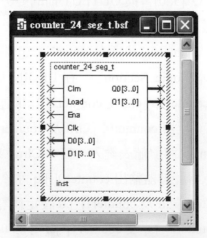

圖 4.13　24 模計數器電路符號

7. 創造電路包含檔，選取視窗選單 File → Create/Update → Create AHDL Include Files for Current File，可以產生 counter_24_seg_t.inc 檔以代表 24 模計數器電路的函數形態。在圖形編輯視窗畫面內適當的位置點一下，按滑鼠右鍵，選取 Open AHDL Include File，進入 counter_24_seg_t.inc 畫面，如圖 4.14 所示。

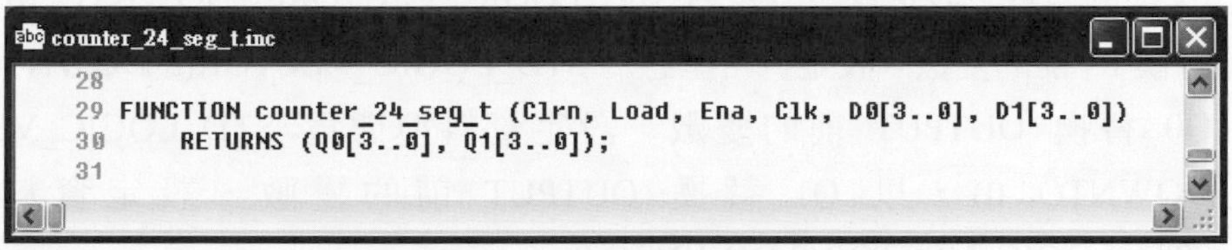

圖 4.14　24 模計數器電路包含檔

8. 延遲時間分析，選取視窗選單 Processing → Classic Timing Analyzer Tool，即可產生延遲時間分析結果。

4.3.2　VHDL 編輯 24 模計數器

VHDL 設計程序如下：

1. 建立新的專案(Project)：
    ● 首先於 File 選單內，點選 New Project Wizard，並將出現 New Project Wizard 視窗，其輸入步驟與電路圖編輯設計程序相同，如圖 2.1 至圖 2.6。

2. 開啓新檔：
    ● 設計者可點選"File"，並於選單中點選"New"，將出現 New 視窗如。於 Design Files 標籤下，選定欲開啓的檔案格式如"VHDL File"，並點選 OK 後，一個新的 VHDL 文字編輯器視窗即展開。

3. 儲存檔案：
    ● 設計者可點選"File"，並於下拉式選單中點選"Save As"，可出現另存新檔的對話視窗。設計者可於 File name 欄位填入欲儲存之檔名例如 counter_24_seg_v，並勾選 Add file to current project 後，點選"存檔"即可。

4. 編輯視窗中程式編輯設計：
    ● 選定物件插入時的位置，在文字編輯視窗畫面內第 1 列的位置點一下。

- 插入樣本(Template)，選取視窗選單 Edit → Insert Template → Language template → VHDL → Constructs，在 Design Units 處，插入樣本'Entity'，按 OK。
- 更改電路名稱與檔名相同，更改電路名稱'_design_name'為 counter_24_seg_v。 更改接腳名稱，以 Clk、Load、Ena 與 Clrn 替換 INPUT 前的變數，以 D0 替換 IN 前的變數，設定資料型態為 STD_LOGIC_VECTOR(3 DOWNTO 0) ，以 D1 替換 IN 前的變數，設定資料型態為 STD_LOGIC_VECTOR(3 DOWNTO 0)。以 Q0 替換 OUTPUT 前的變數，設定資料型態為 STD_LOGIC_VECTOR(3 DOWNTO 0) ，以 Q1 替換 OUTPUT 前的變數，設定資料型態為 STD_LOGIC_VECTOR(3 DOWNTO 0)。
- 邏輯描述，插入樣本'Architecture'，在第一次 BEGIN 與 END 間插入樣本'Process'，在第一次 BEGIN 與 END 間插入樣本'IF Statement'，將真值表鍵入，其中一正緣時脈波 Clk 輸入，Clrn、Load 及 Ena 均為 high，當 imper0 等於 3 及 imper1 等於 2 時，將 imper0 及 imper1 設定為零，否則將 imper 加 1，鍵入程式如圖 4.15 所示。

```vhdl
1  LIBRARY ieee;
2  USE ieee.std_logic_1164.all;
3  USE ieee.std_logic_unsigned.all;
4  ENTITY counter_24_seg_v IS
5      PORT(Clrn,Load,Ena,Clk  : IN  STD_LOGIC;
6           D0,D1              : IN  STD_LOGIC_VECTOR(3 downto 0);
7           Q0,Q1              : OUT STD_LOGIC_VECTOR(3 downto 0) );
8  END counter_24_seg_v;
9  ARCHITECTURE arc OF counter_24_seg_v IS
10  BEGIN
11   PROCESS (Clk)
12      VARIABLE imper0 :STD_LOGIC_VECTOR(3 downto 0);
13      VARIABLE imper1 :STD_LOGIC_VECTOR(3 downto 0);
14   BEGIN
15     IF Clrn='0' THEN  imper1 := "0000"; imper0 := "0000";
16     ELSE IF (Clk'event AND Clk='1') THEN
17             IF Load='0' THEN imper0 :=D0; imper1 :=D1;
18             ELSIF Ena='1' THEN
19                 IF (imper1="0010" AND imper0="0011")THEN
20                    imper1 :="0000"; imper0 :="0000";
21                 ELSIF imper0 < "1001" THEN imper0 := imper0+1;
22                 ELSE  imper0 :="0000"; imper1 := imper1+1;
23                 END IF;
24             END IF;
25         END IF;
26     END IF;
27     Q0 <= imper0; Q1 <= imper1;
28   END PROCESS ;
29 END arc;
30
```

圖 4.15　VHDL 程式

5. 存檔並編譯，選取視窗選單 Processing → Compiler Tool → Start，即可進行編譯，產生 counter_24_seg_v.sof 或 .pof 燒錄檔。

6. 創造電路符號，選取視窗選單 File → Create/Update → Create Symbol Files for Current File，可以產生 counter_24_seg_v.bsf 檔以代表 24 模計數器電路的符號。在圖形編輯視窗畫面內適當的位置點一下，按滑鼠右鍵，選取 Open Symbol File，進入 counter_24_seg_v.bsf 畫面如圖 4.13 所示。

7. 創造電路包含檔，選取視窗選單 File → Create/Update → Create AHDL Include Files for Current File，可以產生 counter_24_seq_v.inc 檔以代表 24 模計數器電路的函數形態。在圖形編輯視窗畫面內適當的位置點一下，按滑鼠右鍵，選取 Open AHDL Include File，進入 counter_24_seg_v.inc 畫面如圖 4.14 所示。

8. 延遲時間分析，選取視窗選單 Processing → Classic Timing Analyzer Tool，即可產生延遲時間分析結果。

24 模計數器程式說明

第一個正緣觸發

假設　Clrn=0 時，

程式執行第 15 列

　　IF Clrn='0' THEN　imper1 := "0000"；imper0 := "0000"，

因 Clrn=0，則 IF Clrn='0' 成立，使得 imper 1= "0000"，imper 0= "0000"，

　　離開 *IF*，

接著程式執行第 27 列，

　　Q0 <= imper0，Q1 <= imper1，

使得 Q0=imper 0= "0000"，Q1=imper 1= "0000"，

　　程式執行結束。

第二個正緣觸發

假設　Clrn=1，Load=0，D0="0010"，D1="0010"時，

因 Clrn=1，程式執行第 16 列

ELSIF (Clk'event AND Clk='1') THEN

檢測 Clk 脈波是否爲上升沿且爲 1(high)，當 Clk 的值爲上升沿，且 Clk 的值爲 1(high)時，則 ELSIF (Clk'event AND Clk='1')成立，

程式執行第 17 列，

IF Load='0' THEN   imper0 := D0；imper1 := D1，

因 Load=0，則 ELSIF Load='0' 成立，使得 imper0= D0="0010"；imper1 = D1="0010"，

離開 *IF*，

接著程式執行第 27 列，

Q0 <= imper0，Q1 <= imper1，

使得 Q0=imper 0= "0010"，Q1=imper 1= "0010"，

程式執行結束。

第三個正緣觸發

假設　Clrn=1，Load=1，Ena=1 時，

因 Clrn=1，程式執行第 16 列

ELSIF (Clk'event AND Clk='1') THEN

檢測 Clk 脈波是否爲上升沿且爲 1(high)，當 Clk 的值爲上升沿，且 Clk 的值爲 1(high)時，則 ELSIF (Clk'event AND Clk='1')成立，

則程式執行第 18 列

ELSIF Ena='1' THEN，

因 Ena=1，則 ELSIF Ena='1' 成立，及 imper0="0010"；imper1 ="0010"，

則程式執行第 21 列

ELSIF imper0 < "1001" THEN imper0 := imper0+1 成立，

使得 imper0="0011"，

離開 *IF*，

接著程式執行第 27 列，

Q0 <= imper0，Q1 <= imper1，

使得 Q0=imper0= "0011"，Q1=imper1= "0010"，

程式執行結束。

第四個正緣觸發

假設　Clrn=1，Load=1，Ena=1 時，

因 Clrn=1，程式執行第 16 列

　　　　ELSIF (Clk'event AND Clk='1') THEN

檢測 Clk 脈波是否爲上升沿且爲 1(high)，當 Clk 的值爲上升沿，且 Clk 的值爲 1(high)時，
則 ELSIF (Clk'event AND Clk='1')成立，

則程式執行第 18 列

　　　　ELSIF Ena='1' THEN，

因 Ena=1，則 ELSIF Ena='1' 成立，及 imper0="0011"；imper1 ="0010"，

程式執行第 19 列

　　　　IF imper1 ="0010" AND imper0="0011" 成立，

則程式執行第 20 列，

　　　　ELSE imper1:="0000"，imper0:="0000"，

使得 imper1="0000"，imper0="0000"，

　　　　離開 *IF*，

接著程式執行第 27 列，

　　　　Q0 <= imper0，Q1 <= imper1，

使得 Q0=imper0= "0000"，Q1=imper1= "0000"，

　　　　程式執行結束。

第五個正緣觸發

假設　Clrn=1，Load=1，Ena=0 時，

因 Clrn=1，程式執行第 16 列

　　　　ELSIF (Clk'event AND Clk='1') THEN

檢測 Clk 脈波是否爲上升沿且爲 1(high)，當 Clk 的值爲上升沿，且 Clk 的值爲 1(high)時，
則 ELSIF (Clk'event AND Clk='1')成立，

程式執行第 18 列，

　　　　ELSIF Ena='1' THEN，

因 Ena=0，則 ELSIF Ena='1' 不成立，使得 imper0 = "0000"，imper1= "0000"，

　　　　離開 *IF*，

接著程式執行第 27 列，

　　　　　Q0 <= imper0，Q1 <= imper1，

使得 Q0=imper0= "0000"，Q1=imper1= "0000"，

　　　　程式執行結束。

第六個正緣觸發

假設　Clrn=1，Load=0，D0="1001"，D1="0001"時，

因 Clrn=1，程式執行第 16 列

　　　　　ELSIF (Clk'event AND Clk='1') THEN

檢測 Clk 脈波是否爲上升沿且爲 1(high)，當 Clk 的值爲上升沿，且 Clk 的值爲 1(high)時，

則 ELSIF (Clk'event AND Clk='1')成立，

程式執行第 17 列，

　　　　　IF Load='0' THEN　　imper0 := D0；imper1 := D1，

因 Load=0，則 ELSIF Load='0' 成立，使得 imper0= D0="1001"；imper1 = D1="0001"，

　　　　離開 *IF*，

接著程式執行第 27 列，

　　　　　Q0 <= imper0，Q1 <= imper1，

使得 Q0=imper 0= "1001"，Q1=imper 1= "0001"，

　　　　程式執行結束。

第七個正緣觸發

假設　Clrn=1，Load=1，Ena=1 時，

因 Clrn=1，程式執行第 16 列

　　　　　ELSIF (Clk'event AND Clk='1') THEN

檢測 Clk 脈波是否爲上升沿且爲 1(high)，當 Clk 的值爲上升沿，且 Clk 的值爲 1(high)時，

則 ELSIF (Clk'event AND Clk='1')成立，

則程式執行第 18 列

　　　　　ELSIF Ena='1' THEN，

因 Ena=1，則 ELSIF Ena='1' 成立，及 imper0="1001"；imper1 ="0001"，

程式執行第 22 行，

　　　　　ELSE imper0:="0000"; imper1:= imper1+1，

使得　imper0="0000"，imper1= "0010"，

　　　　離開 *IF*，

接著程式執行第 27 列，

　　　　　Q0 <= imper0，Q1 <= imper1，

使得 Q0=imper0= "0000"，Q1=imper1= "0010"，

　程式執行結束。

4.3.3　模擬 24 模計數器

　　模擬流程如下：

1.　開啓專案(Open Project)：

● 首先於 File 選單內，點選 Open Project，並將出現 Open Project 視窗，選取專案" counter_24_seg_t.qpf"。

2.　編譯 ▶ ：

● 選取視窗選單 Processing → Complier Tool，即可產生編譯結果。

3.　建立波形檔案(Vector Waveform File)：

● File \ New，選擇 Verification / Debugging Files 標籤，再選定 Vector Waveform File。

● 點選『OK』，開啓 Waveform Editor 編輯一個新的波形檔 Vector Waveform File (.vwf)。

● 點選 Edit 主選單下的 End Time...可設定模擬的時間範圍。

● 點選 Edit 主選單下的 Grid Size...可設定時間軸刻度大小。

● 以滑鼠右鍵點選波形編輯器 Name 欄位，並選擇"Insert Node or Bus..."可加入訊號，再選 Node Finder，出現對話框，選 List，選擇 Nodes Found 中的輸入與輸出，按"=>"鍵將 Clk、Load、Ena、Clrn、D0[3..0] 、D1[3..0] 、Q0[3..0] 及 Q1[3..0] 移至右邊，按兩次 OK 鍵進行波形模擬。

● 點選輸入訊號 Clrn 設定 0 至 2 ns 爲 Low，其他時間爲 High，按 ⊥ 鍵。點選輸入訊號 Load 設定 0 至 4 ns 爲 Low，其他時間爲 High，點選該訊號，按 ⊥ 鍵。點選輸入訊號 Ena 設定爲 clock，點選該訊號，按 ⊠ 設定 clock 特性，出現 Clock

對話框，點選 Time period → Period → 1 ns，按 OK 鍵。點選輸入訊號 D1[3..0]，按滑鼠右鍵，點選 Value 對話框，選擇 Arbitrary Value → Radix → Hexadecimal，Numeric or named value 輸入 2，按 OK 鍵，點選輸入訊號 D0[3..0]，按滑鼠右鍵，點選 Value 對話框，選擇 Arbitrary Value → Radix → Hexadecimal，Numeric or named value 輸入 2，按 OK 鍵。

- 所有輸入訊號波形編輯完後，存成 counter_24_seg_t.vwf 檔。Snap to Grid 可以方便設計者依照 Grid，正確選定線段邊界。
- 執行波形模擬，可於 Processing 主選單下的 Simulation Tool，開始執行波形模擬。
- 選擇 Functional 時，再選擇 Generate Functional Simulation Netlist 鍵，產生 Functional 所需的網路表。此模式在模擬過程不考慮延遲時間，按 Start 鍵，開始執行波形模擬，如圖 4.16 所示。

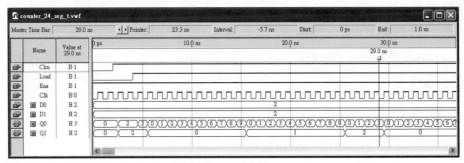

圖 4.16　波形模擬結果

4.4　除頻器設計

除頻器的用功能是將高頻時脈波降為較低頻時脈波，一般應用除頻器將石英振盪器產生之高頻時脈波降為所需頻率之時脈波。而除頻器主要使用正反器來完成設計，當使用 n 個正反器來設計計數器時，代表此計數器有 2^n 個自然計數值，如設計一除 100 之除頻器，需使用 7 個正反器來設計，其設計原理為將 100 除以 2 減 1 得 49，所以 0 至 49 使輸出為 High，50 至 99 使輸出為 Low。本節將介紹除 100 之除頻器，其設計電路可使用程式編輯來完成設計。一般除 100 之除頻器有輸入與輸出線各 1 條分別為 Clkin 及 Clkout。

4.4.1　AHDL 編輯除 100 之除頻器

AHDL 設計程序如下：

1. 建立新的專案(Project)：
   - 首先於 File 選單內，點選 New Project Wizard，並將出現 New Project Wizard 視窗，其輸入步驟與電路圖編輯設計程序相同，如圖 2.1 至圖 2.6。

2. 開啓新檔：
   - 設計者可點選"File"，並於選單中點選"New"，將出現 New 視窗。於 Design Files 標籤下，選定欲開啓的檔案格式如"AHDL File"，並點選 OK 後，一個新的 AHDL 文字編輯器視窗即展開。

3. 儲存檔案：
   - 設計者可點選"File"，並於下拉式選單中點選"Save As"，可出現另存新檔的對話視窗。設計者可於 File name 欄位填入欲儲存之檔名例如 div_100_t，並勾選 Add file to current project 後，點選"存檔"即可。

4. 編輯視窗中程式編輯設計：
   - 選定物件插入時的位置，在文字編輯視窗畫面內第 1 列的位置點一下。
   - 插入樣本(Template)，選取視窗選單 Edit → Insert Template → Language template → AHDL，在 Architecture 處，點選 Subdesign Section 樣本，按 OK。
   - 更改電路名稱與檔名相同，更改電路名稱'_design_name'為 div_100_t。更改接腳名稱，以 Clkin 替換 INPUT 前的變數，以 Clkout 替換 OUTPUT 前的變數，並刪除不需要的腳位。
   - 變數型態，插入樣本'Variable Section'與'Instance Declaration'，將'_function_instance_name'改成 counter[6..0]及 divout，將'_function _name'改成 DFF。
   - 邏輯描述，插入樣本'Logic Section'，在 BEGIN 與 END 間，首先將輸入接腳 Clkin 與所有正反器 counter[6..0].clk 及 divout.clk 連接成同步型計數器。插入真值表樣本' IF Then Statement'，當第 0 至 49 正緣時脈波 Clkin 輸入，使 divout 輸出為 High，將 50 至 99 正緣時脈波 Clkin 輸入，使輸出為 Low，其程式編輯如圖 4.17 所示。

```
div_100_t.tdf*
1  SUBDESIGN div_100_t
2  (
3      Clkin              : INPUT ;
4      Clkout             : OUTPUT;
5  )
6  VARIABLE
7      counter[6..0]      :  DFF;
8      divout             :  DFF;
9  BEGIN
10     divout.clk=Clkin;
11     counter[].clk=Clkin;
12     divout.d=(counter[].q==0);
13     IF (counter[].q==99) THEN
14         counter[].d=0;
15     ELSE
16         divout.d=!(counter[].q>=49);
17         counter[].d=counter[].q+1;
18     END IF ;
19     Clkout=divout;
20 END;
21
```

圖 4.17　AHDL 程式

5. 存檔並編譯，選取視窗選單 Processing → Compiler Tool → Start，即可進行編譯，產生 div_100_t.sof 或.pof 燒錄檔。

6. 創造電路符號，選取視窗選單 File → Create/Update → Create Symbol Files for Current File，可以產生 div_100_t.bsf 檔以代表除 100 之除頻器電路的符號。在圖形編輯視窗畫面內適當的位置點一下，按滑鼠右鍵，選取 Open Symbol File，進入 div_100_t.bsf 畫面如圖 4.18 所示。

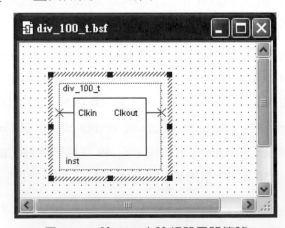

圖 4.18　除 100 之除頻器電路符號

7. 創造電路包含檔，選取視窗選單 File → Create/Update → Create AHDL Include Files for Current File，可以產生 div_100_t.inc 檔以代表除 100 之除頻器電路的函數形態。在圖形編輯視窗畫面內適當的位置點一下，按滑鼠右鍵，選取 Open AHDL Include File，進入 div_100_t.inc 畫面，如圖 4.19 所示。

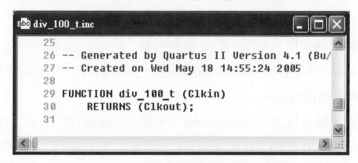

圖 4.19　除 100 之除頻器電路包含檔

8. 延遲時間分析，選取視窗選單 Processing → Classic Timing Analyzer Tool，即可產生延遲時間分析結果。

4.4.2　VHDL 編輯除 100 之除頻器

VHDL 設計程序如下：

1. 建立新的專案(Project)：
   ● 首先於 File 選單內，點選 New Project Wizard，並將出現 New Project Wizard 視窗，其輸入步驟與電路圖編輯設計程序相同，如圖 2.1 至圖 2.6。

2. 開啟新檔：
   ● 設計者可點選"File"，並於選單中點選"New"，將出現 New 視窗如。於 Design Files Files 標籤下，選定欲開啟的檔案格式如"VHDL File"，並點選 OK 後，一個新的 VHDL 文字編輯器視窗即展開。

3. 儲存檔案：
   ● 設計者可點選"File"，並於下拉式選單中點選"Save As"，可出現另存新檔的對話視窗。設計者可於 File name 欄位填入欲儲存之檔名例如 div_100_v，並勾選 Add file to current project 後，點選"存檔"即可。

4. 編輯視窗中程式編輯設計：

- 選定物件插入時的位置，在文字編輯視窗畫面內第 1 列的位置點一下。

- 插入樣本(Template)，選取視窗選單 Edit → Insert Template → Language template → VHDL → Constructs，在 Design Units 處，插入樣本‘Entity’，按 OK。

- 更改電路名稱與檔名相同，更改電路名稱’_design_name’為 div_100_v。更改接腳名稱，以 Clkin 替換 INPUT 前的變數，以 D0 替換 IN 前的變數，以 Clkout 替換 OUPUT 前的變數。

- 邏輯描述，插入樣本’Architecture’，鍵入 imper 為 STD_LOGIC，在第一次 BEGIN 與 END 間插入樣本’Process’，在第二次 BEGIN 與 END 間插入樣本’IF Statement’，鍵入第 0 至 49 正緣時脈波 Clk 輸入，使 divout 輸出為 High，將 50 至 99 正緣時脈波 Clk 輸入，使輸出為 Low，其程式編輯如圖 4.20 所示。

5. 存檔並編譯，選取視窗選單 Processing → Compiler Tool → Start，即可進行編譯，產生 div_100_v.sof 或.pof 燒錄檔。

6. 創造電路符號，選取視窗選單 File → Create/Update → Create Symbol Files for Current File，可以產生 div_100_v.bsf 檔以代表除 100 之除頻器電路的符號。在圖形編輯視窗畫面內適當的位置點一下，按滑鼠右鍵，選取 Open Symbol File，進入 div_100_v.bsf 畫面如圖 4.18 所示。

7. 創造電路包含檔，選取視窗選單 File → Create/Update → Create AHDL Include Files for Current File，可以產生 div_100_v.inc 檔以代表除 100 之除頻器電路的函數形態。在圖形編輯視窗畫面內適當的位置點一下，按滑鼠右鍵，選取 Open AHDL Include File，進入 div_100_v.inc 畫面如圖 4.19 所示。

8. 延遲時間分析，選取視窗選單 Processing → Classic Timing Analyzer Tool，即可產生延遲時間分析結果。

```
abc div_100_v.vhd*                                    _ □ X
 1 LIBRARY ieee;
 2 USE ieee.std_logic_1164.all;
 3 USE ieee.std_logic_unsigned.all;
 4 ENTITY div_100_v IS
 5     PORT(Clkin  : IN  STD_LOGIC;
 6           Clkout : OUT  STD_LOGIC
 7           );
 8 END div_100_v;
 9 ARCHITECTURE arc OF div_100_v IS
10 signal imper : STD_LOGIC;
11  BEGIN
12   PROCESS (Clkin)
13     VARIABLE counter : integer range 0 to 99;
14   BEGIN
15    IF (Clkin'event AND Clkin='1') THEN
16      IF counter < 49 THEN counter := counter+1;
17      ELSE  counter :=0; imper <= not imper;
18      END IF;
19    END IF;
20      Clkout <= imper;
21    END PROCESS ;
22 END arc;
23
24
```

圖 4.20　VHDL 程式

4.4.3　模擬除 100 之除頻器

模擬流程如下：

1. 開啟專案(Open Project)：

    ● 首先於 File 選單內，點選 Open Project，並將出現 Open Project 視窗，選取專案"
      div_100_v.qpf"。

2. 編譯 ► ：

    ● 選取視窗選單 Processing → Complier Tool，即可產生編譯結果。

3. 建立波形檔案(Vector Waveform File)：

    ● File \ New，選擇 Verification / Debugging Files 標籤，再選定 Vector Waveform
      File 。

- 點選『OK』，開啟 Waveform Editor 編輯一個新的波形檔 Vector Waveform File (.vwf)。
- 點選 Edit 主選單下的 End Time...可設定模擬的時間範圍。
- 點選 Edit 主選單下的 Grid Size...可設定時間軸刻度大小。
- 以滑鼠右鍵點選波形編輯器 Name 欄位，並選擇 "Insert Node or Bus..." 可加入訊號，再選 Node Finder，出現對話框，選 List，選擇 Nodes Found 中的輸入與輸出，按 "=>" 鍵將 Clkin 及 Clkout 移至右邊，按兩次 OK 鍵進行波形模擬。
- 點選輸入訊號 Clkin 設定為 clock，點選該訊號，按 設定 clock 特性，出現 Clock 對話框，點選 Time period → Period → 0.1 ns，按 OK 鍵。
- 所有輸入訊號波形編輯完後，存成 div_100_v.vwf 檔。Snap to Grid 可以方便設計者依照 Grid，正確選定線段邊界。
- 執行波形模擬，可於 Processing 主選單下的 Simulation Tool，開始執行波形模擬。
- 選擇 Functional 時，再選擇 Generate Functional Simulation Netlist 鍵，產生 Functional 所需的網路表。此模式在模擬過程不考慮延遲時間，按 Start 鍵，開始執行波形模擬，如圖 4.21 所示。

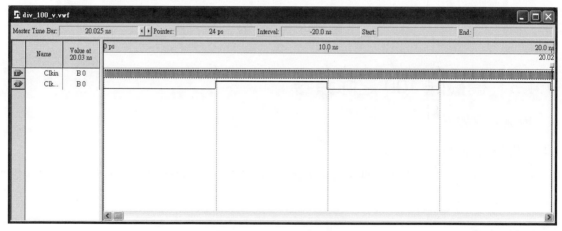

圖 4.21　波形模擬結果

4.5　除 10M 之除頻器設計

　　除 10M 之除頻器主要使用正反器來完成設計，當使用 n 個正反器來設計計數器時，代表此計數器有 2^n 個自然計數值，如設計一除 10M 之除頻器，需使用 24 個正反器來設計，其設計原理為將 10M 除以 2 減 1 得 4999999，所以 0 至 4999999 使輸出為 high，5000000 至 9999999 使輸出為 Low。本節介紹除 10M 之除頻器，其設計電路可使用程式編輯來完成設計。一般除 100 之除頻器有輸入與輸出線各 1 條分別為 Clkin 及 Clkout。

4.5.1　AHDL 編輯除 10M 之除頻器

　　AHDL 設計程序如下：

1.　建立新的專案(Project)：

● 首先於 File 選單內，點選 New Project Wizard，並將出現 New Project Wizard 視窗，其輸入步驟與電路圖編輯設計程序相同，如圖 2.1 至圖 2.6。

2.　開啟新檔：

● 設計者可點選"File"，並於選單中點選"New"，將出現 New 視窗。於 Design Files 標籤下，選定欲開啟的檔案格式如"AHDL File"，並點選 OK 後，一個新的 AHDL 文字編輯器視窗即展開。

3.　儲存檔案：

● 設計者可點選"File"，並於下拉式選單中點選"Save As"，可出現另存新檔的對話視窗。設計者可於 File name 欄位填入欲儲存之檔名例如 div_10M_t，並勾選 Add file to current project 後，點選"存檔"即可。

4.　編輯視窗中程式編輯設計：

● 選定物件插入時的位置，在文字編輯視窗畫面內第 1 列的位置點一下。

● 插入樣本(Template)，選取視窗選單 Edit → Insert Template → Language template → AHDL，在 Architecture 處，點選 Subdesign Section 樣本，按 OK。

- 更改電路名稱與檔名相同，更改電路名稱'_design_name'為 div_10M_t。更改接腳名稱，以 Clkin 替換 INPUT 前的變數，以 Clkout 替換 OUTPUT 前的變數，並刪除不需要的腳位。

- 變數型態，插入樣本'Variable Section'與'Instance Declaration'，將'_function_instance_name'改成 counter[23..0]及 divout，將'_function _name'改成 DFF。

- 邏輯描述，插入樣本'Logic Section'，在 BEGIN 與 END 間，首先將輸入接腳 Clkin 與所有正反器 counter[23..0].clk 及 divout.clk 連接成同步型計數器。插入真值表樣本' IF Then Statement'，當第 0 至 4999999 正緣時脈波 Clkin 輸入，使 divout 輸出為 High，將 5000000 至 9999999 正緣時脈波 Clkin 輸入，使輸出為 Low，其程式編輯如圖 4.22 所示。

```
abc div_10M_t.tdf
 1  SUBDESIGN div_10M_t
 2  (
 3      Clkin                : INPUT ;
 4      Clkout               : OUTPUT;
 5  )
 6  VARIABLE
 7      counter[23..0]       :  DFF;
 8      divout               :  DFF;
 9  BEGIN
10      divout.clk=Clkin;
11      counter[].clk=Clkin;
12      divout.d=(counter[].q==0);
13      IF (counter[].q==9999999) THEN
14          counter[].d=0;
15      ELSE
16          divout.d=!(counter[].q>=4999999);
17          counter[].d=counter[].q+1;
18      END IF ;
19      Clkout=divout;
20  END;
```

圖 4.22　AHDL 程式

5. 存檔並編譯，選取視窗選單 Processing → Compiler Tool → Start，即可進行編譯，產生 div_10M_t.sof 或.pof 燒錄檔。

6. 創造電路符號，選取視窗選單 File → Create/Update → Create Symbol Files for Current File，可以產生 div_10M_t.bsf 檔以代表除 10M 之除頻器電路的符號。

在圖形編輯視窗畫面內適當的位置點一下，按滑鼠右鍵，選取 Open Symbol File，進入 div_10M_t.bsf 畫面，如圖 4.23 所示。

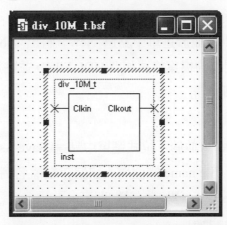

圖 4.23　除 10M 之除頻器電路符號

7. 創造電路包含檔，選取視窗選單 File → Create/Update → Create AHDL Include Files for Current File，可以產生 div_10M_t.inc 檔以代表除 10M 之除頻器電路的函數形態。在圖形編輯視窗畫面內適當的位置點一下，按滑鼠右鍵，選取 Open AHDL Include File，進入 div_10M_t.inc 畫面，如圖 4.24 所示。

```
25
26  -- Generated by Quartus II Version 4.1 (Build Build 181 06/29/2004)
27  -- Created on Wed May 18 16:43:52 2005
28
29  FUNCTION div_10M_t (Clkin)
30      RETURNS (Clkout);
31
```

圖 4.24　除 10M 之除頻器電路包含檔

8. 延遲時間分析，選取視窗選單 Processing → Classic Timing Analyzer Tool，即可產生延遲時間分析結果。

4.5.2　VHDL 編輯除 10M 之除頻器

VHDL 設計程序如下：

1. 建立新的專案(Project)：

- 首先於 File 選單內，點選 New Project Wizard，並將出現 New Project Wizard 視窗，其輸入步驟與電路圖編輯設計程序相同，如圖 2.1 至圖 2.6。

2. 開啓新檔：
- 設計者可點選"File"，並於選單中點選"New"，將出現 New 視窗如。於 Design Files 標籤下，選定欲開啓的檔案格式如"VHDL File"，並點選 OK 後，一個新的 VHDL 文字編輯器視窗即展開。

3. 儲存檔案：
- 設計者可點選"File"，並於下拉式選單中點選"Save As"，可出現另存新檔的對話視窗。設計者可於 File name 欄位填入欲儲存之檔名例如 div_10M_v，並勾選 Add file to current project 後，點選"存檔"即可。

4. 編輯視窗中程式編輯設計：
- 選定物件插入時的位置，在文字編輯視窗畫面內第 1 列的位置點一下。
- 插入樣本(Template)，選取視窗選單 Edit → Insert Template → Language template → VHDL → Constructs，在 Design Units 處，插入樣本'Entity'，按 OK。
- 更改電路名稱與檔名相同，更改電路名稱'_design_name'爲 div_10M_v。更改接腳名稱，以 Clkin 替換 INPUT 前的變數，以 D0 替換 IN 前的變數，以 Clkout 替換 OUPUT 前的變數。
- 邏輯描述，插入樣本'Architecture'，鍵入 imper 爲 STD_LOGIC，在第一次 BEGIN 與 END 間插入樣本'Process'，在第二次 BEGIN 與 END 間插入樣本'IF Statement'，鍵入第 0 至 4999999 正緣時脈波 Clkin 輸入，使 divout 輸出爲 High，將 5000000 至 9999999 正緣時脈波 Clkin 輸入，使輸出爲 Low，其程式編輯如圖 4.25 所示。

5. 存檔並編譯，選取視窗選單 Processing → Compiler Tool → Start，即可進行編譯，產生 div_10M_v.sof 或.pof 燒錄檔。

6. 創造電路符號，選取視窗選單 File → Create/Update → Create Symbol Files for Current File，可以產生 div_10M_v.bsf 檔以代表除 10M 之除頻器電路的符號。在圖形編輯視窗畫面內適當的位置點一下，按滑鼠右鍵，選取 Open Symbol File，進入 div_10M_v.bsf 畫面如圖 4.23 所示。

7. 創造電路包含檔，選取視窗選單 File → Create/Update → Create AHDL Include Files for Current File，可以產生 div_10M_v.inc 檔以代表除 10M 之除頻器電路的函數形態。在圖形編輯視窗畫面內適當的位置點一下，按滑鼠右鍵，選取 Open AHDL Include File，進入 div_10M_v.inc 畫面，如圖 4.24 所示。

8. 延遲時間分析，選取視窗選單 Processing → Classic Timing Analyzer Tool，即可產生延遲時間分析結果。

```
abc div_10M_v.vhd
 1 LIBRARY ieee;
 2 USE ieee.std_logic_1164.all;
 3 USE ieee.std_logic_unsigned.all;
 4 ENTITY div_10M_v IS
 5    PORT(Clkin  : IN  STD_LOGIC;
 6         Clkout : OUT  STD_LOGIC
 7        );
 8 END div_10M_v;
 9 ARCHITECTURE arc OF div_10M_v IS
10 signal imper : STD_LOGIC;
11   BEGIN
12    PROCESS (Clkin)
13      VARIABLE counter : integer range 0 to 9999999;
14    BEGIN
15     IF (Clkin'event AND Clkin='1') THEN
16        IF counter < 4999999 THEN counter := counter+1;
17        ELSE  counter :=0; imper <= not imper;
18        END IF;
19     END IF;
20        Clkout <= imper;
21    END PROCESS ;
22 END arc;
23
24
25
```

圖 4.25　VHDL 程式

4.6　10 模計數顯示電路設計

本範例應用除頻器、計數器、顯示電路器及七段解碼器來完成 10 模計數顯示電路設計。其中顯示電路器，因本實驗以華亨數位實驗器 Cyclone FPGA 為實驗器平台，其七段顯示控制模組電路及接腳分別如圖 4.26 及表 4.4 所示，所以需以顯示電路器來讓六個七段顯示器以較高頻率依序顯示，此顯示電路器之詳細說明請參考第 6 章第 1

節。由於本範例使用 10MHz 石英振盪器產生 10MHz 時脈波，所以應用本章所介紹除 10MHz 除頻器、100Hz 除頻器、10 模計數器及七段解碼器，完成 10 模計數顯示電路 設計。並分別以 AHDL 編輯及 VHDL 編輯兩種方式設計各小程式，各別產生符號檔， 再以圖形編輯完成設計，最後燒錄在晶片上。

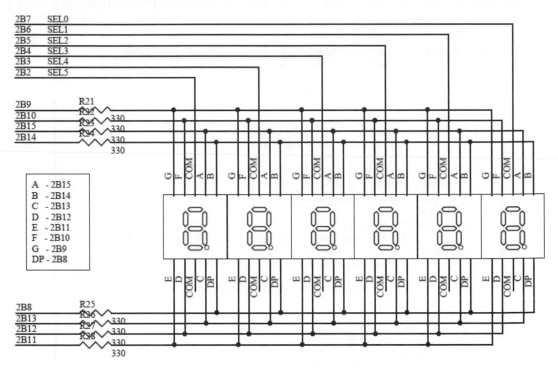

圖 4.26　七段顯示控制模組電路

表 4.4　七段顯示器控制模組接腳對應

模組腳位	FPGA 接腳代號	FPGA 接腳編號	模組腳位	FPGA 接腳代號	FPGA 接腳編號
A (sevena[0])	2B15	203	SEL0(scanout[0])	2B7	195
B (sevena[1])	2B14	202	SEL1(scanout[1])	2B6	194
C (sevena[2])	2B13	201	SEL2(scanout[2])	2B5	193
D (sevena[3])	2B12	200	SEL3(scanout[3])	2B4	188
E (sevena[4])	2B11	199	SEL4(scanout[4])	2B3	187
F (sevena[5])	2B10	198	SEL5(scanout[5])	2B2	186
G (sevena[6])	2B9	197	Clock(10MHZ)	CLK0(10MHZ)	28

● 設計步驟如下：

1. 設計一個除頻元件，將原本輸入頻率為 10MHz，經由除 10M 之除頻器，使頻率變成 1Hz。

2. 設計一個除頻元件，將原本輸入頻率為 10MHz，經由除 100 之除頻器，使頻率變成 100KHz，降低頻率作為顯示電路的輸入頻率。

3. 設計一個"10 模計數器"電路。

4. 設計一個顯示電路器，來讓六個七段顯示器以較高頻率依序顯示及個位與十位數的個別輸出。

5. 設計一個"七段解碼器"電路，使輸出信號可在七段顯示器顯示出來。

4.6.1　除 10M 之除頻器設計

4.6.1.1　AHDL 編輯除 10M 之除頻器

除 10M 之除頻器的 AHDL 編輯結果如圖 4.27 所示，其檔名為 div_10M_t，並產生代表除 10M 之除頻器電路的符號如圖 4.28 所示。

```
1  SUBDESIGN div_10M_t
2  (
3      Clkin              : INPUT ;
4      Clkout             : OUTPUT;
5  )
6  VARIABLE
7      counter[23..0]     :  DFF;
8      divout             :  DFF;
9  BEGIN
10     divout.clk=Clkin;
11     counter[].clk=Clkin;
12     divout.d=(counter[].q==0);
13     IF (counter[].q==9999999) THEN
14         counter[].d=0;
15     ELSE
16         divout.d=!(counter[].q>=4999999);
17         counter[].d=counter[].q+1;
18     END IF ;
19     Clkout=divout;
20 END;
```

圖 4.27　AHDL 程式

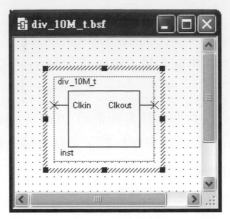

圖 4.28 除 10M 之除頻器電路符號

4.6.1.2 VHDL 編輯除 10M 之除頻器

除 10M 之除頻器的 VHDL 編輯結果如圖 4.29 所示，其檔名為 div_10M_v，並產生代表除 10M 之除頻器電路的符號如圖 4.30 所示。

```
1 LIBRARY ieee;
2 USE ieee.std_logic_1164.all;
3 USE ieee.std_logic_unsigned.all;
4 ENTITY div_10M_v IS
5     PORT(Clkin  : IN   STD_LOGIC;
6          Clkout : OUT  STD_LOGIC
7          );
8 END div_10M_v;
9 ARCHITECTURE arc OF div_10M_v IS
10 signal imper : STD_LOGIC;
11  BEGIN
12   PROCESS (Clkin)
13     VARIABLE counter : integer range 0 to 9999999;
14   BEGIN
15    IF (Clkin'event AND Clkin='1') THEN
16       IF counter < 4999999 THEN counter := counter+1;
17       ELSE  counter :=0; imper <= not imper;
18       END IF;
19    END IF;
20      Clkout <= imper;
21    END PROCESS ;
22 END arc;
```

圖 4.29 VHDL 程式

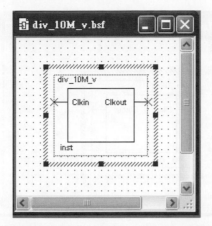

圖 4.30　除 10M 之除頻器電路符號

4.6.2　除 100 之除頻器設計

4.6.2.1　AHDL 編輯除 100 之除頻器

　　除 100 之除頻器的 AHDL 編輯結果如圖 4.31 所示,其檔名為 div_100_t,並產生代表除 100 之除頻器電路的符號如圖 4.32 所示。

```
1  SUBDESIGN div_100_t
2  (
3      Clkin                : INPUT ;
4      Clkout               : OUTPUT;
5  )
6  VARIABLE
7      counter[6..0]        :  DFF;
8      divout               :  DFF;
9  BEGIN
10     divout.clk=Clkin;
11     counter[].clk=Clkin;
12     divout.d=(counter[].q==0);
13     IF (counter[].q==99) THEN
14         counter[].d=0;
15     ELSE
16         divout.d=!(counter[].q>=49);
17         counter[].d=counter[].q+1;
18     END IF ;
19     Clkout=divout;
20 END;
21
```

圖 4.31　AHDL 程式

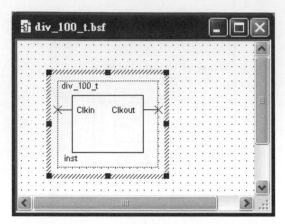

圖 4.32　除 100 之除頻器電路符號

4.6.2.2　VHDL 編輯除 100 之除頻器

　　除 100 之除頻器的 VHDL 編輯結果如圖 4.33 所示，其檔名為 div_100_v，並產生代表除 100 之除頻器電路的符號如圖 4.34 所示。

```
1  LIBRARY ieee;
2  USE ieee.std_logic_1164.all;
3  USE ieee.std_logic_unsigned.all;
4  ENTITY div_100_v IS
5      PORT(Clkin  : IN  STD_LOGIC;
6           Clkout : OUT  STD_LOGIC
7          );
8  END div_100_v;
9  ARCHITECTURE arc OF div_100_v IS
10 signal imper : STD_LOGIC;
11  BEGIN
12   PROCESS (Clkin)
13     VARIABLE counter : integer range 0 to 99;
14   BEGIN
15    IF (Clkin'event AND Clkin='1') THEN
16      IF counter < 49 THEN counter := counter+1;
17      ELSE  counter :=0; imper <= not imper;
18      END IF;
19    END IF;
20      Clkout <= imper;
21    END PROCESS ;
22 END arc;
23
24
```

圖 4.33　VHDL 程式

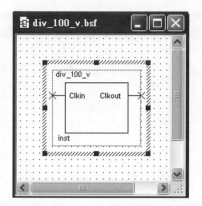

圖 4.34　除 100 之除頻器電路符號

4.6.3　10 模計數器設計

4.6.3.1　AHDL 編輯 10 模計數器

　　10 模計數器的 AHDL 編輯結果如圖 4.35 所示，其檔名為 counter10_t，並產生代表 10 模計數器電路的符號如圖 4.36 所示。

```
abc counter10_t.tdf
1  SUBDESIGN counter10_t
2  (   Clk,Load,Ena,Clrn,D[3..0]   : INPUT;
3      Q[3..0],Co                  : OUTPUT;
4  )
5  VARIABLE
6      count[3..0]          :   DFF;
7  BEGIN
8    count[].clk=Clk;
9    IF Clrn==0 THEN
10     count[].d=0 ;
11   ELSIF Load==0 THEN
12     count[].d=D[];
13   ELSIF Ena THEN          % Clrn=1,Load=1,Ena=1%
14     IF count[].q==9 THEN   % when q=9 %
15        count[].d=0;
16     ELSE count[].d=count[].q+1;
17     END IF;
18   ELSE                    % Clrn=1,Load=1,Ena=0 %
19     count[].d=count[].q;
20   END IF;
21   Q[]=count[].q;
22   Co=Q3 & Q0 & Ena;
23 END;
24
```

圖 4.35　AHDL 程式

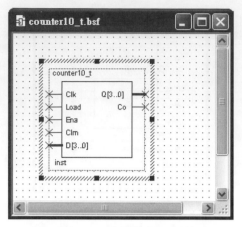

圖 4.36 10 模計數器電路符號

4.6.3.2 VHDL 編輯 10 模計數器

10 模計數器的 VHDL 編輯結果如圖 4.37 所示,其檔名為 counter10_v,並產生代表 10 模計數器電路的符號如圖 4.38 所示。

```vhdl
1  LIBRARY ieee; USE ieee.std_logic_1164.all;
2  USE ieee.std_logic_unsigned.all;
3  ENTITY counter10_v IS
4      PORT(Clk,Load,Ena,Clrn  : IN     STD_LOGIC;
5           D        : IN    STD_LOGIC_VECTOR(3 downto 0);
6           Q        : OUT   STD_LOGIC_VECTOR(3 downto 0);
7           Co       : OUT   STD_LOGIC                 );
8  END counter10_v;
9  ARCHITECTURE arc OF counter10_v IS
10 BEGIN
11  PROCESS (Clk)
12     VARIABLE imper    : STD_LOGIC_VECTOR(3 downto 0);
13  BEGIN
14     IF Clrn='0' THEN  imper := "0000";
15     ELSIF (Clk'event AND Clk='1') THEN
16        IF Load='0' THEN    imper :=D;
17        ELSIF Ena='1' THEN
18              IF imper="1001" THEN imper :="0000";
19              ELSE  imper := imper+1;
20              END IF;
21        END IF;
22     END IF;
23     Q <= imper;   Co<= (imper(0) AND imper(3) AND Ena);
24  END PROCESS ;
25 END arc;
26
```

圖 4.37 VHDL 程式

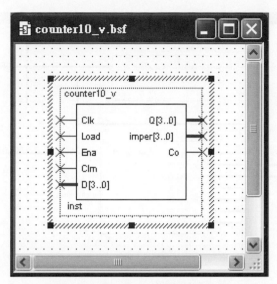

圖 4.38　10 模計數器電路符號

4.6.4　顯示電路器設計

　　顯示電路器的電路圖編輯結果如圖 4.39 或圖 4.40 所示，其檔名為 display_t 或 display_v，並產生代表顯示電路器電路的符號如圖 4.41 或圖 4.42 所示。

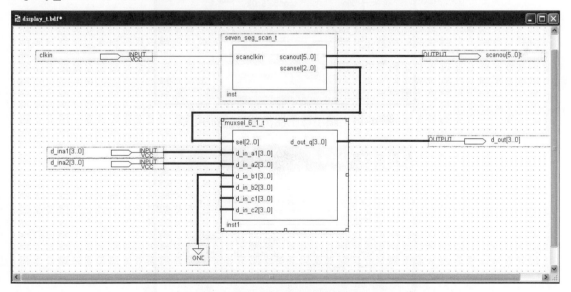

圖 4.39　顯示電路器(AHDL)

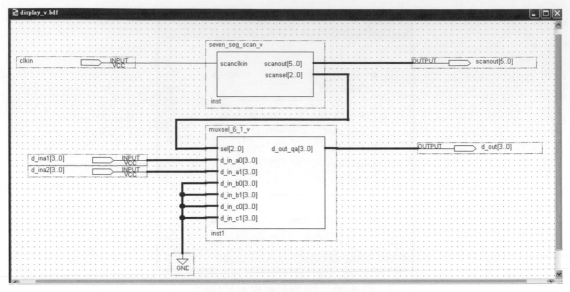

圖 4.40 顯示電路器(VHDL)

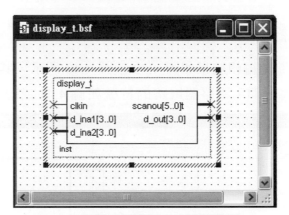

圖 4.41 顯示電路器(AHDL)電路符號

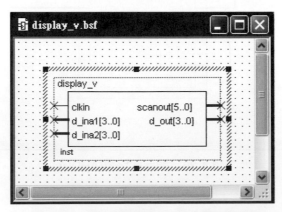

圖 4.42 顯示電路器(VHDL)電路符號

4.6.5　七段顯示解碼器

4.6.5.1　AHDL 七段顯示解碼器

　　七段顯示解碼器的 AHDL 編輯結果如圖 4.43 所示，其檔名為 seven_seg_9_t，
並產生代表七段顯示解碼器電路的符號如圖 4.44 所示。

```
Ebc seven_seg_9_t.tdf
 1  SUBDESIGN seven_seg_9_t
 2  (
 3      D[3..0]      : INPUT;
 4      S[6..0]      : OUTPUT;
 5  )
 6  BEGIN
 7  %   g, f, e, d, c, b, a  %
 8  % = S6,S5,S4,S3,S2,S1,S0 %
 9   TABLE
10      D3,D2,D1,D0 =>  S6,S5,S4,S3,S2,S1,S0;
11      0, 0, 0, 0  =>  1, 0, 0, 0, 0, 0, 0;  % 0 %
12      0, 0, 0, 1  =>  1, 1, 1, 1, 0, 0, 1;  % 1 %
13      0, 0, 1, 0  =>  0, 1, 0, 0, 1, 0, 0;  % 2 %
14      0, 0, 1, 1  =>  0, 1, 1, 0, 0, 0, 0;  % 3 %
15      0, 1, 0, 0  =>  0, 0, 1, 1, 0, 0, 1;  % 4 %
16      0, 1, 0, 1  =>  0, 0, 1, 0, 0, 1, 0;  % 5 %
17      0, 1, 1, 0  =>  0, 0, 0, 0, 0, 1, 0;  % 6 %
18      0, 1, 1, 1  =>  1, 1, 1, 1, 0, 0, 0;  % 7 %
19      1, 0, 0, 0  =>  0, 0, 0, 0, 0, 0, 0;  % 8 %
20      1, 0, 0, 1  =>  0, 0, 1, 0, 0, 0, 0;  % 9 %
21   END TABLE;
22  END;
23
```

圖 4.43　AHDL 程式

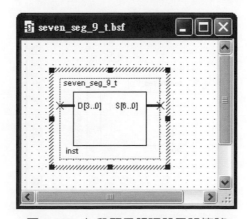

圖 4.44　七段顯示解碼器電路符號

4.6.5.2 VHDL 編輯七段顯示解碼器

七段顯示解碼器的 VHDL 編輯結果如圖 4.45 所示,其檔名為 seven_seg_9_v,並產生代表七段顯示解碼器電路的符號如圖 4.46 所示。

```vhdl
1  LIBRARY IEEE; USE IEEE.STD_LOGIC_1164.ALL;
2  ENTITY seven_seg_9_v IS
3      PORT(D  : IN    STD_LOGIC_VECTOR(3 DOWNTO 0);
4           S  : OUT   STD_LOGIC_VECTOR(6 DOWNTO 0) );
5  END seven_seg_9_v ;
6  ARCHITECTURE a OF seven_seg_9_v IS
7  BEGIN
8    PROCESS(D)
9      BEGIN
10       CASE D IS
11
12     WHEN "0000" => S<="1000000";   -- 0
13     WHEN "0001" => S<="1111001";   -- 1
14     WHEN "0010" => S<="0100100";   -- 2
15     WHEN "0011" => S<="0110000";   -- 3
16     WHEN "0100" => S<="0011001";   -- 4
17     WHEN "0101" => S<="0010010";   -- 5
18     WHEN "0110" => S<="0000010";   -- 6
19     WHEN "0111" => S<="1111000";   -- 7
20     WHEN "1000" => S<="0000000";   -- 8
21     WHEN "1001" => S<="0010000";   -- 9
22     WHEN OTHERS => S<="1111111";
23       END CASE;
24   END PROCESS;
25 END a;
26
27
```

圖 4.45　VHDL 程式

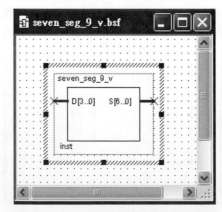

圖 4.46　七段顯示解碼器電路符號

4.6.6　電路圖編輯 10 模計數顯示電路

設計程序如下：

1. 開啓新檔：

- 首先於 File 選單內，點選 New Project Wizard，並將出現 New Project Wizard 視窗。指定設計專案之名稱爲 counter10_7seg_t(或 counter10_7seg_v)，其輸入步驟如圖 2.1 至圖 2.6。

2.

- 設計者可點選"File"，並於下拉式選單中點選"New"，將出現 New 視窗。於 Design Files 標籤下，選定欲開啓的檔案格式如"Block Diagram/Schematic File"，並點選 OK 後，一個新的區塊/圖形編輯器視窗即展開。

3. 儲存檔案：

- 設計者可點選"File"，並於下拉式選單中點選"Save As"，可出現另存新檔的對話視窗。設計者可於 File name 欄位填入欲儲存之檔名例如 counter10_7seg_t(或 counter10_7seg_v)，並勾選 Add file to current project 後，點選"存檔"即可。

4. 編輯視窗中建立邏輯電路設計：

- 選定物件插入時的位置，在圖形編輯視窗畫面內適當的位置點一下。
- 引入邏輯閘，選取視窗選單 Edit → Insert Symbol → 在 Libraries → Project 處，點選 div_10M_t(或 div_10M_v，除 10M 之除頻器)符號檔，按 OK。再選出 div_100_t (或 div_100_v，除 100 之除頻器)、display_t(或 display _v，顯示電路器)、counter10_t (或 counter10 _v，10 模計數器)及 seven_seg_9_t(或 seven_seg_9 _v，七段顯示解碼器)符號檔。
- 引入輸入及輸出接腳，選取視窗選單 Edit→Insert Symbol→在 c:/altera/80/quaturs /libraries/primitive/pin 處，點選三個 input 閘，及二個 output 閘。
- 更改輸入及輸出接腳名稱，在'PIN_NAME'處按兩下，更改輸入接腳爲 10MHz，輸出接腳爲 scanout[5..0]與 sevena[6..0]。

- 連線，點選 ⌐ 按鈕，將 10MHz 連接到 div_10M_t(或 div_10M_v)及 div_100_t(或 div_100_v)符號檔的輸入端。點選 ⌐ 按鈕，將接腳 Q[3..0]以匯流排連接至 d_ina1[3..0]符號檔的輸入端。點選 ⌐ 按鈕，將輸出接腳 scanout [5..0]與 sevena[6..0] 分別以匯流排連接至 display_t(或 display_v)及 seven_seg_9_t(或 seven_seg_9_v)符號檔的輸出端，如圖 4.47 或圖 4.48 所示。

5. 存檔並組譯，選取視窗選單 Processing → Compiler Tool → Start，即可進行組譯，產生 counter10_7seg_t.sof(或 counter10_7seg_v.sof)燒錄檔。

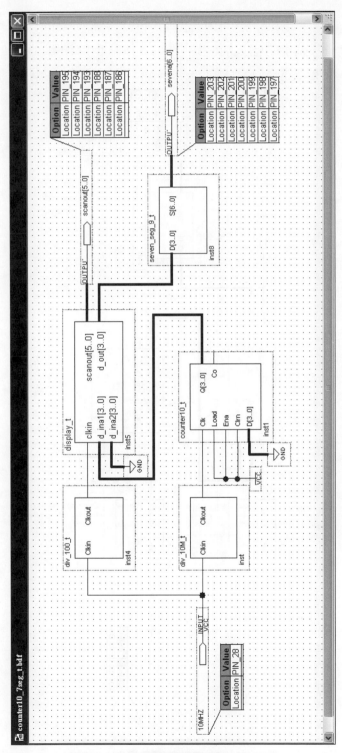

圖 4.47　10 模計數顯示電路(AHDL)

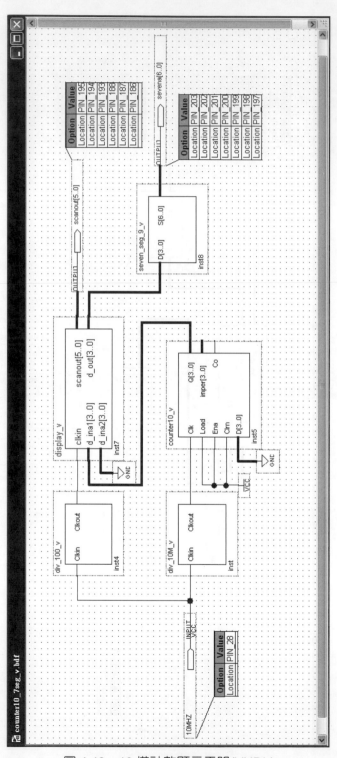

圖 4.48　10 模計數顯示電路(VHDL)

4.6.7　元件腳位指定

在執行編譯前，可參考表 4.4 之七段顯示器模組腳位宣告，進行腳位指定。首先可點選"Assignments"，並於下拉式選單中點選"Pins"，將出現 Assignment Editor 視窗。直接點選 Filter 欄位的 Pins:all 選項。即可於 Assignment Editor 視窗的最下面欄位之 Location 處輸入或指定接腳編號即可完成，如圖 4.49 及圖 4.50 所示。完成上述步驟，設計者即可執行編譯。

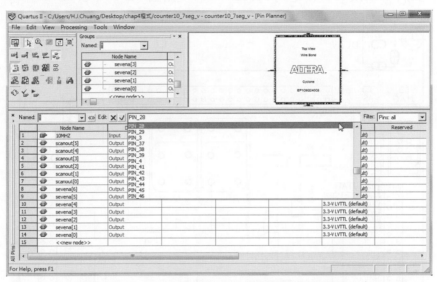

圖 4.49　Assignment Editor 視窗中指定接腳編號

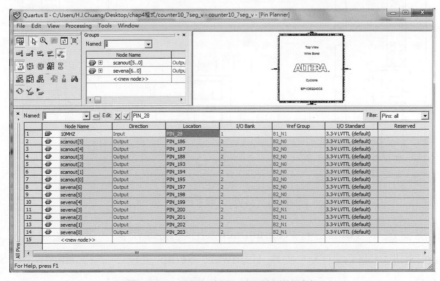

圖 4.50　輸出/輸入接腳特徵列表

4.6.8　燒錄程式至 Cyclone FPGA 實驗器平台

1.　Cyclone FPGA 基板具有 AS Mode 以及 JTAG Mode 兩種燒錄模式。AS Mode 僅支援 Cyclone 系列元件，其目的是用來燒錄 EPROM 元件。而 JTAG Mode，則是將位元串資料載入 FPGA 晶片的一種方式。本實驗以 JTAG Mode 方式透過 ByteBlaster II 燒錄纜線分別連接至實驗器的 JTAG(10PIN)接頭及電腦並列埠，並將 JP1 及 JP2 設定為 JTAG Mode，如圖 4.51 所示。

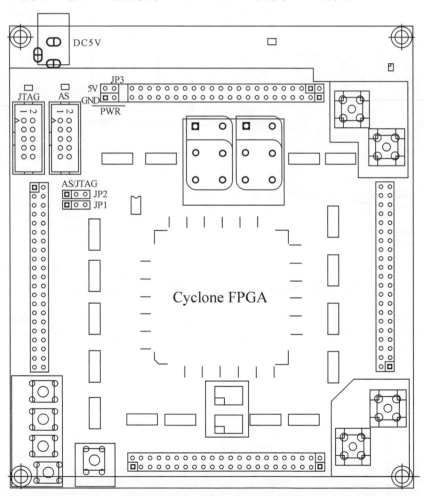

圖 4.51　Cyclone FPGA 基板

2.　選取視窗選單 Tools → Programmer，出現燒錄視窗。選取硬體設定 Hardware Setup 開即可進行組譯，出現 Hardware Setup 視窗，選擇 Hardware Setting → Add Hardware，出現 Add Hardware 視窗，於 Hardware type 選項中，選擇

ByteBlaseterMV or ByteBlaseterII，在 Port 選項中，選擇 LPT1，按 OK 鍵，如圖 4.52 所示，回 Hardware Setup 視窗，選擇 ByteBlaseterII，再按 Select Hardware 鍵選取硬體，如圖 4.53 所示，按 Close 鍵。

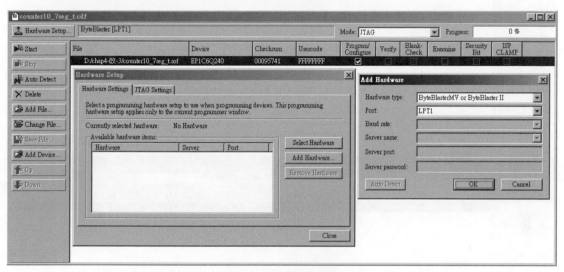

圖 4.52　硬體設定

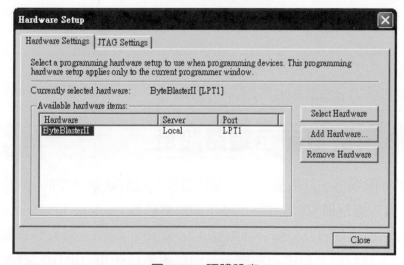

圖 4.53　硬體設定

3. 在燒錄視窗加入燒錄檔案，選取 Add File，出現 Select Programming File 視窗，選擇 counter10_7seg_t.sof(或 counter10_7seg_v.sof)燒錄檔案，在 Mode 選項，選擇 JTAG Mode，在 Program/Configure 處打勾，再按 Start 鍵進行燒錄模擬，如圖 4.54 或圖 4.55 所示。

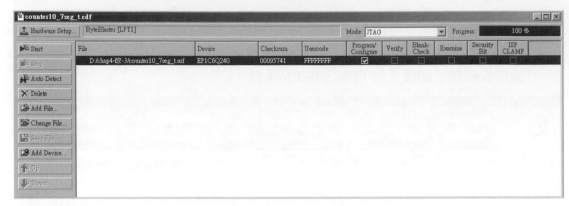

圖 4.54　燒錄模擬

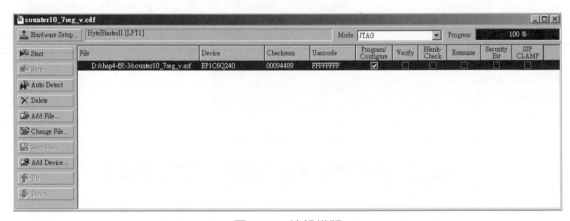

圖 4.55　燒錄模擬

4.7　60 模計數顯示電路設計

　　本範例應用除頻器、計數器、顯示電路器及七段解碼器來完成 60 模計數顯示電路設計。其中顯示電路器，因本實驗以華亨數位實驗器 Cyclone FPGA 為實驗器平台，其七段顯示控制模組電路及接腳分別如圖 4.26 及表 4.4 所示，所以需以顯示電路器來讓六個七段顯示器以較高頻率依序顯示。由於本範例使用 10MHz 石英振盪器產生 10MHz 時脈波，所以應用本章所介紹除 10MHz 除頻器、100Hz 除頻器、60 模計數器及七段解碼器，完成 60 模計數顯示電路設計。並分別以 AHDL 編輯及 VHDL 編輯兩種方式設計各小程式，各別產生符號檔，再以圖形編輯完成設計，最後燒錄在晶片上。

● 設計步驟如下：

1. 設計一個除頻元件，將原本輸入頻率為 10MHz，經由除 10M 之除頻器， 使頻率變成 1Hz。

2. 設計一個除頻元件，將原本輸入頻率為 10MHz，經由除 100 之除頻器， 使頻率變成 100KHz，降低頻率作為顯示電路的輸入頻率。

3. 設計一個"60 模計數器"電路。

4. 設計一個顯示電路器，來讓六個七段顯示器以較高頻率依序顯示及個位與十位數的個別輸出。

5. 設計一個"七段解碼器"電路，使輸出信號可在七段顯示器顯示出來。

4.7.1 除 10M 之除頻器設計

4.7.1.1 AHDL 編輯除 10M 之除頻器

除 10M 之除頻器的 AHDL 編輯結果如圖 4.27 所示，其檔名為 div_10M_t，並產生代表除 10M 之除頻器電路的符號如圖 4.28 所示。

4.7.1.2 VHDL 編輯除 10M 之除頻器

除 10M 之除頻器的 VHDL 編輯結果如圖 4.29 所示，其檔名為 div_10M_v，並產生代表除 10M 之除頻器電路的符號如圖 4.30 所示。

4.7.2 除 100 之除頻器設計

4.7.2.1 AHDL 編輯除 100 之除頻器

除 100 之除頻器的 AHDL 編輯結果如圖 4.31 所示，其檔名為 div_100_t，並產生代表除 100 之除頻器電路的符號如圖 4.32 所示。

4.7.2.2　VHDL 編輯除 100 之除頻器

除 100 之除頻器的 VHDL 編輯結果如圖 4.33 所示，其檔名為 div_100_v，並產生代表除 100 之除頻器電路的符號如圖 4.34 所示。

4.7.3　60 模計數器設計

4.7.3.1　AHDL 編輯 60 模計數器

60 模計數器的 AHDL 編輯結果如圖 4.56 所示，其檔名為 counter_60_seg_t，並產生代表 60 模計數器電路的符號如圖 4.57 所示。

```
counter_60_seg_t.tdf*
1  SUBDESIGN counter_60_seg_t
2  (  Clrn,Load,Ena,CLK,D0[3..0],D1[3..0] : INPUT;
3     Q0[3..0],Q1[3..0],Co          : OUTPUT;)
4  VARIABLE
5     counter0[3..0],counter1[3..0]          :  DFF;
6  BEGIN
7    counter0[].clk=Clk;  counter1[].clk=Clk;
8    counter0[].clrn=Clrn;  counter1[].clrn=Clrn;
9    IF Clrn==0 THEN
10     counter0[].d=0;  counter1[].d=0;
11   ELSIF Load==0 THEN
12     counter0[].d=D0[];  counter1[].d=D1[];
13   ELSIF Ena THEN
14       IF counter0[].q==9 THEN
15           counter0[].d=0;
16         IF counter1[].q==5 THEN
17           counter1[].d=0; Co=VCC;
18         ELSE counter1[].d=counter1[].q+1;
19         END IF;
20       ELSE counter0[].d=counter0[].q+1; counter1[].d=counter1[].q; Co=GND;
21       END IF;
22   ELSE counter0[].d=counter0[].q; counter1[].d=counter1[].q;
23   END IF;
24   Q0[]=counter0[].q;   Q1[]=counter1[].q;
25 END;
26
```

圖 4.56　AHDL 程式

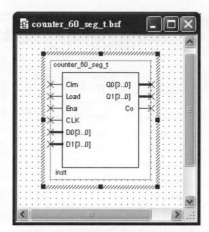

圖 4.57　60 模計數器電路符號

4.7.3.2　VHDL 編輯 60 模計數器

60 模計數器的 VHDL 編輯結果如圖 4.58 所示，其檔名為 counter_60_seg_v，並產生代表 60 模計數器電路的符號如圖 4.59 所示。

```vhdl
 1 LIBRARY ieee;
 2 USE ieee.std_logic_1164.all; USE ieee.std_logic_unsigned.all;
 3 ENTITY counter_60_seg_v IS
 4     PORT(Clrn,Load,Ena,Clk  : IN   STD_LOGIC;
 5          D0,D1              : IN   STD_LOGIC_VECTOR(3 downto 0);
 6          Q0,Q1              : OUT STD_LOGIC_VECTOR(3 downto 0);
 7          Co                 : OUT STD_LOGIC);
 8 END counter_60_seg_v;
 9 ARCHITECTURE arc OF counter_60_seg_v IS
10  BEGIN
11   PROCESS (Clk)
12     VARIABLE imper0,imper1 :STD_LOGIC_VECTOR(3 downto 0);
13   BEGIN
14     IF Clrn='0' THEN  imper1 := "0000"; imper0 := "0000";
15     ELSE IF (Clk'event AND Clk='1') THEN
16             IF Load='0' THEN   imper0 :=D0; imper1:=D1;
17             ELSIF Ena='1' THEN
18               IF imper0="1000" AND imper1="0101" THEN
19                 imper0:="1001";
20               ELSIF imper0<"1001"  THEN imper0 := imper0+1;
21               ELSE imper0:="0000";
22                   IF imper1<"0101" THEN imper1:= imper1+1;
23                   ELSE  imper1:="0000";
24                   END IF;
25               END IF;
26             END IF;
27          END IF;
28     END IF;
29     Co<=imper0(0)and imper0(3)and imper1(0)and imper1(2)and Ena;
30     Q0 <= imper0; Q1 <= imper1;
31   END PROCESS ;
32 END arc;
```

圖 4.58　VHDL 程式

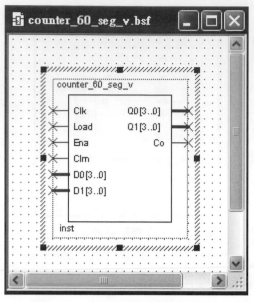

圖 4.59　60 模計數器電路符號

4.7.4　顯示電路器設計

顯示電路器的電路圖編輯結果如圖 4.39 或圖 4.40 所示，其檔名為 display_t 或 display_v，並產生代表顯示電路器電路的符號如圖 4.41 或圖 4.42 所示。

4.7.5　七段顯示解碼器

4.7.5.1　AHDL 七段顯示解碼器

七段顯示解碼器的 AHDL 編輯結果如圖 4.43 所示，其檔名為 seven_seg_9_t，並產生代表七段顯示解碼器電路的符號如圖 4.44 所示。

4.7.5.2　VHDL 編輯七段顯示解碼器

七段顯示解碼器的 VHDL 編輯結果如圖 4.45 所示，其檔名為 seven_seg_9_v，並產生代表七段顯示解碼器電路的符號如圖 4.46 所示。

4.7.6　電路圖編輯 60 模計數顯示電路

設計程序如下：

1. 開啓新檔：
   - 首先於 File 選單內，點選 New Project Wizard，並將出現 New Project Wizard 視窗。指定設計專案之名稱為 counter60_7seg_t(或 counter60_7seg_v)，其輸入步驟如圖 2.1 至圖 2.6。

2.
   - 設計者可點選"File"，並於下拉式選單中點選"New"，將出現 New 視窗。於 Design Files 標籤下，選定欲開啓的檔案格式如"Block Diagram/Schematic File"，並點選 OK 後，一個新的區塊/圖形編輯器視窗即展開。

3. 儲存檔案：
   - 設計者可點選"File"，並於下拉式選單中點選"Save As"，可出現另存新檔的對話視窗。設計者可於 File name 欄位填入欲儲存之檔名例如 counter60_7seg_t(或 counter60_7seg_v)，並勾選 Add file to current project 後，點選"存檔"即可。

4. 編輯視窗中建立邏輯電路設計：
   - 選定物件插入時的位置，在圖形編輯視窗畫面內適當的位置點一下。
   - 引入邏輯閘，選取視窗選單 Edit → Insert Symbol → 在 Libraries → Project 處，點選 div_10M_t(或 div_10M_v，除 10M 之除頻器)符號檔，按 OK。再選出 div_100_t (或 div_100_v ，除 100 之除頻器)、display_t(或 display_v ，顯示電路器)、counter_60_seg_t (或 counter_60_seg_v，60 模計數器)及 seven_seg_9_t(或 seven_seg_9_v ，七段顯示解碼器)符號檔。
   - 引入輸入及輸出接腳，選取視窗選單 Edit→Insert Symbol→在 c:/altera/80/quaturs /libraries/primitive/pin 處，點選三個 input 閘，及二個 output 閘。
   - 更改輸入及輸出接腳名稱，在'PIN_NAME'處按兩下，更改輸入接腳為 10MHz，輸出接腳為 scanout[5..0]與 sevena[6..0]。

- 連線，點選 ⌐ 按鈕，將 10MHz 連接到 div_10M_t(或 div_10M_v)及 div_100_t(或 div_100_v)符號檔的輸入端。點選 ⌐ 按鈕，將接腳 Q0[3..0]及 Q1[3..0]分別以匯流排連接至 d_ina1[3..0]及 d_ina2[3..0]符號檔的輸入端。點選 ⌐ 按鈕，將輸出接腳 scanout [5..0]與 sevena[6..0] 分別以匯流排連接至 display_t(或 display_v)及 seven_seg_9_t(或 seven_seg_9_v)符號檔的輸出端，如圖 4.60 或圖 4.61 所示。

5. 存檔並組譯，選取視窗選單 Processing → Compiler Tool → Start，即可進行組譯，產生 counter60_7seg_t.sof(或 counter60_7seg_v.sof)燒錄檔。

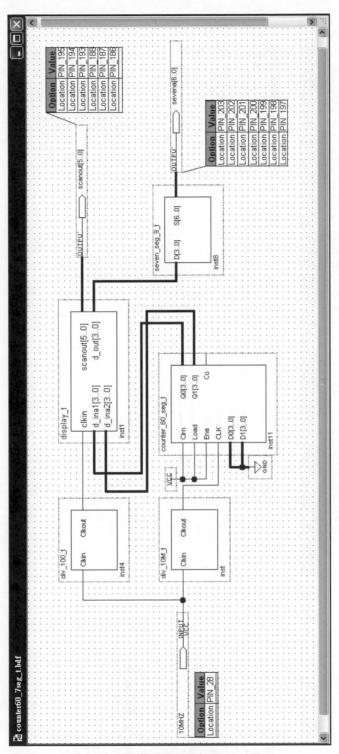

圖 4.60　60 模計數顯示電路(AHDL)

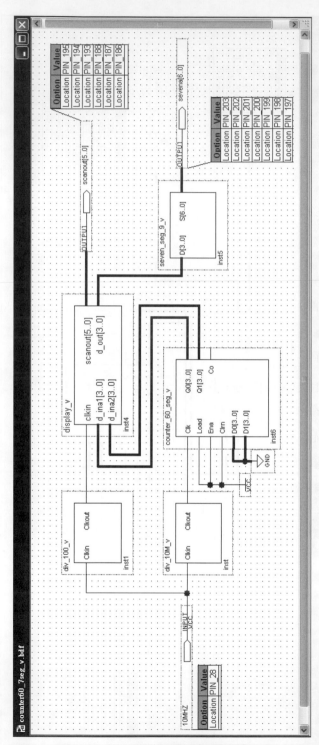

圖 4.61　60 模計數顯示電路(VHDL)

4.7.7　元件腳位指定

　　在執行編譯前，可參考表 4.4 之七段顯示器模組腳位宣告，進行腳位指定。首先可點選 "Assignments"，並於下拉式選單中點選 "Pins"，將出現 Assignment Editor 視窗。直接點選 Filter 欄位的 Pins:all 選項。即可於 Assignment Editor 視窗的最下面欄位之 Location 處輸入或指定接腳編號即可完成，如圖 4.49 及圖 4.50 所示。完成上述步驟，設計者即可執行編譯。

4.7.8　燒錄程式至 Cyclone FPGA 實驗器平台

1.　Cyclone FPGA 基板具有 AS Mode 以及 JTAG Mode 兩種燒錄模式。AS Mode 僅支援 Cyclone 系列元件，其目的是用來燒錄 EPROM 元件。而 JTAG Mode，則是將位元串資料載入 FPGA 晶片的一種方式。本實驗以 JTAG Mode 方式透過 ByteBlaster II 燒錄纜線分別連接至實驗器的 JTAG(10PIN)接頭及電腦並列埠，並將 JP1 及 JP2 設定為 JTAG Mode。

2.　在燒錄視窗加入燒錄檔案，選取 Add File，出現 Select Programming File 視窗，選擇 counter60_7seg_t.sof(或 counter60_7seg_v.sof)燒錄檔案，在 Mode 選項，選擇 JTAG Mode，在 Program/Configure 處打勾，再按 Start 鍵進行燒錄模擬，如圖 4.62 或圖 4.63 所示。

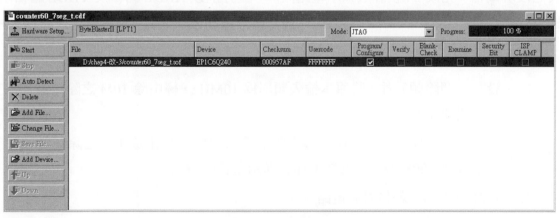

圖 4.62　燒錄模擬

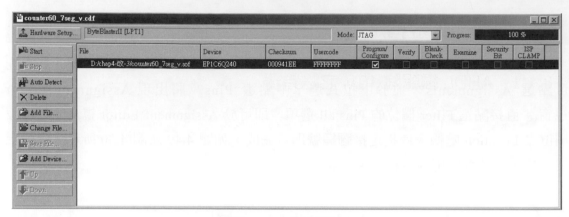

圖 4.63　燒錄模擬

4.8　24 模計數顯示電路設計

本範例應用除頻器、計數器、顯示電路器及七段解碼器來完成 24 模計數顯示電路設計。其中顯示電路器，因本實驗以華亨數位實驗器 Cyclone FPGA 為實驗器平台，其七段顯示控制模組電路及接腳分別如圖 4.26 及表 4.4 所示，所以需以顯示電路器來讓六個七段顯示器以較高頻率依序顯示。由於本範例使用 10MHz 石英振盪器產生 10MHz 時脈波，所以應用本章所介紹除 10MHz 除頻器、100Hz 除頻器、24 模計數器及七段解碼器，完成 24 模計數顯示電路設計。並分別以 AHDL 編輯及 VHDL 編輯兩種方式設計各小程式，各別產生符號檔，再以圖形編輯完成設計，最後燒錄在晶片上。

● 設計步驟如下：

1. 設計一個除頻元件，將原本輸入頻率為 10MHz，經由除 10M 之除頻器，使頻率變成 1Hz。

2. 設計一個除頻元件，將原本輸入頻率為 10MHz，經由除 100 之除頻器，使頻率變成 100KHz，降低頻率作為顯示電路的輸入頻率。

3. 設計一個"24 模計數器"電路。

4. 設計一個顯示電路器，來讓六個七段顯示器以較高頻率依序顯示及個位與十位數的個別輸出。

5. 設計一個"七段解碼器"電路，使輸出信號可在七段顯示器顯示出來。

4.8.1　除 10M 之除頻器設計

4.8.1.1　AHDL 編輯除 10M 之除頻器

除 10M 之除頻器的 AHDL 編輯結果如圖 4.27 所示，其檔名為 div_10M_t，並產生代表除 10M 之除頻器電路的符號如圖 4.28 所示。

4.8.1.2　VHDL 編輯除 10M 之除頻器

除 10M 之除頻器的 VHDL 編輯結果如圖 4.29 所示，其檔名為 div_10M_v，並產生代表除 10M 之除頻器電路的符號如圖 4.30 所示。

4.8.2　除 100 之除頻器設計

4.8.2.1　AHDL 編輯除 100 之除頻器

除 100 之除頻器的 AHDL 編輯結果如圖 4.31 所示，其檔名為 div_100_t，並產生代表除 100 之除頻器電路的符號如圖 4.32 所示。

4.8.2.2　VHDL 編輯除 100 之除頻器

除 100 之除頻器的 VHDL 編輯結果如圖 4.33 所示，其檔名為 div_100_v，並產生代表除 100 之除頻器電路的符號如圖 4.34 所示。

4.8.3　24 模計數器設計

4.8.3.1　AHDL 編輯 24 模計數器

24 模計數器的 AHDL 編輯結果如圖 4.64 所示，其檔名為 counter_24_seg_t，並產生代表 24 模計數器電路的符號如圖 4.65 所示。

```
Ebc counter_24_seg_t.tdf*
1  SUBDESIGN counter_24_seg_t
2  (   Clrn,Load,Ena,Clk,D0[3..0],D1[3..0] : INPUT;
3      Q0[3..0],Q1[3..0]           : OUTPUT;)
4  VARIABLE
5      counter0[3..0],counter1[3..0]              : DFF;
6  BEGIN
7    counter0[].clk=Clk;   counter1[].clk=Clk;
8    counter0[].clrn=Clrn;  counter1[].clrn=Clrn;
9    IF Clrn==0 THEN counter0[].d=0;  counter1[].d=0;
10   ELSIF Load==0 THEN   counter0[].d=D0[];  counter1[].d=D1[];
11   ELSIF Ena THEN
12       IF counter0[].q==9 THEN
13          counter0[].d=0;   counter1[].d=counter1[].q+1;
14       ELSIF (counter1[].q==2)&(counter0[].q==3) THEN
15             counter0[].d=0;  counter1[].d=0;
16       ELSE
17       counter0[].d=counter0[].q+1; counter1[].d=counter1[].q;
18       END IF;
19   ELSE
20     counter0[].d=counter0[].q; counter1[].d=counter1[].q;
21   END IF;
22   Q0[]=counter0[].q; Q1[]=counter1[].q;
23 END;
24
25
26
27
```

圖 4.64　AHDL 程式

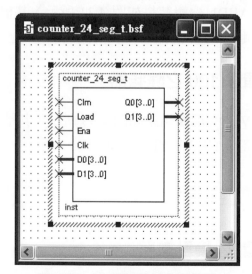

圖 4.65　24 模計數器電路符號

4.8.3.2　VHDL 編輯 24 模計數器

24 模計數器的 VHDL 編輯結果如圖 4.66 所示，其檔名為 counter_24_seg_v，並產生代表 24 模計數器電路的符號如圖 4.67 所示。

```vhdl
 1 LIBRARY ieee;
 2 USE ieee.std_logic_1164.all;
 3 USE ieee.std_logic_unsigned.all;
 4 ENTITY counter_24_seg_v IS
 5     PORT(Clrn,Load,Ena,Clk  : IN   STD_LOGIC;
 6          D0,D1              : IN   STD_LOGIC_VECTOR(3 downto 0);
 7          Q0,Q1              : OUT STD_LOGIC_VECTOR(3 downto 0) );
 8 END counter_24_seg_v;
 9 ARCHITECTURE arc OF counter_24_seg_v IS
10  BEGIN
11   PROCESS (Clk)
12      VARIABLE imper0 :STD_LOGIC_VECTOR(3 downto 0);
13      VARIABLE imper1 :STD_LOGIC_VECTOR(3 downto 0);
14   BEGIN
15     IF Clrn='0' THEN  imper1 := "0000"; imper0 := "0000";
16     ELSE IF (Clk'event AND Clk='1') THEN
17             IF Load='0' THEN imper0 :=D0; imper1 :=D1;
18             ELSIF Ena='1' THEN
19                IF (imper1="0010" AND imper0="0011")THEN
20                   imper1 :="0000"; imper0 :="0000";
21                ELSIF imper0 < "1001" THEN imper0 := imper0+1;
22                ELSE  imper0 :="0000"; imper1 := imper1+1;
23                END IF;
24             END IF;
25          END IF;
26     END IF;
27        Q0 <= imper0; Q1 <= imper1;
28     END PROCESS ;
29 END arc;
30
```

圖 4.66　VHDL 程式

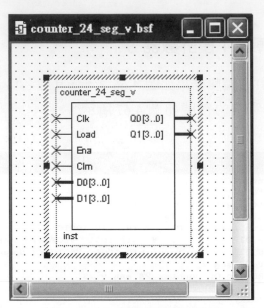

圖 4.67　24 模計數器電路符號

4.8.4　顯示電路器設計

顯示電路器的電路圖編輯結果如圖 4.39 或圖 4.40 所示，其檔名為 display_t 或 display_v，並產生代表顯示電路器電路的符號如圖 4.41 或圖 4.42 所示。

4.8.5　七段顯示解碼器

4.8.5.1　AHDL 七段顯示解碼器

七段顯示解碼器的 AHDL 編輯結果如圖 4.43 所示，其檔名為 seven_seg_9_t，並產生代表七段顯示解碼器電路的符號如圖 4.44 所示。

4.8.5.2　VHDL 編輯七段顯示解碼器

七段顯示解碼器的 VHDL 編輯結果如圖 4.45 所示，其檔名為 seven_seg_9_v，並產生代表七段顯示解碼器電路的符號如圖 4.46 所示。

4.8.6　電路圖編輯 24 模計數顯示電路

設計程序如下：

1. 開啓新檔：

- 首先於 File 選單內，點選 New Project Wizard，並將出現 New Project Wizard 視窗。指定設計專案之名稱爲 counter24_7seg_t(或 counter24_7seg_v)，其輸入步驟如圖 2.1 至圖 2.6。

2.

- 設計者可點選"File"，並於下拉式選單中點選"New"，將出現 New 視窗。於 Design Files 標籤下，選定欲開啓的檔案格式如"Block Diagram/Schematic File"，並點選 OK 後，一個新的區塊/圖形編輯器視窗即展開。

3. 儲存檔案：

- 設計者可點選"File"，並於下拉式選單中點選"Save As"，可出現另存新檔的對話視窗。設計者可於 File name 欄位填入欲儲存之檔名例如 counter24_7seg_t(或 counter24_7seg_v)，並勾選 Add file to current project 後，點選"存檔"即可。

4. 編輯視窗中建立邏輯電路設計：

- 選定物件插入時的位置，在圖形編輯視窗畫面內適當的位置點一下。
- 引入邏輯閘，選取視窗選單 Edit → Insert Symbol → 在 Libraries → Project 處，點選 div_10M_t(或 div_10M_v，除 10M 之除頻器)符號檔，按 OK。再選出 div_100_t (或 div_100_v，除 100 之除頻器)、display_t(或 display_v，顯示電路器)、counter_24_seg_t (或 counter_24_seg_v，24 模計數器)及 seven_seg_9_t(或 seven_seg_9_v，七段顯示解碼器)符號檔。
- 引入輸入及輸出接腳，選取視窗選單 Edit → Insert Symbol → 在 c:/altera/80/quaturs/libraries/primitive/pin 處，點選三個 input 閘，及二個 output 閘。
- 更改輸入及輸出接腳名稱，在'PIN_NAME'處按兩下，更改輸入接腳爲 10MHz，輸出接腳爲 scanout[5..0]與 sevena[6..0]。

- 連線，點選 `⌐` 按鈕，將 10MHz 連接到 div_10M_t(或 div_10M_v)及 div_100_t(或 div_100_v)符號檔的輸入端。點選 `⌐` 按鈕，將接腳 Q0[3..0]及 Q1[3..0]分別以 匯流排連接至 d_ina1[3..0]及 d_ina2[3..0]符號檔的輸入端。點選 `⌐` 按鈕，將輸 出接腳 scanout [5..0]與 sevena[6..0] 分別以匯流排連接至 display_t(或 display_v) 及 seven_seg_9_t(或 seven_seg_9_v)符號檔的輸出端，如圖 4.68 或圖 4.69 所示。

5. 存檔並組譯，選取視窗選單 Processing → Compiler Tool → Start，即可進行 組譯，產生 counter24_7seg_t.sof(或 counter24_7seg_v.sof)燒錄檔。

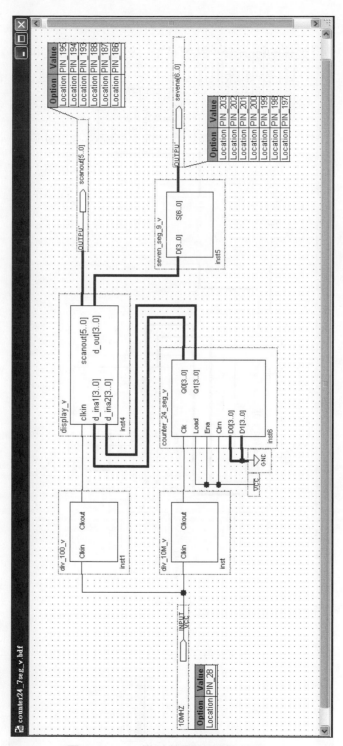

圖 4.68　24 模計數顯示電路(AHDL)

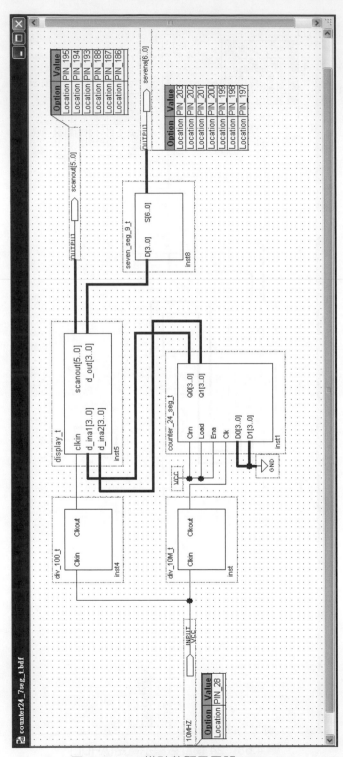

圖 4.69　24 模計數顯示電路(VHDL)

4.8.7　元件腳位指定

　　在執行編譯前，可參考表 4.4 之七段顯示器模組腳位宣告，進行腳位指定。首先可點選"Assignments"，並於下拉式選單中點選"Pins"，將出現 Assignment Editor 視窗。直接點選 Filter 欄位的 Pins:all 選項。即可於 Assignment Editor 視窗的最下面欄位之 Location 處輸入或指定接腳編號即可完成，如圖 4.49 及圖 4.50 所示。完成上述步驟，設計者即可執行編譯。

4.8.8　燒錄程式至 Cyclone FPGA 實驗器平台

1.　Cyclone FPGA 基板具有 AS Mode 以及 JTAG Mode 兩種燒錄模式。AS Mode 僅支援 Cyclone 系列元件，其目的是用來燒錄 EPROM 元件。而 JTAG Mode，則是將位元串資料載入 FPGA 晶片的一種方式。本實驗以 JTAG Mode 方式透過 ByteBlaster II 燒錄纜線分別連接至實驗器的 JTAG(10PIN)接頭及電腦並列埠，並將 JP1 及 JP2 設定為 JTAG Mode。

2.　在燒錄視窗加入燒錄檔案，選取 Add File，出現 Select Programming File 視窗，選擇 counter24_7seg_t.sof(或 counter24_7seg_v.sof)燒錄檔案，在 Mode 選項，選擇 JTAG Mode，在 Program/Configure 處打勾，再按 Start 鍵進行燒錄模擬，如圖 4.70 或圖 4.71 所示。

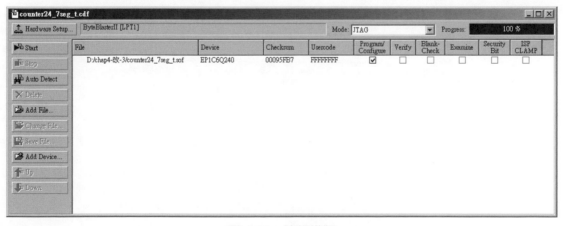

圖 4.70　燒錄模擬

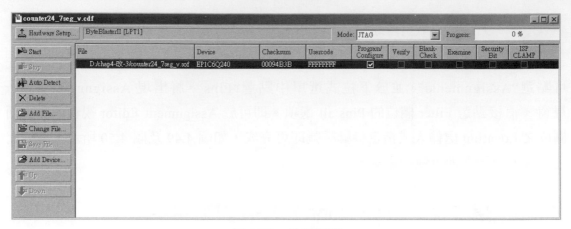

圖 4.71　燒錄模擬

綜合練習設計

本章應用先前介紹之除頻器、多工器、七段解碼器、計數器及狀態機來完成電子鐘及跑馬燈電路設計。並於跑馬燈電路設計實例中，使用 Altera UP1 教學實驗板來作燒錄工作，實現以 LED 完成跑馬燈電路設計。

5.1　兩位數之電子鐘設計

由於本範例使用 10MHz 石英振盪器產生 10MHz 時脈波，所以應用先前介紹除 10MHz 除頻器、1 對多或多對 1 多工器、60 模計數器、24 模計數器及七段解碼器，完成電子鐘設計。並分別以 AHDL 編輯及 VHDL 編輯兩種方式設計各小程式，各別產生符號檔，再以圖形編輯完成設計。本節主要設計兩位數之電子鐘顯示器，並能用開關(SW)調整其顯示數據。其

● 設計功能如下：

1. MAX_SW1，bit3：電子鐘及調整電子鐘狀態。

2. MAX_SW1，bit2~bit0：控制時、分、秒。

　　　　　001：顯示"秒"的狀態。

　　　　　010：顯示"分"的狀態。

　　　　　100：顯示"時"的狀態。

● 設計步驟如下：

1. 設計一個除頻元件，將原本輸入頻率為 10MHz，經由除 10M 之除頻器， 使頻率變成 1Hz。

2. 設計一個 6 對 2 多工器，來做秒、分、時三種顯示的選擇。

3. 設計一個 4 對 1 多工器，來做電子鐘正常運轉、或是可調整電子鐘時間的改變。

4. 設計一個"六十模計數器"電路，使輸入 60 次（秒＆分）時，會在輸出出現一進位脈波，已達成 60 秒（分）的進位模式。

5. 設計一個"二十四模計數器"電路。

6. 設計一個"七段解碼器"電路，使輸出信號可在七段顯示器顯示出來。

7. 設計一個"除彈跳器"電路，來消除按鍵機械開關彈跳問題，而避免機械彈跳造成誤動作（按鍵 ON/OFF 好多次）。

5.1.1 除 10M 之除頻器設計

在第四章已介紹除 10M 之除頻器，其 AHDL 及 VHDL 編輯如下：

5.1.1.1 AHDL 編輯除 10M 之除頻器

除 10M 之除頻器的 AHDL 編輯結果如圖 5.1 所示，其檔名為 div_10M_t，並產生代表除 10M 之除頻器電路的符號如圖 5.2 所示。

```
1  SUBDESIGN div_10M_t
2  (
3      Clkin           : INPUT ;
4      Clkout          : OUTPUT;
5  )
6  VARIABLE
7      counter[23..0]      : DFF;
8      divout              : DFF;
9  BEGIN
10     divout.clk=Clkin;
11     counter[].clk=Clkin;
12     divout.d=(counter[].q==0);
13     IF (counter[].q==9999999) THEN
14         counter[].d=0;
15     ELSE
16         divout.d=!(counter[].q>=4999999);
17         counter[].d=counter[].q+1;
18     END IF ;
19     Clkout=divout;
20  END;
```

圖 5.1　AHDL 程式

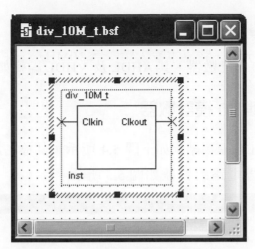

圖 5.2　除 10M 之除頻器電路符號

5.1.1.2　VHDL 編輯除 10M 之除頻器

除 10M 之除頻器的 VHDL 編輯結果如圖 5.3 所示，其檔名為 div_10M_v。

```vhdl
 1 LIBRARY ieee;
 2 USE ieee.std_logic_1164.all;
 3 USE ieee.std_logic_unsigned.all;
 4 ENTITY div_10M_v IS
 5     PORT(Clkin  : IN  STD_LOGIC;
 6          Clkout : OUT  STD_LOGIC
 7          );
 8 END div_10M_v;
 9 ARCHITECTURE arc OF div_10M_v IS
10 signal imper : STD_LOGIC;
11  BEGIN
12   PROCESS (Clkin)
13     VARIABLE counter : integer range 0 to 9999999;
14   BEGIN
15    IF (Clkin'event AND Clkin='1') THEN
16      IF counter < 4999999 THEN counter := counter+1;
17      ELSE  counter :=0; imper <= not imper;
18      END IF;
19    END IF;
20      Clkout <= imper;
21    END PROCESS ;
22 END arc;
23
24
25
```

圖 5.3　VHDL 程式

5.1.2　60 模計數器設計

在第四章已介紹 60 模計數器，其 AHDL 及 VHDL 編輯如下：

5.1.2.1　AHDL 編輯 60 模計數器

60 模計數器的 AHDL 編輯結果如下圖 5.4 所示，其檔名為 counter_60_seg_t，並產生代表 60 模計數器電路的符號如圖 5.5 所示。

```
counter_60_seg_t.tdf*
  1  SUBDESIGN counter_60_seg_t
  2  (  Clrn,Load,Ena,CLK,D0[3..0],D1[3..0] : INPUT;
  3     Q0[3..0],Q1[3..0],Co           : OUTPUT;)
  4  VARIABLE
  5     counter0[3..0],counter1[3..0]          : DFF;
  6  BEGIN
  7    counter0[].clk=Clk;  counter1[].clk=Clk;
  8    counter0[].clrn=Clrn;  counter1[].clrn=Clrn;
  9   IF Clrn==0 THEN
 10       counter0[].d=0;  counter1[].d=0;
 11   ELSIF Load==0 THEN
 12       counter0[].d=D0[];  counter1[].d=D1[];
 13   ELSIF Ena THEN
 14        IF counter0[].q==9 THEN
 15             counter0[].d=0;
 16          IF counter1[].q==5 THEN
 17             counter1[].d=0; Co=VCC;
 18          ELSE counter1[].d=counter1[].q+1;
 19          END IF;
 20        ELSE counter0[].d=counter0[].q+1; counter1[].d=counter1[].q; Co=GND;
 21        END IF;
 22   ELSE counter0[].d=counter0[].q; counter1[].d=counter1[].q;
 23   END IF;
 24    Q0[]=counter0[].q;   Q1[]=counter1[].q;
 25  END;
 26
```

圖 5.4　AHDL 程式

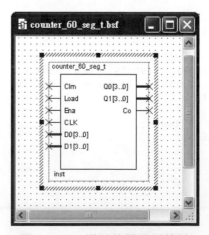

圖 5.5　60 模計數器電路符號

5.1.2.2　VHDL 編輯 60 模計數器

60 模計數器的 VHDL 編輯結果如下圖 5.6 所示，其檔名為 counter_60_seg_v。

```
abc counter_60_seg_v.vhd                                          _ □ X
 1 LIBRARY ieee;
 2 USE ieee.std_logic_1164.all; USE ieee.std_logic_unsigned.all;
 3 ENTITY counter_60_seg_v IS
 4     PORT(Clrn,Load,Ena,Clk  : IN   STD_LOGIC;
 5          D0,D1              : IN   STD_LOGIC_VECTOR(3 downto 0);
 6          Q0,Q1              : OUT STD_LOGIC_VECTOR(3 downto 0);
 7          Co                 : OUT STD_LOGIC);
 8 END counter_60_seg_v;
 9 ARCHITECTURE arc OF counter_60_seg_v IS
10   BEGIN
11    PROCESS (Clk)
12       VARIABLE imper0,imper1 :STD_LOGIC_VECTOR(3 downto 0);
13    BEGIN
14      IF Clrn='0' THEN   imper1 := "0000"; imper0 := "0000";
15      ELSE IF (Clk'event AND Clk='1') THEN
16              IF Load='0' THEN    imper0 :=D0; imper1:=D1;
17              ELSIF Ena='1' THEN
18                  IF imper0="1000" AND imper1="0101" THEN
19                     imper0:="1001";
20                  ELSIF imper0<"1001"  THEN imper0 := imper0+1;
21                  ELSE imper0:="0000";
22                     IF imper1<"0101" THEN imper1:= imper1+1;
23                     ELSE  imper1:="0000";
24                     END IF;
25                  END IF;
26              END IF;
27          END IF;
28      END IF;
29      Co<=imper0(0)and imper0(3)and imper1(0)and imper1(2)and Ena;
30      Q0 <= imper0; Q1 <= imper1;
31    END PROCESS ;
32 END arc;
```

圖 5.6　VHDL 程式

5.1.3　24 模計數器設計

在第四章已介紹 24 模計數器，其 AHDL 及 VHDL 編輯如下：

5.1.3.1　AHDL 編輯 24 模計數器

24 模計數器的 AHDL 編輯結果如圖 5.7 所示，其檔名為 counter_24_seg_t，並產生代表 24 模計數器電路的符號如圖 5.8 所示。

```
counter_24_seg_t.tdf*
1  SUBDESIGN counter_24_seg_t
2  (   Clrn,Load,Ena,Clk,D0[3..0],D1[3..0] : INPUT;
3      Q0[3..0],Q1[3..0]            : OUTPUT;)
4  VARIABLE
5      counter0[3..0],counter1[3..0]          : DFF;
6  BEGIN
7    counter0[].clk=Clk;  counter1[].clk=Clk;
8    counter0[].clrn=Clrn;  counter1[].clrn=Clrn;
9    IF Clrn==0 THEN counter0[].d=0;  counter1[].d=0;
10   ELSIF Load==0 THEN  counter0[].d=D0[];  counter1[].d=D1[];
11   ELSIF Ena THEN
12       IF counter0[].q==9 THEN
13          counter0[].d=0;  counter1[].d=counter1[].q+1;
14       ELSIF (counter1[].q==2)&(counter0[].q==3) THEN
15             counter0[].d=0;  counter1[].d=0;
16       ELSE
17       counter0[].d=counter0[].q+1; counter1[].d=counter1[].q;
18       END IF;
19   ELSE
20     counter0[].d=counter0[].q; counter1[].d=counter1[].q;
21   END IF;
22   Q0[]=counter0[].q; Q1[]=counter1[].q;
23 END;
24
25
26
27
```

圖 5.7　AHDL 程式

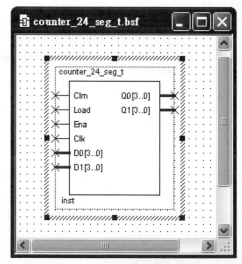

圖 5.8　24 模計數器電路符號

5.1.3.2　VHDL 編輯 24 模計數器

24 模計數器的 VHDL 編輯結果如下圖 5.9 所示，其檔名為 counter_24_seg_v。

```
counter_24_seg_v.vhd
1  LIBRARY ieee;
2  USE ieee.std_logic_1164.all;
3  USE ieee.std_logic_unsigned.all;
4  ENTITY counter_24_seg_v IS
5      PORT(Clrn,Load,Ena,Clk  : IN   STD_LOGIC;
6           D0,D1              : IN   STD_LOGIC_VECTOR(3 downto 0);
7           Q0,Q1              : OUT STD_LOGIC_VECTOR(3 downto 0) );
8  END counter_24_seg_v;
9  ARCHITECTURE arc OF counter_24_seg_v IS
10  BEGIN
11   PROCESS (Clk)
12      VARIABLE imper0 :STD_LOGIC_VECTOR(3 downto 0);
13      VARIABLE imper1 :STD_LOGIC_VECTOR(3 downto 0);
14   BEGIN
15     IF Clrn='0' THEN  imper1 := "0000"; imper0 := "0000";
16     ELSE IF (Clk'event AND Clk='1') THEN
17             IF Load='0' THEN imper0 :=D0; imper1 :=D1;
18             ELSIF Ena='1' THEN
19                 IF (imper1="0010" AND imper0="0011")THEN
20                     imper1 :="0000"; imper0 :="0000";
21                 ELSIF imper0 < "1001" THEN imper0 := imper0+1;
22                 ELSE  imper0 :="0000"; imper1 := imper1+1;
23                 END IF;
24             END IF;
25         END IF;
26     END IF;
27       Q0 <= imper0; Q1 <= imper1;
28     END PROCESS ;
29  END arc;
30
```

圖 5.9　VHDL 程式

5.1.4　4 對 1 多工器

由於本節設計之電子鐘具有調整秒鐘、分鐘及小時功能，所以需設計一個 4 對 1 多工器，來做電子鐘正常運轉或是可調整電子鐘時間的改變。本多工器是將 4 個輸入信號選擇其中一個傳送到輸出端的電路，而那一個輸入信號被傳送到輸出端，是由 4 個選擇控制信號(sel[3..0])來決定。4 對 1 多工器有 4 條控制線(sel[3..0])，4 條資料線 (d_clock、d_in 及 frq[1..0])，1 條資料輸出匯流排線(d_out[3..0])。

5.1.4.1　AHDL 編輯 4 對 1 多工器

4 對 1 多工器的 AHDL 編輯結果如圖 5.10 所示，其檔名為 muxsel_t，並產生代表 4 對 1 多工器電路的符號如圖 5.11 所示。

```
1  SUBDESIGN muxsel_t
2  (
3      d_clock,d_in,frq[1..0],sel[3..0]        : INPUT ;
4      d_out[2..0]                             : OUTPUT;
5  )
6  BEGIN
7      case sel[] is
8          when b"1001"=>d_out[0]=d_in;d_out[1]=frq[0];d_out[2]=frq[1];
9          when b"1010"=>d_out[1]=d_in;d_out[2]=frq[1];
10         when b"1100"=>d_out[2]=d_in;
11         when others=>d_out[0]=d_clock;d_out[1]=frq[0];d_out[2]=frq[1];
12     end case;
13 END;
14
```

圖 5.10　AHDL 程式

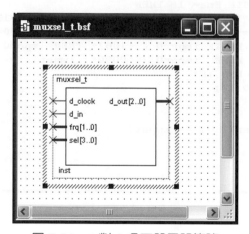

圖 5.11　4 對 1 多工器電路符號

5.1.4.2　VHDL 編輯 4 對 1 多工器

4 對 1 多工器的 VHDL 編輯結果如圖 5.12 所示，其檔名為 muxsel_v。

```
1  LIBRARY IEEE;
2  USE IEEE.STD_LOGIC_1164.ALL;
3  ENTITY muxsel_v IS
4      port
5      (
6          d_clock,d_in :  IN  STD_LOGIC;
7          frq :  IN  STD_LOGIC_VECTOR(1 downto 0);
8          sel :  IN  STD_LOGIC_VECTOR(3 downto 0);
9          d_out :  OUT  STD_LOGIC_VECTOR(2 downto 0)
10         );
11 END muxsel_v;
12 ARCHITECTURE a OF muxsel_v IS
13 BEGIN
14   PROCESS(sel)
15   BEGIN
16     CASE sel IS
17       WHEN "1001" => d_out(0)<=d_in;d_out(1)<=frq(0);d_out(2)<=frq(1);
18       WHEN "1010" => d_out(1)<=d_in;d_out(2)<=frq(1);
19       WHEN "1100" => d_out(2)<=d_in;
20       WHEN OTHERS => d_out(0)<=d_clock;d_out(1)<=frq(0);d_out(2)<=frq(1);
21     END CASE;
22   END PROCESS;
23 END a;
24
```

圖 5.12　VHDL 程式

5.1.5　6 對 2 多工器

由於本節設計之電子鐘顯示器只使用 2 個七段顯示器來顯示秒鐘、分鐘或小時的個位數及十位數，所以需設計一個 6 對 2 多工器，來做秒鐘、分鐘或小時三種狀態顯示的選擇。本多工器是將 6 個輸入信號選擇其中 2 個傳送到輸出端的電路，而那 2 個輸入信號被傳送到輸出端，是由 3 個選擇控制信號(sel[2..0])來決定。6 對 2 多工器有 3 條控制線(sel[2..0])，6 條資料匯流排線(d_in_a1[3..0](秒鐘個位數)、d_in_a2[3..0] (秒鐘十位數)、d_in_b1[3..0] (分鐘個位數)、d_in_b2[3..0] (分鐘十位數)、d_in_c1[3..0] (小時個位數)及 d_in_c2[3..0] (小時十位數))，2 條輸出資料匯流排線(d_out_qa[3..0](個位數七段顯示器)) 及(d_out_qb [3..0] (十位數七段顯示器))。

5.1.5.1　AHDL 編輯 6 對 2 多工器

6 對 2 多工器的 AHDL 編輯結果如圖 5.13 所示，其檔名為 muxsel6_2_t，並產生代表 6 對 2 多工器電路的符號如圖 5.14 所示。

```
abc muxsel6_2_t.tdf*
 1  SUBDESIGN muxsel6_2_t
 2  (
 3      d_in_a1[3..0],d_in_a2[3..0]          : INPUT ;
 4      d_in_b1[3..0],d_in_b2[3..0]          : INPUT ;
 5      d_in_c1[3..0],d_in_c2[3..0]          : INPUT ;
 6      sel[2..0]                            : INPUT ;
 7      d_out_qa[3..0],d_out_qb[3..0]        : OUTPUT;
 8  )
 9  BEGIN
10      case sel[] is
11          when b"001"=>d_out_qa[]=d_in_a1[];d_out_qb[]=d_in_a2[];
12          when b"010"=>d_out_qa[]=d_in_b1[];d_out_qb[]=d_in_b2[];
13          when b"100"=>d_out_qa[]=d_in_c1[];d_out_qb[]=d_in_c2[];
14          when others=>d_out_qa[]=b"0000";d_out_qb[]=b"0000";
15      end case;
16  END;
17
18
```

圖 5.13　AHDL 程式

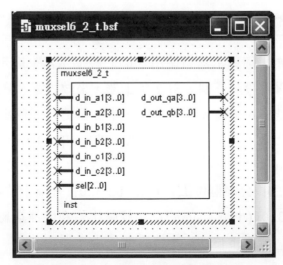

圖 5.14　6 對 2 多工器電路符號

5.1.5.2　VHDL 編輯 6 對 2 多工器

6 對 2 多工器的 VHDL 編輯結果如圖 5.15 所示，其檔名為 muxsel6_2_v。

```
muxsel6_2_v.vhd*
 1 LIBRARY IEEE;
 2 USE IEEE.STD_LOGIC_1164.ALL;
 3 ENTITY muxsel6_2_v IS
 4    port
 5    (
 6        d_in_a1,d_in_b1,d_in_c1 :  IN STD_LOGIC_VECTOR(3 downto 0);
 7        d_in_a0,d_in_b0,d_in_c0 :  IN STD_LOGIC_VECTOR(3 downto 0);
 8        sel      :  IN STD_LOGIC_VECTOR(2 downto 0);
 9        d_out_qa :  OUT STD_LOGIC_VECTOR(3 downto 0);
10        d_out_qb :  OUT STD_LOGIC_VECTOR(3 downto 0)
11           );
12 END muxsel6_2_v;
13 ARCHITECTURE a OF muxsel6_2_v IS
14 BEGIN
15  PROCESS(sel)
16  BEGIN
17    CASE sel IS
18      WHEN "001" => d_out_qa<=d_in_a1;d_out_qb<=d_in_a0;
19      WHEN "010" => d_out_qa<=d_in_b1;d_out_qb<=d_in_b0;
20      WHEN "100" => d_out_qa<=d_in_c1;d_out_qb<=d_in_c0;
21      WHEN OTHERS => d_out_qa<="0000";d_out_qb<="0000";
22    END CASE;
23  END PROCESS;
24 END a;
```

圖 5.15　VHDL 程式

5.1.6　消除開關機械彈跳器

由於本節設計之電子鐘具有調整秒鐘、分鐘及小時功能，所以在調整秒鐘、分鐘及小時時，需設計一個消除開關機械彈跳器，使調整電子鐘時不會發生數字亂跳的現象。消除開關機械彈跳器有 2 條輸入線 CLK 及 PB，1 條輸出線 PULSE。

5.1.6.1　AHDL 編輯消除開關機械彈跳器

消除開關機械彈跳器的 AHDL 編輯結果如圖 5.16 所示，其檔名為 debounce_t，並產生代表消除開關機械彈跳器電路的符號如圖 5.17 所示。

```
1  SUBDESIGN debounce_t
2  (
3      CLK,PB              : INPUT ;
4      PULSE               : OUTPUT;
5  )
6  VARIABLE
7      COUNT[7..0]         :DFF;
8  BEGIN
9      COUNT[].CLK=CLK;
10     COUNT[].PRN=PB;
11     COUNT[]=COUNT[]-1;
12     IF COUNT[]==1 THEN
13         COUNT[]=COUNT[];
14     END IF;
15     PULSE=COUNT[]==1;
16 END ;
17
```

圖 5.16　AHDL 程式

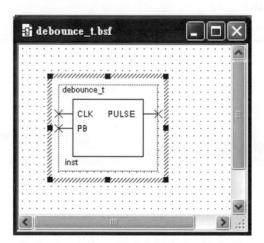

圖 5.17　消除開關機械彈跳器電路符號

5.1.6.2　VHDL 編輯消除開關機械彈跳器

消除開關機械彈跳器的 VHDL 編輯結果如圖 5.18 所示，其檔名為 debounce_v。

```
abc debounce_v.vhd
 1  LIBRARY ieee;
 2  USE ieee.std_logic_1164.all;
 3  USE ieee.std_logic_unsigned.all;
 4  ENTITY debounce_v IS
 5      PORT(CLK,PB : IN  STD_LOGIC;
 6           PULSE  : OUT  STD_LOGIC
 7          );
 8  END debounce_v;
 9  ARCHITECTURE arc OF debounce_v IS
10   SIGNAL imper : STD_LOGIC;
11   BEGIN
12    PROCESS (CLK)
13      VARIABLE counter : integer range 0 to 49;
14    BEGIN
15     IF (CLK'event AND CLK='1') THEN
16        IF counter = "1" and (PB = '1') THEN imper <= '1';
17        ELSE counter := counter-1; imper <= '0';
18        END IF;
19     END IF;
20       PULSE <= imper;
21    END PROCESS ;
22  END arc;
23
```

圖 5.18　VHDL 程式

5.1.7　七段顯示解碼器

5.1.7.1　AHDL 七段顯示解碼器

七段顯示解碼器的 AHDL 編輯結果如圖 5.19 所示，其檔名為 seven_seg_9_t，
並產生代表七段顯示解碼器電路的符號如圖 5.20 所示。

```
abc seven_seg_9_t.tdf                                           _ □ ×
1   SUBDESIGN seven_seg_9_t
2   (
3       D[3..0]      : INPUT;
4       S[6..0]      : OUTPUT;
5   )
6   BEGIN
7   %   g, f, e, d, c, b, a   %
8   % = S6,S5,S4,S3,S2,S1,S0 %
9    TABLE
10      D3,D2,D1,D0 =>   S6,S5,S4,S3,S2,S1,S0;
11      0, 0, 0, 0  =>   1, 0, 0, 0, 0, 0, 0;   % 0 %
12      0, 0, 0, 1  =>   1, 1, 1, 1, 0, 0, 1;   % 1 %
13      0, 0, 1, 0  =>   0, 1, 0, 0, 1, 0, 0;   % 2 %
14      0, 0, 1, 1  =>   0, 1, 1, 0, 0, 0, 0;   % 3 %
15      0, 1, 0, 0  =>   0, 0, 1, 1, 0, 0, 1;   % 4 %
16      0, 1, 0, 1  =>   0, 0, 1, 0, 0, 1, 0;   % 5 %
17      0, 1, 1, 0  =>   0, 0, 0, 0, 0, 1, 0;   % 6 %
18      0, 1, 1, 1  =>   1, 1, 1, 1, 0, 0, 0;   % 7 %
19      1, 0, 0, 0  =>   0, 0, 0, 0, 0, 0, 0;   % 8 %
20      1, 0, 0, 1  =>   0, 0, 1, 0, 0, 0, 0;   % 9 %
21   END TABLE;
22   END;
23
```

圖 5.19　AHDL 程式

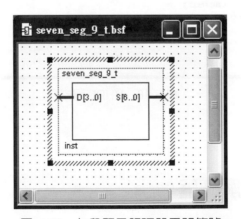

圖 5.20　七段顯示解碼器電路符號

5.1.7.2　VHDL 編輯七段顯示解碼器

七段顯示解碼器的 VHDL 編輯結果如圖 5.21 所示，其檔名為 seven_seg_9_v。

```
 1 LIBRARY IEEE; USE IEEE.STD_LOGIC_1164.ALL;
 2 ENTITY seven_seg_9_v IS
 3     PORT(D  : IN    STD_LOGIC_VECTOR(3 DOWNTO 0);
 4          S  : OUT   STD_LOGIC_VECTOR(6 DOWNTO 0) );
 5 END seven_seg_9_v ;
 6 ARCHITECTURE arc OF seven_seg_9_v IS
 7 BEGIN
 8   PROCESS(D)
 9     BEGIN
10       CASE D IS
11
12     WHEN "0000" => S<="1000000";  -- 0
13     WHEN "0001" => S<="1111001";  -- 1
14     WHEN "0010" => S<="0100100";  -- 2
15     WHEN "0011" => S<="0110000";  -- 3
16     WHEN "0100" => S<="0011001";  -- 4
17     WHEN "0101" => S<="0010010";  -- 5
18     WHEN "0110" => S<="0000010";  -- 6
19     WHEN "0111" => S<="1111000";  -- 7
20     WHEN "1000" => S<="0000000";  -- 8
21     WHEN "1001" => S<="0010000";  -- 9
22     WHEN OTHERS => S<="1111111";
23       END CASE;
24   END PROCESS;
25 END arc;
26
```

圖 5.21　VHDL 程式

5.1.8　電路圖編輯電子鐘

設計程序如下：

1. 建立新的專案：

● 首先於 File 選單內，點選 New Project Wizard，並將出現 New Project Wizard 視窗。指定設計專案之名稱為 clock24，其輸入步驟如圖 2.1 至圖 2.6。

2. 開啓新檔：

● 設計者可點選"File"，並於下拉式選單中點選"New"，將出現 New 視窗。於 Design Files 標籤下，選定欲開啓的檔案格式如"Block Diagram/Schematic File"，並點選 OK 後，一個新的區塊/圖形編輯器視窗即展開。

3. 儲存檔案：

● 設計者可點選"File"，並於下拉式選單中點選"Save As"，可出現另存新檔的對話視窗。設計者可於 File name 欄位填入欲儲存之檔名例如 clock24，並勾選 Add file to current project 後，點選"存檔"即可。

4. 編輯視窗中建立邏輯電路設計：

● 選定物件插入時的位置，在圖形編輯視窗畫面內適當的位置點一下。

● 引入邏輯閘，選取視窗選單 Edit → Insert Symbol→在 Libraries → Project 處，點選 div_10M_t(或 div_10M_v ，除 10M 之除頻器)符號檔，按 OK，如圖 5.22 所示。再選出 debounce_t(或 debounce_v，消除開關機械彈跳器)、muxsel_t(或 muxsel_v，4 對 1 多工器)、counter_60_seg_t (或 counter_60_seg_v，60 模計數器)、counter_24_seg_t（或 counter_24_seg_v，24 模計數器）、muxsel6_2_t 或 muxsel6_2_v (6 對 2 解多工器)及 seven_seg_9_t (或 even_seg_9_v，七段顯示解碼器)符號檔。

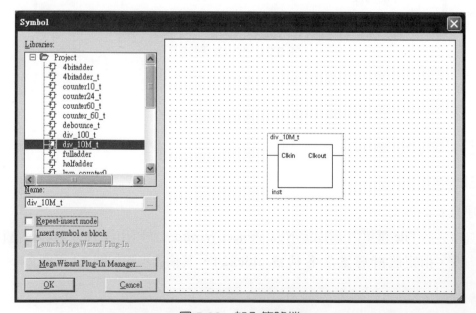

圖 5.22　加入符號檔

- 引入輸入及輸出接腳，選取視窗選單 Edit → Insert Symbol → 在 c:/altera/80/quaturs/libraries/primitive/pin 處，點選六個 input 閘，及二個 output 閘。

- 更改輸入及輸出接腳名稱，在'PIN_NAME'處按兩下，更改輸入接腳為 clock、hand、da[3..0]、db[3..0]、sel[2..0]及 sel[3]，輸出接腳為 sevena[6..0]與 sevenb[6..0]。

- 連線，點選 ⌐ 按鈕，將 clock 與 hand 分別連接到 div_10M_t(或 div_10M_v)與 debounce_t(或 debounce_v)符號檔的輸入端。點選 ⌐ 按鈕，將接腳 da[3..0]以匯流排連接至 counter_60_seg_t(或 counter_60_seg_v)及 counter_24_seg_t(或 counter_24_seg_v)符號檔的輸入端。點選 ⌐ 按鈕，將接腳 sel[2..0]及 sel[3]分別以匯流排連接至 muxsel_t(或 muxsel_v)及 muxsel6_2_t(或 muxsel6_2_v)符號檔的輸入端。點選 ⌐ 按鈕，將輸出接腳 sevena[6..0]與 sevenb[6..0] 分別以匯流排連接至 seven_seg_9_t(或 seven_seg_9_v)符號檔的輸出端，如圖 5.23 所示。

5. 存檔並編譯，選取視窗選單 Processing → Compiler Tool → Start，即可進行編譯，產生 clock24.sof 或.pof 燒錄檔。

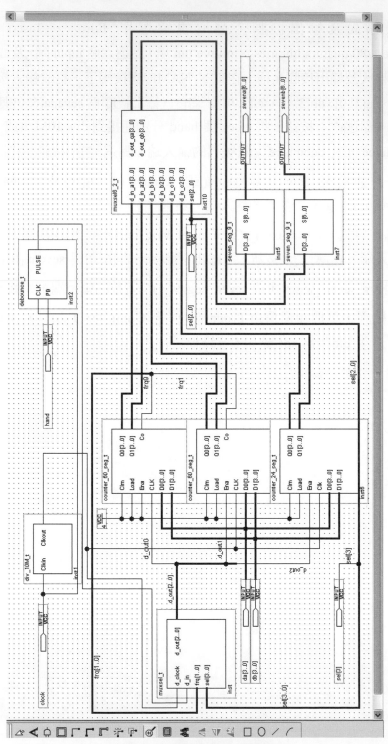

圖 5.23　兩位數電子鐘電路

5.2　霹靂燈／跑馬燈

　　本節應用先前介紹除頻器、多對 1 多工器、霹靂燈模組器及跑馬燈模組器，完成
霹靂燈/跑馬燈設計。並分別以 AHDL 編輯及 VHDL 編輯兩種方式設計各小程式，各
別產生符號檔，再以圖形編輯完成設計。本節主要設計八個 LED 之霹靂燈/跑馬燈，
並能用開關(SW)調整其顯示速度。其

● 設計功能如下：

1. MAX_SW1， bit 0：on/off 控制。

　　　　　　　　bit 1：霹靂燈/跑馬燈

2 MAX_SW1， bit 7 – bit 4：速度控制。

　　　　　　　　0000：每個 LED 2 秒。

　　　　　　　　0001：每個 LED 1 秒。

　　　　　　　　0010：每個 LED 0.5 秒。

　　　　　　　　0011：每個 LED 0.25 秒

● 設計步驟如下：

1. 設計一個除 2.5M 之除頻器元件，將輸入頻率為 10MHz，經由除 2.5M 之除
頻器，使頻率變成 4Hz。

2. 設計一個除 2 之除頻器元件，將輸入頻率為 4Hz，經由多個除 2 之除頻器，
分別使頻率變成 0.5Hz、1Hz 及 2Hz。

3. 設計一個 4 對 1 多工器，來做 0.5Hz、1Hz、2Hz 及 4Hz 四種頻率選擇器。

4. 設計一個 2 對 1 多工器，來做霹靂燈及跑馬燈的輸出選擇器。

5. 設計一個八個 LED 之霹靂燈顯示方式的模組器。

6. 設計一個八個 LED 之跑馬燈顯示方式的模組器。

5.2.1　除 2.5M 之除頻器設計

　　除 2.5M 之除頻器，其主要使用 22 個正反器來設計，其設計原理為 0 至 1249999
使輸出為 high，1250000 至 2499999 使輸出為 Low，將輸入頻率 10MHz 除頻為 4Hz。
其有輸入 Clkin 與輸出線 Clkout 各 1 條，設計電路可使用程式編輯來完成設計。

5.2.1.1　AHDL 編輯除 2.5M 之除頻器

除 2.5M 之除頻器的 AHDL 編輯結果如圖 5.24 所示，其檔名為 div_2_5M_t，並產生代表除 2.5M 之除頻器電路的符號如圖 5.25 所示。

```
1  SUBDESIGN div_2_5M_t
2  {
3      Clkin               : INPUT ;
4      Clkout              : OUTPUT;
5  }
6  VARIABLE
7      counter[21..0]      :  DFF;
8      divout              :  DFF;
9  BEGIN
10     divout.clk=Clkin;
11     counter[].clk=Clkin;
12     divout.d=(counter[].q==0);
13     IF (counter[].q==2499999) THEN
14         counter[].d=0;
15     ELSE
16         divout.d=!(counter[].q>=1249999);
17         counter[].d=counter[].q+1;
18     END IF ;
19     Clkout=divout;
20 END;
```

圖 5.24　AHDL 程式

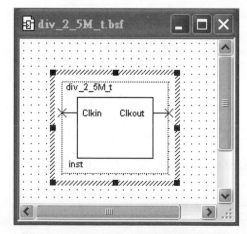

圖 5.25　除 2.5M 之除頻器電路符號

5.2.1.2　VHDL 編輯除 2.5M 之除頻器

除 2.5M 之除頻器的 VHDL 編輯結果如下圖 5.26 所示，其檔名為 div_2_5M_v。

```vhdl
1 LIBRARY ieee;
2 USE ieee.std_logic_1164.all;
3 USE ieee.std_logic_unsigned.all;
4 ENTITY div_2_5M_v IS
5     PORT(Clkin  : IN  STD_LOGIC;
6          Clkout : OUT  STD_LOGIC
7          );
8 END div_2_5M_v;
9 ARCHITECTURE arc OF div_2_5M_v IS
10 signal imper : STD_LOGIC;
11  BEGIN
12   PROCESS (Clkin)
13     VARIABLE counter : integer range 0 to 2499999;
14   BEGIN
15    IF (Clkin'event AND Clkin='1') THEN
16      IF counter < 1249999 THEN counter := counter+1;
17      ELSE  counter :=0; imper <= not imper;
18      END IF;
19    END IF;
20      Clkout <= imper;
21    END PROCESS ;
22 END arc;
23
```

圖 5.26　VHDL 程式

5.2.2　除 2 之除頻器設計

除 2 之除頻器，其主要使用 1 個正反器來設計，其有輸入 Clkin 與輸出線 Clkout 各 1 條，設計電路可使用程式編輯來完成設計。

5.2.2.1　AHDL 編輯除 2 之除頻器

除 2 之除頻器的 AHDL 編輯結果如圖 5.27 所示，其檔名為 div_2_t，並產生代表除 2 之除頻器電路的符號如圖 5.28 所示。

```
abc div_2_t.tdf
 1 SUBDESIGN div_2_t
 2 (
 3     clkin        : INPUT;
 4     bcdout[1..0],cout   : OUTPUT;
 5 )
 6 VARIABLE
 7     bcdout[1..0]    :DFF;
 8     cout            :DFF;
 9 BEGIN
10    cout.clk=clkin;
11    bcdout[].clk=clkin;
12    cout.d=(bcdout[].q==0);
13    if (bcdout[].q==1) then
14        bcdout[].d=0;
15    else
16        cout.d=!(bcdout[].q>=1);
17        bcdout[].d=bcdout[].q+1;
18    end if;
19 END;
20
```

圖 5.27　AHDL 程式

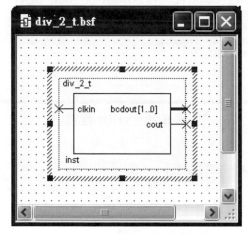

圖 5.28　除 2 之除頻器電路符號

5-22

5.2.2.2　VHDL 編輯除 2 之除頻器

除 2 之除頻器的 VHDL 編輯結果如下圖 5.29 所示，其檔名為 div_2_v。

```vhdl
1 LIBRARY ieee;
2 USE ieee.std_logic_1164.all;
3 USE ieee.std_logic_unsigned.all;
4 ENTITY div_2_v IS
5     PORT(Clkin  : IN  STD_LOGIC;
6          Clkout : OUT  STD_LOGIC
7         );
8 END div_2_v;
9 ARCHITECTURE arc OF div_2_v IS
10 signal imper : STD_LOGIC;
11  BEGIN
12   PROCESS (Clkin)
13      VARIABLE counter : integer range 0 to 2;
14   BEGIN
15    IF (Clkin'event AND Clkin='1') THEN
16      IF counter < 1 THEN counter := counter+1;
17      ELSE  counter :=0; imper <= not imper;
18      END IF;
19    END IF;
20      Clkout <= imper;
21   END PROCESS ;
22 END arc;
23
```

圖 5.29　VHDL 程式

5.2.3　4 對 1 多工器(頻率選擇器)

由於本節設計霹靂燈/跑馬燈具有四種變化頻率之功能，所以需設計一個 4 對 1 多工器，來做霹靂燈/跑馬燈之 LED 顯示的改變。此多工器是將 4 個輸入頻率選擇其中 1 個傳送到輸出端的電路，而那 1 個輸入頻率被傳送到輸出端，是由 4 個選擇控制信號(sel[3..0])來決定。4 對 1 多工器有 4 條控制線(sel[3..0])，4 條資料線(d_in [3..0])，1 條輸出線 d_out。

5.2.3.1　AHDL 編輯 4 對 1 多工器

4 對 1 多工器的 AHDL 編輯結果如圖 5.30 所示，其檔名為 mux_sel_frq_t，並產生代表 4 對 1 多工器電路的符號如圖 5.31 所示。

```
abc mux_sel_frq_t.tdf*
1  SUBDESIGN mux_sel_frq_t
2  (
3      d_in[3..0],sel[3..0]    : INPUT;
4      d_out         : OUTPUT;
5  )
6  BEGIN
7      case sel[] is
8          when b"0000" => d_out=d_in[0];
9          when b"0001" => d_out=d_in[1];
10         when b"0010" => d_out=d_in[2];
11         when b"0011" => d_out=d_in[3];
12         when others => d_out=b"0";
13     end case;
14 END;
15
```

圖 5.30　AHDL 程式

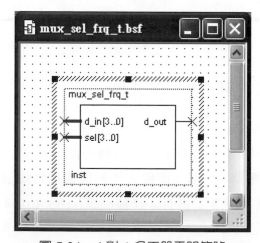

圖 5.31　4 對 1 多工器電路符號

5.2.3.2 VHDL 編輯 4 對 1 多工器

4 對 1 多工器的 VHDL 編輯結果如下圖 5.32 所示，其檔名為 mux_sel_frq_v。

```
1  LIBRARY IEEE;
2  USE IEEE.STD_LOGIC_1164.ALL;
3  ENTITY mux_sel_frq_v IS
4      port
5      (
6          d_in,sel :  IN  STD_LOGIC_VECTOR(3 downto 0);
7          d_out    :  OUT  STD_LOGIC
8      );
9  END mux_sel_frq_v;
10 ARCHITECTURE a OF mux_sel_frq_v IS
11 BEGIN
12  PROCESS(sel)
13  BEGIN
14    CASE sel IS
15     WHEN "0000" =>    d_out<=d_in(0);
16     WHEN "0001" =>    d_out<=d_in(1);
17     WHEN "0010" =>    d_out<=d_in(2);
18     WHEN "0011" =>    d_out<=d_in(3);
19     WHEN OTHERS =>    d_out<='0';
20     END CASE;
21  END PROCESS;
22 END a;
23
```

圖 5.32　VHDL 程式

5.2.4　2 對 1 多工器

由於本節設計八個 LED 之霹靂燈及跑馬燈，具有霹靂燈及跑馬燈之選擇功能，所以需設計一個 2 對 1 多工器，來做霹靂燈及跑馬燈的顯示。此多工器是將 2 個輸入信號選擇其中 1 個傳送到輸出端的電路，而那 1 個輸入信號被傳送到輸出端，是由 2 個選擇控制信號(sel[1..0])來決定。2 對 1 多工器有 2 條控制線(sel[1..0])，2 條資料匯流排線(d_in_a[7..0] 及 d_in_a[7..0])，1 條輸出資料匯流排線 d_out [7..0]。

5.2.4.1　AHDL 編輯 2 對 1 多工器

　　2 對 1 多工器的 AHDL 編輯結果如圖 5.33 所示，其檔名為 mux_sel_h_s_t，並產生代表 2 對 1 多工器電路的符號如圖 5.34 所示。

```
abc mux_sel_h_s_t.tdf*
 1  SUBDESIGN mux_sel_h_s_t
 2  (
 3      d_in_a[7..0],d_in_b[7..0],sel[1..0] : INPUT;
 4      d_out[7..0]      : OUTPUT;
 5  )
 6  BEGIN
 7      case sel[] is
 8          when b"00" => d_out[]=d_in_a[];
 9          when b"01" => d_out[]=d_in_b[];
10          when others => d_out[]=b"00000000";
11      end case;
12  END;
13
```

圖 5.33　AHDL 程式

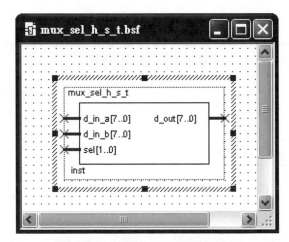

圖 5.34　2 對 1 多工器電路符號

5.2.4.2　VHDL 編輯 2 對 1 多工器

2 對 1 多工器的 VHDL 編輯結果如圖 5.35 所示，其檔名為 mux_sel_h_s_v。

```
abc mux_sel_h_s_v.vhd*                                    _ □ X
 1 LIBRARY IEEE;
 2 USE IEEE.STD_LOGIC_1164.ALL;
 3 ENTITY mux_sel_h_s_v IS
 4    port
 5    (
 6        d_in_a,d_in_b :  IN  STD_LOGIC_VECTOR(7 downto 0);
 7        sel           :  IN  STD_LOGIC_VECTOR(1 downto 0);
 8        d_out    : OUT  STD_LOGIC_VECTOR(7 downto 0)
 9    );
10 END mux_sel_h_s_v;
11 ARCHITECTURE a OF mux_sel_h_s_v IS
12 BEGIN
13  PROCESS(sel)
14  BEGIN
15    CASE sel IS
16      WHEN "00" =>    d_out<=d_in_a;
17      WHEN "01" =>    d_out<=d_in_a;
18      WHEN OTHERS =>  d_out<="00000000";
19      END CASE;
20  END PROCESS;
21 END a;
22
```

圖 5.35　VHDL 程式

5.2.5　跑馬燈模組器

由於本節設計之八個 LED 跑馬燈具有循環的功能，所以需應用狀態機設計一個跑馬燈模組器，使 LED 之顯示能循環。跑馬燈模組器有 2 條輸入線 clkin 及 reset， 1 條輸出匯流排線 dout[7..0]。

5.2.5.1　AHDL 編輯跑馬燈模組器

跑馬燈模組器的 AHDL 編輯結果如圖 5.36 所示，其檔名為 run_lamp_horse_t，並產生代表跑馬燈模組器電路的符號如圖 5.37 所示。

```
abc run_lamp_horse_t.tdf*                                        □□X
  1  SUBDESIGN run_lamp_horse_t
  2  (
  3      clkin,reset    : INPUT;
  4      dout[7..0]  : OUTPUT;
  5  )
  6  VARIABLE
  7      ss:machine  of  bits(dout[7..0])
  8         with    states
  9      (s0=b"11111110",s1=b"11111101",s2=b"11111011",s3=b"11110111",
 10       s4=b"11101111",s5=b"11011111",s6=b"10111111",s7=b"01111111",
 11       s8=b"10111111",s9=b"11011111",s10=b"11101111",s11=b"11110111",
 12       s12=b"11111011",s13=b"11111101");
 13  BEGIN
 14      ss.clk=clkin;
 15      ss.reset=reset;
 16      TABLE
 17          ss  =>   ss;
 18          s0  =>   s1;
 19          s1  =>   s2;
 20          s2  =>   s3;
 21          s3  =>   s4;
 22          s4  =>   s5;
 23          s5  =>   s6;
 24          s6  =>   s7;
 25          s7  =>   s8;
 26          s8  =>   s9;
 27          s9  =>   s10;
 28          s10 =>   s11;
 29          s11 =>   s12;
 30          s12 =>   s13;
 31          s13 =>   s0;
 32      END TABLE;
 33  END;
```

圖 5.36　AHDL 程式

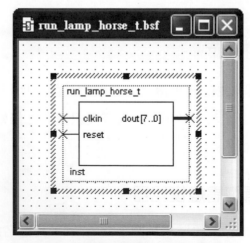

圖 5.37　跑馬燈模組器電路符號

5.2.5.2　VHDL 編輯跑馬燈模組器

跑馬燈模組器的 VHDL 編輯結果如圖 5.38 所示，其檔名為 run_lamp_horse_v。

```
run_lamp_horse_v.vhd*
 1 LIBRARY ieee;
 2 USE ieee.std_logic_1164.all;
 3 ENTITY run_lamp_horse_v IS
 4     PORT( clk, reset   : IN    STD_LOGIC;
 5           output       : OUT   STD_LOGIC_VECTOR(7 DOWNTO 0));
 6 END run_lamp_horse_v ;
 7 ARCHITECTURE a OF run_lamp_horse_v IS
 8     TYPE STATE_TYPE IS (S0,S1,S2,S3,S4,S5,S6,S7,S8,S9,S10,S11,S12,S13);
 9     SIGNAL state: STATE_TYPE;
10 BEGIN
11     PROCESS (clk)
12     BEGIN
13         IF reset = '1' THEN     state <= S0;
14         ELSIF clk'EVENT AND clk = '1' THEN
15             CASE state IS
16                 WHEN S0=> state <= S1;
17                 WHEN S1=> state <= S2;
18                 WHEN S2=> state <= S3;
19                 WHEN S3=> state <= S4;
20                 WHEN S4=> state <= S5;
21                 WHEN S5=> state <= S6;
22                 WHEN S6=> state <= S7;
23                 WHEN S7=> state <= S0;
24                 WHEN S8=> state <= S9;
25                 WHEN S9=> state <= S10;
26                 WHEN S10=> state <= S11;
27                 WHEN S11=> state <= S12;
28                 WHEN S12=> state <= S13;
29                 WHEN S13=> state <= S0;
30             END CASE;
31         END IF;
32     END PROCESS;
```

(a)

```
run_lamp_horse_v.vhd*
33     WITH state SELECT
34         output  <=  "11111110"  WHEN   S0,
35                     "11111101"  WHEN   S1,
36                     "11111011"  WHEN   S2,
37                     "11110111"  WHEN   S3,
38                     "11101111"  WHEN   S4,
39                     "11011111"  WHEN   S5,
40                     "10111111"  WHEN   S6,
41                     "01111111"  WHEN   S7,
42                     "10111111"  WHEN   S8,
43                     "11011111"  WHEN   S9,
44                     "11101111"  WHEN   S10,
45                     "11110111"  WHEN   S11,
46                     "11111011"  WHEN   S12,
47                     "11111101"  WHEN   S13;
48 END a;
49
```

(b)

圖 5.38　VHDL 程式

5.2.6 霹靂燈模組器

由於本節設計之八個 LED 霹靂燈具有循環的功能，所以需應用狀態機設計一個霹靂燈模組器，使 LED 之顯示能循環。霹靂燈模組器有 2 條輸入線 clkin 及 reset，1 條輸出匯流排線 dout[7..0]。

5.2.6.1 AHDL 編輯霹靂燈模組器

霹靂燈模組器的 AHDL 編輯結果如下圖 5.39 所示，其檔名為 run_lamp_super_t，並產生代表霹靂燈模組器電路的符號如圖 5.40 所示。

```
1  SUBDESIGN run_lamp_super_t
2  (
3      clkin,reset    : INPUT;
4      dout[7..0]  : OUTPUT;
5  )
6  VARIABLE
7      ss:machine  of  bits(dout[7..0])
8          with    states
9      (s0=b"11111110",s1=b"11111101",s2=b"11111011",s3=b"11110111",
10      s4=b"11101111",s5=b"11011111",s6=b"10111111",s7=b"01111111",
11      s8=b"10111111",s9=b"11011111",s10=b"11101111",s11=b"11110111",
12      s12=b"11111011",s13=b"11111101",s14=b"11111110",s15=b"11111100",
13      s16=b"11111000",s17=b"11110000",s18=b"11100000",s19=b"11000000",
14      s20=b"10000000",s21=b"00000000",s22=b"10000000",s23=b"11000000",
15      s24=b"11100000",s25=b"11110000",s26=b"11111000",s27=b"11111100",
16      s28=b"11111110",s29=b"11111111",s30=b"00000000",s31=b"11111111",
17      s32=b"00000000");
18  BEGIN
19      ss.clk=clkin;
20      ss.reset=!reset;
21      TABLE
22          ss   =>  ss;
23          s0   =>  s1;
24          s1   =>  s2;
25          s2   =>  s3;
26          s3   =>  s4;
27          s4   =>  s5;
28          s5   =>  s6;
29          s6   =>  s7;
30          s7   =>  s8;
31          s8   =>  s9;
```

(a)

圖 5.39　AHDL 程式

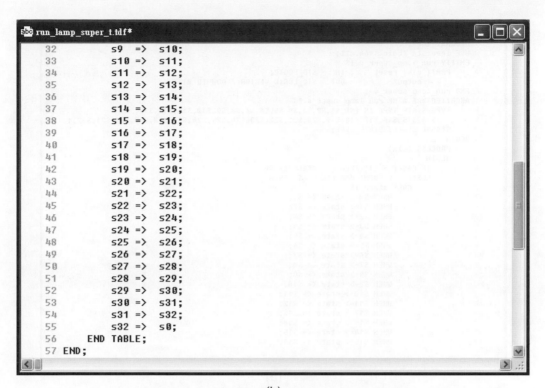

(b)

圖 5.39　AHDL 程式(續)

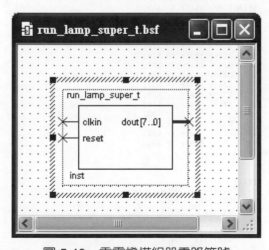

圖 5.40　霹靂燈模組器電路符號

5.2.6.2　VHDL 編輯霹靂燈模組器

霹靂燈模組器的 VHDL 編輯結果如圖 5.41 所示，其檔名為 run_lamp_super_v。

```
run_lamp_super_v.vhd*
 1 LIBRARY ieee;
 2 USE ieee.std_logic_1164.all;
 3 ENTITY run_lamp_super_v IS
 4     PORT( clk, reset    : IN    STD_LOGIC;
 5          output         : OUT   STD_LOGIC_VECTOR(7 DOWNTO 0));
 6 END run_lamp_super_v ;
 7 ARCHITECTURE a OF run_lamp_super_v IS
 8     TYPE STATE_TYPE IS (S0,S1,S2,S3,S4,S5,S6,S7,S8,S9,S10,S11,S12,S13,
 9       S14,S15,S16,S17,S18,S19,S20,S21,S22,S23,S24,S25,S26,S27,S28,S29,S30,S31,S32);
10     SIGNAL state: STATE_TYPE;
11 BEGIN
12     PROCESS (clk)
13     BEGIN
14         IF reset = '1' THEN      state <= S0;
15         ELSIF clk'EVENT AND clk = '1' THEN
16             CASE state IS
17                 WHEN S0=> state <= S1;
18                 WHEN S1=> state <= S2;
19                 WHEN S2=> state <= S3;
20                 WHEN S3=> state <= S4;
21                 WHEN S4=> state <= S5;
22                 WHEN S5=> state <= S6;
23                 WHEN S6=> state <= S7;
24                 WHEN S7=> state <= S0;
25                 WHEN S8=> state <= S9;
26                 WHEN S9=> state <= S10;
27                 WHEN S10=> state <= S11;
28                 WHEN S11=> state <= S12;
29                 WHEN S12=> state <= S13;
30                 WHEN S13=> state <= S14;
31                 WHEN S14=> state <= S15;
32                 WHEN S15=> state <= S16;
```

(a)

```
run_lamp_super_v.vhd*
33                 WHEN S16=> state <= S17;
34                 WHEN S17=> state <= S18;
35                 WHEN S18=> state <= S19;
36                 WHEN S19=> state <= S20;
37                 WHEN S20=> state <= S21;
38                 WHEN S21=> state <= S22;
39                 WHEN S22=> state <= S23;
40                 WHEN S23=> state <= S24;
41                 WHEN S24=> state <= S25;
42                 WHEN S25=> state <= S26;
43                 WHEN S26=> state <= S27;
44                 WHEN S27=> state <= S28;
45                 WHEN S28=> state <= S29;
46                 WHEN S29=> state <= S30;
47                 WHEN S30=> state <= S31;
48                 WHEN S31=> state <= S32;
49                 WHEN S32=> state <= S0;
50             END CASE;
51         END IF;
52     END PROCESS;
53     WITH state SELECT
54         output  <=  "11111110"   WHEN    S0,
55                     "11111101"   WHEN    S1,
56                     "11111011"   WHEN    S2,
57                     "11110111"   WHEN    S3,
58                     "11101111"   WHEN    S4,
59                     "11011111"   WHEN    S5,
60                     "10111111"   WHEN    S6,
61                     "01111111"   WHEN    S7,
62                     "10111111"   WHEN    S8,
63                     "11011111"   WHEN    S9,
64                     "11101111"   WHEN    S10,
```

(b)

圖 5.41　VHDL 程式

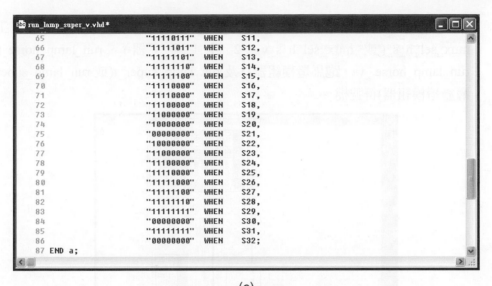

(c)

圖 5.41　VHDL 程式(續)

5.2.7　電路圖編輯霹靂燈╱跑馬燈

設計程序如下：

1. 建立新的專案(Project)：
   - 首先於 File 選單內，點選 New Project Wizard，並將出現 New Project Wizard 視窗。指定設計專案之名稱為 horse_super，其輸入步驟如圖 2.1 至圖 2.6。

2. 開啟新檔：
   - 設計者可點選"File"，並於下拉式選單中點選"New"，將出現 New 視窗。於 Design Files 標籤下，選定欲開啟的檔案格式如"Block Diagram/Schematic File"，並點選 OK 後，一個新的區塊/圖形編輯器視窗即展開。

3. 儲存檔案：
   - 設計者可點選"File"，並於下拉式選單中點選"Save As"，可出現另存新檔的對話視窗。設計者可於 File name 欄位填入欲儲存之檔名例如 horse_super，並勾選 Add file to current project 後，點選"存檔"即可。

4. 編輯視窗中建立邏輯電路設計：
   - 選定物件插入時的位置，在圖形編輯視窗畫面內適當的位置點一下。
   - 引入邏輯閘，選取視窗選單 Edit → Insert Symbol→在 Libraries → Project 處，點選 div_2_5M_t(或 div_2_5M_v，除 2.5M 之除頻器)符號檔，按 OK。再選出 div_2_t

(或 div_2_v ，除 2 之除頻器)、mux_sel_frq_t (或 mux_sel_frq _v，4 對 1 多工器)、
mux_sel_h_s (或 mux_sel_h_s_v ，2 對 1 多工器) 、 run_lamp_horse_t (或
run_lamp_horse _v ，跑馬燈模組器)，及 run_lamp_super_t(或 run_lamp_super_v ，
霹靂燈模組器)符號檔。

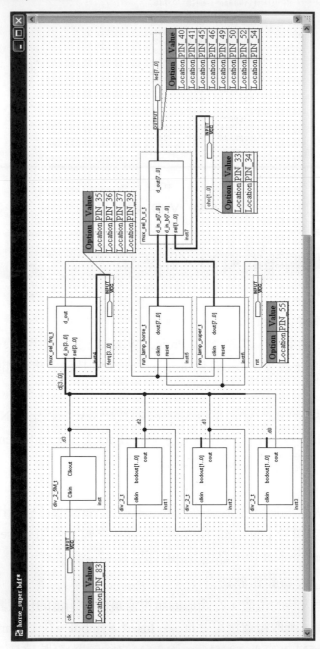

圖 5.42　霹靂燈/跑馬燈電路

- 引入輸入及輸出接腳，選取視窗選單 Edit → Insert Symbol → 在 c:/altera/80/quaturs /libraries/primitive/pin 處，點選四個 input 閘，及一個 output 閘。

- 更改輸入及輸出接腳名稱，在'PIN_NAME'處按兩下，更改輸入接腳為 clk、ferq[3..0]、rst 及 cho[1..0]，輸出接腳為 led[7..0]。

- 連線，點選 ⌐ 按鈕，將 clk 與 rst 分別連接到 div_2_5M_t(或 div_2_5M_v)、run_lamp_horse_t(或 run_lamp_horse_v)及 run_lamp_super_t(或 run_lamp_super_v) 符號檔的輸入端。點選 ⌐ 按鈕，將接腳 ferq[3..0]及 cho[1..0]分別以匯流排連接至 mux_sel_frq_t(或 mux_sel_frq_v)及 mux_sel_h_s_t(或 mux_sel_h_s_v)符號檔的輸入端。點選 ⌐ 按鈕，將輸出接腳 led[7..0]以匯流排連接至 mux_sel_h_s_t(或 mux_sel_h_s_v)符號檔的輸出端，如圖 5.42 所示。

5. 存檔並編譯，選取視窗選單 Processing → Compiler Tool → Start，即可進行編譯，產生 horse_super.sof 或.pof 燒錄檔。

5.2.8　元件腳位指定

本專題是介紹跑馬燈電路設計，並使用 Altera UP1 教學實驗板來作燒錄工作，實現以 LED 完成跑馬燈電路設計。在 UP1 教學實驗板中，分別有兩顆 Altera 的元件 EPM7128SLC4-7 及 EPF10K20RC240-4，如圖 5.43 所示。圖中包含一個 25.175-MHz 的石英晶體振盪器。此振盪器的輸出連接於 EPM7128SLC4-7 元件的 83 接腳時脈輸入端以及 EPF10K20RC240-4 元件的 91 接腳時脈輸入端。其中 EPM7128SLC4-7 元件的接腳沒有連接到 DIP 開關(MAX_SW1 及 MAX_SW2)和 LED(D1~D16)上，而是以母型插座代替連接，使用者可以非常容易地將指定的 I/O 腳，以單心線連接到開關及 LED，而此元件另外有些接腳直接指定連接到兩位數七段顯示器 (MAX_DIGIT)上，其指定接腳如表 5.1 所示。另外在 EPF10K20RC240-4 元件的接腳直接指定連接到兩位數七段顯示器 (FLEX_DIGIT)及開關(FLEX_SWITCH)上，其指定接腳如表 5.2 以及表 5.3 所示。

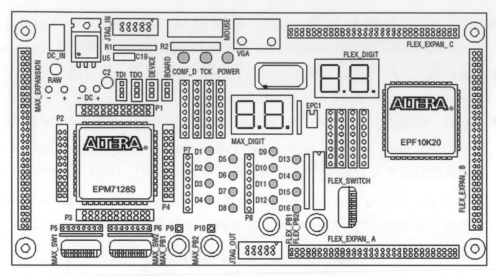

圖 5.43 UP1 教學實驗板元件配置圖

表 5.1 MAX_DIGIT 七段顯示器與接腳對照表

顯示段	Digit 1 連接的接腳	Digit 2 連接的接腳
a	58	69
b	60	70
c	61	73
d	63	74
e	64	76
f	65	75
g	67	77
小數點	68	79

表 5.2 FLEX_ FLEX_SWITCH 接腳指定

開關	EPF10K20RC240-4 接腳
FLEX_SWITCH-1	41
FLEX_SWITCH-2	40
FLEX_SWITCH-3	39
FLEX_SWITCH-4	38
FLEX_SWITCH-5	36
FLEX_SWITCH-6	35
FLEX_SWITCH-7	34
FLEX_SWITCH-8	33

表 5.3　FLEX_DIGIT 七段顯示器與接腳對照表

顯示段	Digit 1 連接的接腳	Digit 2 連接的接腳
a	6	17
b	7	18
c	8	19
d	9	20
e	11	21
f	12	23
g	13	24
小數點	14	25

UP1 教學實驗板可以使用 ByteBlaster 燒錄纜線執行機上（in_system）燒錄。此教學實驗板包含 4 個 3 接腳的跳線連接器（TD1、TD0、DEVICE 及 BOARD），以設定 JTAG 組態。使用者可以將 JTAG 鏈設定為僅燒錄 EPM7128SLC4-7 元件或僅燒錄 EPF10K20RC240-4 元件的兩種組態，其在 TD1、TD0、DEVICE 及 BOARD 的設定如表 5.4 所示。

表 5.4　JTAG 跳線設定

執行的燒錄動作	TDI	TDO	DEVICE	BOARD
僅燒錄 EPM7128SLC4-7 元件	C1&C2	C1&C2	C1&C2	C1&C2
僅燒錄 EPF10K20RC240-4 元件	C2&C3	C2&C3	C1&C2	C1&C2

在執行編譯前，首先可點選"Assignments"，並於下拉式選單中點選"Device"，將出現 Settings 視窗，在 Device 的 Family 中點選"MAX7000S"，於 Available devices 中設定元件為 EPM7128SLC4-7，如圖 5.44 所示。接著可參考燒錄元件腳位宣告，進行腳位指定，首先可點選"Assignments"，並於下拉式選單中點選"Pins"，將出現 Assignment Editor 視窗。直接點選 Filter 欄位的 Pins:all 選項。可於 Assignment Editor 視窗的最下面欄位之 Location 處輸入或指定接腳編號即可完成，如下圖 5.45 及圖 5.46 所示。完成上述步驟，設計者即可執行編譯。

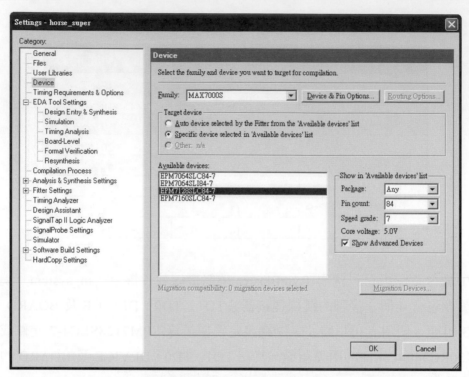

圖 5.44　元件設定

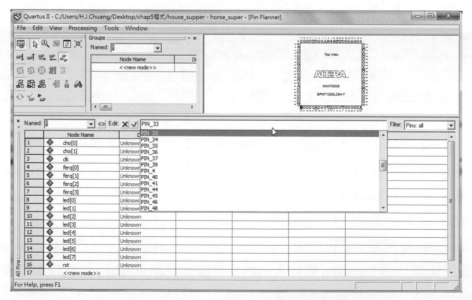

圖 5.45　Assignment Editor 視窗中指定接腳編號

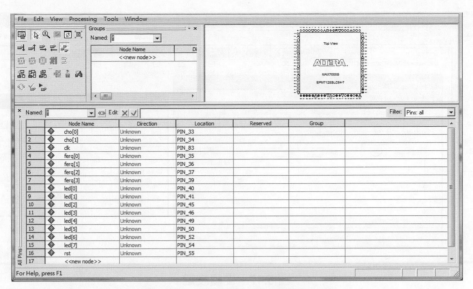

圖 5.46　輸出/輸入接腳特徵列表

5.2.9　燒錄程式至 Altera UP1 教學實驗板

1. 本實驗以JTAG Mode方式透過ByteBlaster燒錄纜線分別連接至實驗器的JTAG 接頭及電腦並列埠，將電路燒錄在 EPM7128SLC4-7 元件，其在 TD1、TD0、 DEVICE 及 BOARD 的設定如表 4 所示。

2. 選取視窗選單 Tools → Programmer，出現燒錄視窗。選取硬體設定 Hardware Setup 開即可進行組譯，出現 Hardware Setup 視窗，選擇 Hardware Setting → Add Hardware，出現 Add Hardware 視窗，於 Hardware type 選項中，選擇 ByteBlaseterMV or ByteBlaseterII，在 Port 選項中，選擇 LPT1，按 OK 鍵，如圖 5.47 所示，回 Hardware Setup 視窗， 選擇 ByteBlaseterII，再按 Select Hardware 鍵選取硬體，如圖 5.48 所示， 按 Close 鍵。

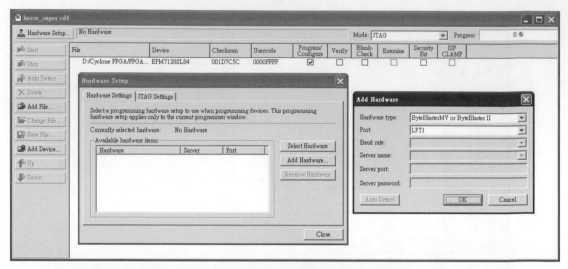

圖 5.47　硬體設定

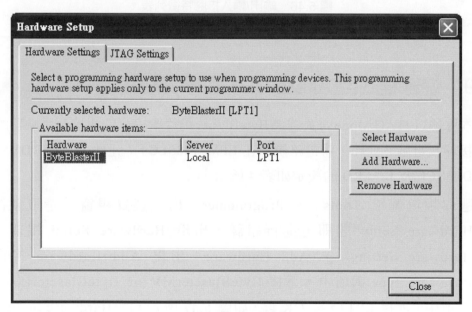

圖 5.48　硬體設定

3.　在燒錄視窗加入燒錄檔案，選取 Add File，出現 Select Programming File
　　視窗，選擇 horse_super.pof 燒錄檔案，在 Mode 選項，選擇 JTAG Mode，
　　在 Program/Configure 處打勾，再按 Start 鍵進行燒錄模擬，如圖 5.49 所示。
　　再以單心線將EPM7128SLC4-7元件的母型插座接腳連接到MAX_SW1和LED
　　上，即可完成本實驗。

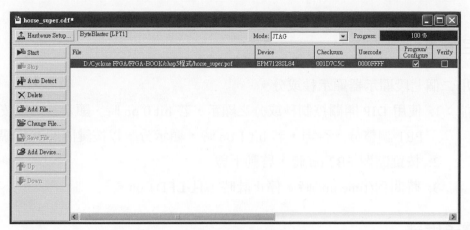

圖 5.49　燒錄模擬

專題練習

一、廣告跑馬燈

功能：使用二個七段顯示器顯示學號，每次 1 秒。

例：□□，□4，49，‧‧，63，2□，□□，□4

二、四位數十進位上下計數器，計數從 0000 至 9999。

功能：1. 使用按鍵開關 PB1 控制二個七段顯示器顯示四位數，若 on 時，顯示千位及百位數。否則，off 時，顯示十位及個位數。

2. 使用 DIP 開關控制四位數計數器之上下數及顯示速度，

MAX_SW, bit 2：若 on 快速(2Hz)計數，否則 off 慢速(1Hz)計數。

bit 1：若 on 上數，否則 off 下數。

bit 0：on/off 控制。

三、定時器

使用二個七段顯示器顯示秒或分。

功能：1. 使用 DIP 開關控制秒或分之顯示，若 bit 0 on 時，顯示秒，以按鍵開關
　　　　 PB1 調整分。否則，若 bit 1 on 時，顯示分，以按鍵開關 PB1 調整秒。

　　　 2. 按鍵開關 PB2 on 時，啓動下數。

　　　 3. 時間到(time out)時，停止計時，且 LED1 on。

四、電子碼錶

使用二個七段顯示器顯示百分秒。

功能：1. 按鍵開關 PB1 on 時，清除分、秒、百分秒。

　　　 2. 按鍵開關 PB2 第一次 on 時，開始計時。第二次 on 時，停止計時。
　　　　 第三次 on 時，繼續計時。

　　　 3. 使用 DIP 開關控制分、秒或百分秒之顯示，

　　　　 MAX_SW1, 若 bit 1,0 爲 00 時，顯示百分秒。

　　　　　　　　　　 若 bit 1,0 爲 01 時，顯示秒。

　　　　　　　　　　 若 bit 1,0 爲 10 時，顯示分。

五、電子密碼鎖

以個人學號（最後四碼）做爲密碼，使用 4×4 按鍵(keyboard)輸入密碼。

功能：1. 按鍵開關 PB1 on 時，清除。

　　　 2. 若密碼輸入正確，二個七段顯示器顯示 Hi，輸入錯誤顯示 Lo。

六、按鍵顯示

功能：以二個七段顯示器顯示 4×4 按鍵輸入之數值。

　　 例：□□，　　□0 ，　　01 ，　12 ，　　23 · · ·
　　　 未按　　 按 0　　 按 1　　 按 2　　 按 3

七、99 乘法表

使用 DIP 開關 MAX_SW1 bit3 至 bit0 為輸入之被乘數，bit7 至-bit4 為輸入之乘數。

功能：1. 按鍵開關 PB1 on 時，被乘數顯示於第一個七段顯示器，乘數顯示於第二個七段顯示器。

2. 按鍵開關 PB2 on 時，乘積顯示在二個七段顯示器。

八、紅綠燈控制

以 LED D1、D2、D3 分別表示南北向之紅燈 r1、黃燈 y1、綠燈 g1，D4、D5、D6 分別表示東西向之紅燈 r2、黃燈 y2、綠燈 g2。

功能：1. 按鍵開關 PB1 on 時，南北向與東西向兩方分別閃紅黃燈。

2. 按鍵開關 PB2 on 時，啟動紅綠燈。 r1 on，y2 閃 3 次(每次 0.5 秒)→ g1 on，r2 on，維持 30 秒 → r2 on，y1 閃 3 次(每次 0.5 秒) → r1 on，g2 on，維持 30 秒 → r1 on，y2 閃 3 次(每次 0.5 秒) → g1 on，r2 on，維持 30 秒→ ‧‧‧。

綜合應用專題篇

　　本章介紹之專題以華亨數位實驗器 Cyclone FPGA 為實驗器平台，如圖 6.1 所示。此平台相當具彈性化，對於 FPGA 元件主體而言，使用者可依個人喜好，更換不同廠商(如 Altera、Xilinx 或 Latice)的 FPGA 晶片，其除了 7 段顯示器控制實作、8 乘 8 點矩陣顯示、字幕型顯示 LCD 實作、繼電器控制、步進馬達控制實作與 VGA 顯示控制實作外，亦提供擴充子卡，可供使用者將自行設計 24 位元全彩(true color)之 VGA 顯示、PS/2 介面之滑鼠或鍵盤及 Audio 音訊輸出的模組整合於主機板上，相當具彈性。

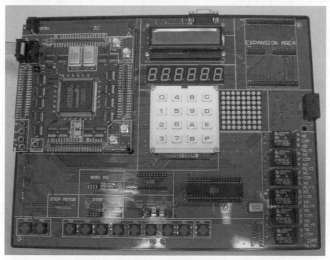

圖 6.1　華亨數位實驗器 Cyclone FPGA 實驗器平台

6.1 可調整時間之電子鐘電路設計

　　本專題是介紹可調整時間之電子鐘，由於本實驗以華亨數位實驗器 Cyclone FPGA 爲實驗器平台，其七段顯示控制模組電路及接腳分別如圖 6.2 及表 6.1 所示，所以需設計掃描電路來讓六個七段顯示器以較高頻率依序顯示，並利用按鍵開關 PB4 至 PB8 來調整時、分及秒鐘，完成可調整時間之電子鐘設計。本專題除了應用先前介紹之電子鐘電路設計原理，再增加 1KHZ 除頻器及掃描電路，來設計具有六個七段顯示器以較高頻率依序顯示小時的十位數與個位數、分的十位數與個位數及秒鐘的十位數與個位數之 24 小時的電子鐘。由於本專題選用 10MHZ 時脈波石英振盪器，所以除了應用先前介紹除 10MHz 除頻器、消除開關機械彈跳器、1 對多或多對 1 多工器、60 模計數器、24 模計數器及七段解碼器，最後介紹 1KHZ 除頻器及掃描電路設計。並分別以 AHDL 編輯及 VHDL 編輯兩種方式設計各小程式，各別產生符號檔，再以圖形編輯完成設計，最後燒錄在晶片上。在本書所附程式中 AHDL 語法之專案名稱爲 clock24_6_7seg；另外 VHDL 語法之專案名稱爲 clock24_6_7seg_v。

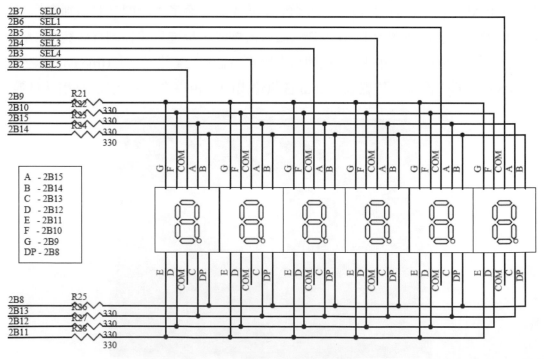

圖 6.2　七段顯示控制模組電路

表 6.1　七段顯示器控制模組及按鍵開關 PB4 至 PB8 接腳對應

模組腳位	FPGA 接腳代號	FPGA 接腳編號	模組腳位	FPGA 接腳代號	FPGA 接腳編號
A(sevena[0])	2B15	203	SEL2(scanout[2])	2B5	193
B(sevena[1])	2B14	202	SEL3(scanout[3])	2B4	188
C(sevena[2])	2B13	201	SEL4(scanout[4])	2B3	187
D(sevena[3])	2B12	200	SEL5(scanout[5])	2B2	186
E(sevena[4])	2B11	199	PB4(sel[0])	2B30	222
F(sevena[5])	2B10	198	PB5(sel[1])	2B31	223
G(sevena[6])	2B9	197	PB6(sel[2])	2C1	225
DP	2B8	196	PB7(sel[3])	2C2	226
SEL0(scanout[0])	2B7	195	PB8(hand)	2C3	227
SEL1(scanout[1])	2B6	194	clock	CLK0(10MHZ)	28

● 設計功能如下：

調整狀態	PB4	PB5	PB6	PB7	PB8
調整秒鐘	ON	OFF	OFF	ON	ON(按一次加一秒鐘)
調整分鐘	OFF	ON	OFF	ON	ON(按一次加一分鐘)
調整時鐘	OFF	OFF	ON	ON	ON(按一次加一時鐘)

● 設計步驟如下：

1. 設計一個除頻元件，將原本輸入頻率為 10MHz，經由除 10M 之除頻器， 使頻率變成 1Hz。

2. 設計一個 6 對 1 多工器，來做秒、分或時之個位與十位數的個別輸出。

3. 設計一個掃描電路電路，來讓六個七段顯示器以較高頻率依序顯示。

4. 設計一個 4 對 1 多工器，來做電子鐘正常運轉、或是可調整電子鐘時間的改變。

5. 設計一個"六十模計數器"電路，使輸入 60 次（秒&分）時，會在輸出出現一進位脈波，已達成 60 秒（分）的進位模式。

6. 設計一個"二十四模計數器"電路。

7. 設計一個"七段解碼器"電路，使輸出信號可在七段顯示器顯示出來。

8. 設計一個"除彈跳器"電路，來消除按鍵機械開關彈跳問題，而避免機械彈跳
造成誤動作（按鍵 ON/OFF 好多次）。

6.1.1　除 10M 之除頻器設計

6.1.1.1　AHDL 編輯除 10M 之除頻器

除 10M 之除頻器的 AHDL 編輯結果如圖 6.3 所示，其檔名為 div_10M_t，並產
生代表除 10M 之除頻器電路的符號如圖 6.4 所示。

```
abc div_10M_t.tdf
 1 SUBDESIGN div_10M_t
 2 (
 3     Clkin               : INPUT ;
 4     Clkout              : OUTPUT;
 5 )
 6 VARIABLE
 7     counter[23..0]      : DFF;
 8     divout              : DFF;
 9 BEGIN
10     divout.clk=Clkin;
11     counter[].clk=Clkin;
12     divout.d=(counter[].q==0);
13     IF (counter[].q==9999999) THEN
14         counter[].d=0;
15     ELSE
16         divout.d=!(counter[].q>=4999999);
17         counter[].d=counter[].q+1;
18     END IF ;
19     Clkout=divout;
20 END;
```

圖 6.3　AHDL 程式

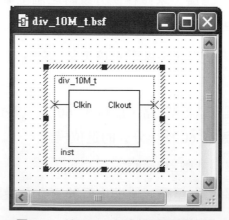

圖 6.4　除 10M 之除頻器電路符號

6.1.1.2　VHDL 編輯除 10M 之除頻器

除 10M 之除頻器的 VHDL 編輯結果如圖 6.5 所示，其檔名為 div_10M_v。

```
1 LIBRARY ieee;
2 USE ieee.std_logic_1164.all;
3 USE ieee.std_logic_unsigned.all;
4 ENTITY div_10M_v IS
5     PORT(Clkin  : IN  STD_LOGIC;
6          Clkout : OUT  STD_LOGIC
7         );
8 END div_10M_v;
9 ARCHITECTURE arc OF div_10M_v IS
10 signal imper : STD_LOGIC;
11  BEGIN
12   PROCESS (Clkin)
13     VARIABLE counter : integer range 0 to 9999999;
14   BEGIN
15    IF (Clkin'event AND Clkin='1') THEN
16       IF counter < 4999999 THEN counter := counter+1;
17       ELSE  counter :=0; imper <= not imper;
18       END IF;
19    END IF;
20      Clkout <= imper;
21    END PROCESS ;
22 END arc;
23
24
25
```

圖 6.5　VHDL 程式

6.1.2　60 模計數器設計

6.1.2.1　AHDL 編輯 60 模計數器

60 模計數器的 AHDL 編輯結果如圖 6.6 所示，其檔名為 counter_60_seg_t，並產生代表 60 模計數器電路的符號如圖 6.7 所示。

```
counter_60_seg_t.tdf*
1  SUBDESIGN counter_60_seg_t
2  (   Clrn,Load,Ena,CLK,D0[3..0],D1[3..0] : INPUT;
3      Q0[3..0],Q1[3..0],Co          : OUTPUT;)
4  VARIABLE
5      counter0[3..0],counter1[3..0]           : DFF;
6  BEGIN
7   counter0[].clk=Clk;  counter1[].clk=Clk;
8   counter0[].clrn=Clrn;  counter1[].clrn=Clrn;
9   IF Clrn==0 THEN
10     counter0[].d=0;   counter1[].d=0;
11  ELSIF Load==0 THEN
12     counter0[].d=D0[];  counter1[].d=D1[];
13  ELSIF Ena THEN
14      IF counter0[].q==9 THEN
15          counter0[].d=0;
16        IF counter1[].q==5 THEN
17          counter1[].d=0; Co=VCC;
18        ELSE counter1[].d=counter1[].q+1;
19        END IF;
20      ELSE counter0[].d=counter0[].q+1; counter1[].d=counter1[].q; Co=GND;
21      END IF;
22  ELSE counter0[].d=counter0[].q; counter1[].d=counter1[].q;
23  END IF;
24   Q0[]=counter0[].q;   Q1[]=counter1[].q;
25 END;
26
```

圖 6.6　AHDL 程式

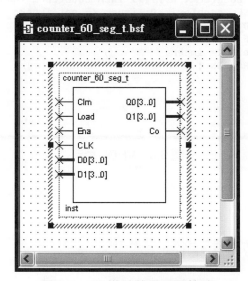

圖 6.7　60 模計數器電路符號

6.1.2.2　VHDL 編輯 60 模計數器

60 模計數器的 VHDL 編輯結果如圖 6.8 所示，其檔名為 counter_60_seg_v。

```
abc counter_60_seg_v.vhd                                          _ □ ×
 1 LIBRARY ieee;
 2 USE ieee.std_logic_1164.all; USE ieee.std_logic_unsigned.all;
 3 ENTITY counter_60_seg_v IS
 4     PORT(Clrn,Load,Ena,Clk  :  IN   STD_LOGIC;
 5          D0,D1              :  IN   STD_LOGIC_VECTOR(3 downto 0);
 6          Q0,Q1             :  OUT STD_LOGIC_VECTOR(3 downto 0);
 7          Co                :  OUT STD_LOGIC);
 8 END counter_60_seg_v;
 9 ARCHITECTURE arc OF counter_60_seg_v IS
10  BEGIN
11   PROCESS (Clk)
12     VARIABLE imper0,imper1 :STD_LOGIC_VECTOR(3 downto 0);
13   BEGIN
14     IF Clrn='0' THEN  imper1 := "0000"; imper0 := "0000";
15     ELSE IF (Clk'event AND Clk='1') THEN
16             IF Load='0' THEN    imper0 :=D0; imper1:=D1;
17             ELSIF Ena='1' THEN
18                 IF imper0="1000" AND imper1="0101" THEN
19                     imper0:="1001";
20                 ELSIF imper0<"1001"  THEN imper0 := imper0+1;
21                 ELSE imper0:="0000";
22                     IF imper1<"0101" THEN imper1:= imper1+1;
23                     ELSE  imper1:="0000";
24                     END IF;
25                 END IF;
26             END IF;
27         END IF;
28     END IF;
29     Co<=imper0(0)and imper0(3)and imper1(0)and imper1(2)and Ena;
30     Q0 <= imper0; Q1 <= imper1;
31   END PROCESS ;
32 END arc;
```

圖 6.8　VHDL 程式

6.1.3　24 模計數器設計

6.1.3.1　AHDL 編輯 24 模計數器

24 模計數器的 AHDL 編輯結果如圖 6.9 所示，其檔名為 counter_24_seg_t，並產生代表 24 模計數器電路的符號如圖 6.10 所示。

```
Ebo counter_24_seg_t.tdf*                                        _ □ X
 1  SUBDESIGN counter_24_seg_t
 2  (   Clrn,Load,Ena,Clk,D0[3..0],D1[3..0] : INPUT;
 3      Q0[3..0],Q1[3..0]           : OUTPUT;)
 4  VARIABLE
 5      counter0[3..0],counter1[3..0]          :  DFF;
 6  BEGIN
 7    counter0[].clk=Clk;  counter1[].clk=Clk;
 8    counter0[].clrn=Clrn;  counter1[].clrn=Clrn;
 9    IF Clrn==0 THEN counter0[].d=0;  counter1[].d=0;
10    ELSIF Load==0 THEN  counter0[].d=D0[];  counter1[].d=D1[];
11    ELSIF Ena THEN
12        IF counter0[].q==9 THEN
13            counter0[].d=0;  counter1[].d=counter1[].q+1;
14        ELSIF (counter1[].q==2)&(counter0[].q==3) THEN
15              counter0[].d=0;  counter1[].d=0;
16        ELSE
17        counter0[].d=counter0[].q+1; counter1[].d=counter1[].q;
18        END IF;
19    ELSE
20      counter0[].d=counter0[].q; counter1[].d=counter1[].q;
21    END IF;
22    Q0[]=counter0[].q; Q1[]=counter1[].q;
23  END;
24
25
26
27
```

圖 6.9   AHDL 程式

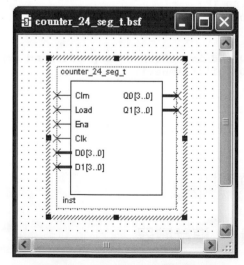

圖 6.10   24 模計數器電路符號

6.1.3.2　VHDL 編輯 24 模計數器

24 數器的 VHDL 編輯結果如圖 6.11 所示，其檔名為 counter_24_seg_v。

```
counter_24_seg_v.vhd
 1 LIBRARY ieee;
 2 USE ieee.std_logic_1164.all;
 3 USE ieee.std_logic_unsigned.all;
 4 ENTITY counter_24_seg_v IS
 5     PORT(Clrn,Load,Ena,Clk  : IN   STD_LOGIC;
 6          D0,D1              : IN   STD_LOGIC_VECTOR(3 downto 0);
 7          Q0,Q1              : OUT STD_LOGIC_VECTOR(3 downto 0) );
 8 END counter_24_seg_v;
 9 ARCHITECTURE arc OF counter_24_seg_v IS
10  BEGIN
11   PROCESS (Clk)
12      VARIABLE imper0 :STD_LOGIC_VECTOR(3 downto 0);
13      VARIABLE imper1 :STD_LOGIC_VECTOR(3 downto 0);
14   BEGIN
15     IF Clrn='0' THEN  imper1 := "0000"; imper0 := "0000";
16     ELSE IF (Clk'event AND Clk='1') THEN
17             IF Load='0' THEN imper0 :=D0; imper1 :=D1;
18             ELSIF Ena='1' THEN
19                IF (imper1="0010" AND imper0="0011")THEN
20                   imper1 :="0000"; imper0 :="0000";
21                ELSIF imper0 < "1001" THEN imper0 := imper0+1;
22                ELSE   imper0 :="0000"; imper1 := imper1+1;
23                END IF;
24             END IF;
25          END IF;
26     END IF;
27        Q0 <= imper0; Q1 <= imper1;
28     END PROCESS ;
29 END arc;
30
```

圖 6.11　VHDL 程式

6.1.4　4 對 1 多工器

由於本節設計電子鐘具有調整秒鐘、分鐘及小時功能，所以需設計一個 4 對 1 多工器，來做電子鐘正常運轉或是可調整電子鐘時間改變。

6.1.4.1 AHDL 編輯 4 對 1 多工器

4 對 1 多工器的 AHDL 編輯結果如圖 6.12 所示,其檔名為 muxsel_t,並產生代表 4 對 1 多工器電路的符號如圖 6.13 所示。

```
1  SUBDESIGN muxsel_t
2  (
3      d_clock,d_in,frq[1..0],sel[3..0]        : INPUT ;
4      d_out[2..0]                             : OUTPUT;
5  )
6  BEGIN
7      case sel[] is
8          when b"1001"=>d_out[0]=d_in;d_out[1]=frq[0];d_out[2]=frq[1];
9          when b"1010"=>d_out[1]=d_in;d_out[2]=frq[1];
10         when b"1100"=>d_out[2]=d_in;
11         when others=>d_out[0]=d_clock;d_out[1]=frq[0];d_out[2]=frq[1];
12     end case;
13 END;
14
```

圖 6.12　AHDL 程式

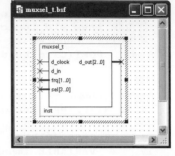

圖 6.13　4 對 1 多工器電路符號

6.1.4.2 VHDL 編輯 4 對 1 多工器

4 對 1 多工器的 VHDL 編輯結果如圖 6.14 所示,其檔名為 muxsel_v。

```
1  LIBRARY IEEE;
2  USE IEEE.STD_LOGIC_1164.ALL;
3  ENTITY muxsel_v IS
4      port
5      (
6          d_clock,d_in : IN  STD_LOGIC;
7          frq : IN  STD_LOGIC_VECTOR(1 downto 0);
8          sel : IN  STD_LOGIC_VECTOR(3 downto 0);
9          d_out : OUT  STD_LOGIC_VECTOR(2 downto 0)
10             );
11 END muxsel_v;
12 ARCHITECTURE a OF muxsel_v IS
13 BEGIN
14  PROCESS(sel)
15  BEGIN
16     CASE sel IS
17       WHEN "1001" => d_out(0)<=d_in;d_out(1)<=frq(0);d_out(2)<=frq(1);
18       WHEN "1010" => d_out(1)<=d_in;d_out(2)<=frq(1);
19       WHEN "1100" => d_out(2)<=d_in;
20       WHEN OTHERS => d_out(0)<=d_clock;d_out(1)<=frq(0);d_out(2)<=frq(1);
21     END CASE;
22  END PROCESS;
23 END a;
24
```

圖 6.14　VHDL 程式

6.1.5　6 對 1 多工器

　　由於本專題設計之電子鐘顯示器，使用 6 個七段顯示器來依序顯示秒鐘、分鐘及小時功能，所以需設計一個 6 對 1 多工器，來做秒、分或時之個位與十位數的個別輸出。此多工器有 3 條控制線(sel[2..0])，6 條資料匯流排線(d_in_a1[3..0](秒鐘個位數)、d_in_a2[3..0] (秒鐘十位數)、d_in_b1[3..0] (分鐘個位數)、d_in_b2[3..0] (分鐘十位數)、d_in_c1[3..0] (小時個位數)及 d_in_c2[3..0] (小時十位數))，1 條輸出資料匯流排線 d_out_q[3..0]。

6.1.5.1　AHDL 編輯 6 對 1 多工器

　　6 對 1 多工器的 AHDL 編輯結果如圖 6.15 所示，其檔名為 muxsel_6_1_t，並產生代表 6 對 1 多工器電路的符號如圖 6.16 所示。

```
abc muxsel_6_1_t.tdf*
1  SUBDESIGN muxsel_6_1_t
2  (
3      sel[2..0]                              : INPUT ;
4      d_in_a1[3..0],d_in_a2[3..0]            : INPUT ;
5      d_in_b1[3..0],d_in_b2[3..0]            : INPUT ;
6      d_in_c1[3..0],d_in_c2[3..0]            : INPUT ;
7      d_out_q[3..0]        : OUTPUT;
8  )
9  BEGIN
10     case sel[] is
11         when b"000"=>d_out_q[]=d_in_a1[];
12         when b"001"=>d_out_q[]=d_in_a2[];
13         when b"010"=>d_out_q[]=d_in_b1[];
14         when b"011"=>d_out_q[]=d_in_b2[];
15         when b"100"=>d_out_q[]=d_in_c1[];
16         when b"101"=>d_out_q[]=d_in_c2[];
17         when others=>d_out_q[]=b"0000";
18     end case;
19 END;
20
21
```

圖 6.15　AHDL 程式

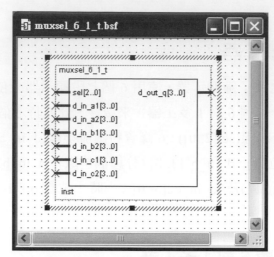

圖 6.16　6 對 1 多工器電路符號

6.1.5.2　VHDL 編輯 6 對 1 多工器

6 對 1 多工器的 VHDL 編輯結果如圖 6.17 所示，其檔名為 muxsel_6_1_v。

```
1  LIBRARY IEEE;
2  USE IEEE.STD_LOGIC_1164.ALL;
3  ENTITY muxsel_6_1_v IS
4      port
5      (
6          sel       : IN  STD_LOGIC_VECTOR(2 downto 0);
7          d_in_a0,d_in_a1 : IN  STD_LOGIC_VECTOR(3 downto 0);
8          d_in_b0,d_in_b1 : IN  STD_LOGIC_VECTOR(3 downto 0);
9          d_in_c0,d_in_c1 : IN  STD_LOGIC_VECTOR(3 downto 0);
10         d_out_qa  : OUT STD_LOGIC_VECTOR(3 downto 0)
11         );
12 END muxsel_6_1_v;
13 ARCHITECTURE a OF muxsel_6_1_v IS
14 BEGIN
15  PROCESS(sel)
16  BEGIN
17    CASE sel IS
18     WHEN "000" => d_out_qa<=d_in_a0;
19     WHEN "001" => d_out_qa<=d_in_a1;
20     WHEN "010" => d_out_qa<=d_in_b0;
21     WHEN "011" => d_out_qa<=d_in_b1;
22     WHEN "100" => d_out_qa<=d_in_c0;
23     WHEN "101" => d_out_qa<=d_in_c1;
24     WHEN OTHERS => d_out_qa<="0000";
25     END CASE;
26  END PROCESS;
27 END a;
28
```

圖 6.17　VHDL 程式

6.1.6　消除開關機械彈跳器

6.1.6.1　AHDL 編輯消除開關機械彈跳器

　　消除開關機械彈跳器的 AHDL 編輯結果如圖 6.18 所示，其檔名為 debounce_t，並產生代表消除開關機械彈跳器電路的符號如圖 6.19 所示。

```
abc debounce_t.tdf*
1  SUBDESIGN debounce_t
2  (
3      CLK,PB            : INPUT ;
4      PULSE             : OUTPUT;
5  )
6  VARIABLE
7      COUNT[7..0]       :DFF;
8  BEGIN
9      COUNT[].CLK=CLK;
10     COUNT[].PRN=PB;
11     COUNT[]=COUNT[]-1;
12     IF COUNT[]==1 THEN
13         COUNT[]=COUNT[];
14     END IF;
15     PULSE=COUNT[]==1;
16 END ;
17
```

圖 6.18　AHDL 程式

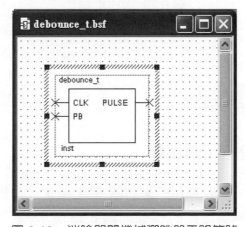

圖 6.19　消除開關機械彈跳器電路符號

6.1.6.2　VHDL 編輯消除開關機械彈跳器

消除開關機械彈跳器的 VHDL 編輯結果如圖 6.20 所示，其檔名為 debounce_v。

```
abc debounce_v.vhd
 1 LIBRARY ieee;
 2 USE ieee.std_logic_1164.all;
 3 USE ieee.std_logic_unsigned.all;
 4 ENTITY debounce_v IS
 5     PORT(CLK,PB : IN  STD_LOGIC;
 6          PULSE  : OUT  STD_LOGIC
 7         );
 8 END debounce_v;
 9 ARCHITECTURE arc OF debounce_v IS
10  SIGNAL imper : STD_LOGIC;
11  BEGIN
12   PROCESS (CLK)
13     VARIABLE counter : integer range 0 to 49;
14   BEGIN
15    IF (CLK'event AND CLK='1') THEN
16      IF counter = "1" and (PB = '1') THEN imper <= '1';
17      ELSE counter := counter-1; imper <= '0';
18      END IF;
19    END IF;
20      PULSE <= imper;
21    END PROCESS ;
22 END arc;
23
```

圖 6.20　VHDL 程式

6.1.7　七段顯示解碼器

6.1.7.1　AHDL 七段顯示解碼器

七段顯示解碼器的 AHDL 編輯結果如圖 6.21 所示，其檔名為 seven_seg_9_t，並產生代表七段顯示解碼器電路的符號如圖 6.22 所示。

```
abc seven_seg_9_t.tdf                                    [_][口][X]
 1  SUBDESIGN seven_seg_9_t
 2  (
 3       D[3..0]       : INPUT;
 4       S[6..0]       : OUTPUT;
 5  )
 6  BEGIN
 7  %   g, f, e, d, c, b, a  %
 8  % = S6,S5,S4,S3,S2,S1,S0 %
 9   TABLE
10      D3,D2,D1,D0 =>  S6,S5,S4,S3,S2,S1,S0;
11      0, 0, 0, 0  =>  1, 0, 0, 0, 0, 0, 0;  % 0 %
12      0, 0, 0, 1  =>  1, 1, 1, 1, 0, 0, 1;  % 1 %
13      0, 0, 1, 0  =>  0, 1, 0, 0, 1, 0, 0;  % 2 %
14      0, 0, 1, 1  =>  0, 1, 1, 0, 0, 0, 0;  % 3 %
15      0, 1, 0, 0  =>  0, 0, 1, 1, 0, 0, 1;  % 4 %
16      0, 1, 0, 1  =>  0, 0, 1, 0, 0, 1, 0;  % 5 %
17      0, 1, 1, 0  =>  0, 0, 0, 0, 0, 1, 0;  % 6 %
18      0, 1, 1, 1  =>  1, 1, 1, 1, 0, 0, 0;  % 7 %
19      1, 0, 0, 0  =>  0, 0, 0, 0, 0, 0, 0;  % 8 %
20      1, 0, 0, 1  =>  0, 0, 1, 0, 0, 0, 0;  % 9 %
21   END TABLE;
22  END;
23
```

圖 6.21　AHDL 程式

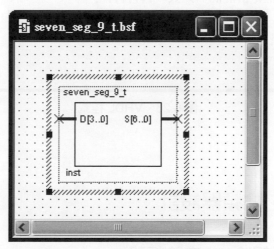

圖 6.22　七段顯示解碼器電路符號

6.1.7.2　VHDL 編輯七段顯示解碼器

七段顯示解碼器的 VHDL 編輯結果如圖 6.23 所示，其檔名為 seven_seg_9_v。

```
seven_seg_9_v.vhd*

1  LIBRARY IEEE; USE IEEE.STD_LOGIC_1164.ALL;
2  ENTITY seven_seg_9_v IS
3      PORT(D  : IN    STD_LOGIC_VECTOR(3 DOWNTO 0);
4           S  : OUT   STD_LOGIC_VECTOR(6 DOWNTO 0) );
5  END seven_seg_9_v ;
6  ARCHITECTURE a OF seven_seg_9_v IS
7  BEGIN
8    PROCESS(D)
9      BEGIN
10       CASE D IS
11
12       WHEN "0000" => S<="1000000";  -- 0
13       WHEN "0001" => S<="1111001";  -- 1
14       WHEN "0010" => S<="0100100";  -- 2
15       WHEN "0011" => S<="0110000";  -- 3
16       WHEN "0100" => S<="0011001";  -- 4
17       WHEN "0101" => S<="0010010";  -- 5
18       WHEN "0110" => S<="0000010";  -- 6
19       WHEN "0111" => S<="1111000";  -- 7
20       WHEN "1000" => S<="0000000";  -- 8
21       WHEN "1001" => S<="0010000";  -- 9
22       WHEN OTHERS => S<="1111111";
23         END CASE;
24    END PROCESS;
25 END a;
26
27
```

圖 6.23　VHDL 程式

6.1.8　除 1K 之除頻器設計

6.1.8.1　AHDL 編輯除 1K 之除頻器

除 1K 之除頻器的 AHDL 編輯結果如圖 6.24 所示，其檔名為 div_1K _t，並產生代表除 1K 之除頻器電路的符號如圖 6.25 所示。

```
 1 SUBDESIGN div_1K_t
 2 (
 3     Clkin               : INPUT ;
 4     Clkout              : OUTPUT;
 5 )
 6 VARIABLE
 7     counter[10..0]      : DFF;
 8     divout              : DFF;
 9 BEGIN
10     divout.clk=Clkin;
11     counter[].clk=Clkin;
12     divout.d=(counter[].q==0);
13     IF (counter[].q==999) THEN
14         counter[].d=0;
15     ELSE
16         divout.d=!(counter[].q>=499);
17         counter[].d=counter[].q+1 ;
18     END IF ;
19     Clkout=divout;
20 END;
21
```

圖 6.24　AHDL 程式

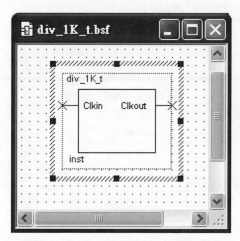

圖 6.25　除 1K 之除頻器電路符號

6.1.8.2　VHDL 編輯除 1K 之除頻器

除 1K 之除頻器的 VHDL 編輯結果如圖 6.26 所示，其檔名為 div_1K _v。

```
3 USE ieee.std_logic_unsigned.all;
4 ENTITY div_1K_v IS
5     PORT(Clkin  : IN  STD_LOGIC;
6           Clkout : OUT  STD_LOGIC
7         );
8 END div_1K_v;
9 ARCHITECTURE arc OF div_1K_v IS
10 signal imper : STD_LOGIC;
11  BEGIN
12   PROCESS (Clkin)
13     VARIABLE counter : integer range 0 to 999;
14   BEGIN
15    IF (Clkin'event AND Clkin='1') THEN
16      IF counter < 499 THEN counter := counter+1;
17      ELSE  counter :=0; imper <= not imper;
18      END IF;
19    END IF;
20      Clkout <= imper;
21    END PROCESS ;
22 END arc;
23
```

圖 6.26　VHDL 程式

6.1.9　掃描電路設計

由於本專題之七段顯示控制模組電路如圖 6.2，所以需設計掃描電路來讓六個七段顯示器以較高頻率依序顯示。

6.1.9.1　AHDL 編輯掃描電路

掃描電路的 AHDL 編輯結果如圖 6.27 所示，其檔名為 seven_seg_sacn_t，並產生代表掃描電路的符號如圖 6.28 所示。

```
abc seven_seg_scan_t.tdf                          _ □ X
  1 SUBDESIGN seven_seg_scan_t
  2 (
  3     scanclkin                   : INPUT ;
  4     scanout[5..0]               : OUTPUT;
  5     scansel[2..0]               : OUTPUT;
  6 )
  7 VARIABLE
  8     scansel[2..0]           :   DFF;
  9 BEGIN
 10     scansel[].clk=scanclkin;
 11     IF (scansel[].q==5) THEN
 12         scansel[].d=0;
 13     ELSE
 14         scansel[].d=scansel[].q+1;
 15     END IF ;
 16     TABLE
 17       scansel[] => scanout[];
 18           0    => b"000001";
 19           1    => b"000010";
 20           2    => b"000100";
 21           3    => b"001000";
 22           4    => b"010000";
 23           5    => b"100000";
 24     END TABLE;
 25 END;
 26
```

圖 6.27　AHDL 程式

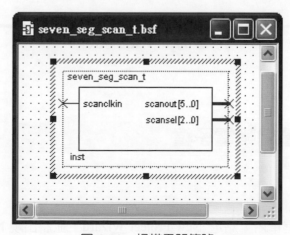

圖 6.28　掃描電路符號

6.1.9.2　VHDL 編輯掃描電路

掃描電路的 VHDL 編輯結果如圖 6.29 所示，其檔名為 seven_seg_sacn_v。

```
1  LIBRARY IEEE;
2  USE IEEE.STD_LOGIC_1164.ALL;
3  USE ieee.std_logic_unsigned.all;
4  ENTITY seven_seg_scan_v IS
5      port
6      (   scanclkin :   IN   STD_LOGIC;
7          scanout    :  OUT   STD_LOGIC_VECTOR(5 downto 0);
8          scansel    :  OUT   STD_LOGIC_VECTOR(2 downto 0) );
9  END seven_seg_scan_v;
10 ARCHITECTURE a OF seven_seg_scan_v IS
11 BEGIN
12  PROCESS(scanclkin)
13    VARIABLE imper1 :STD_LOGIC_VECTOR(2 downto 0);
14   BEGIN
15     IF (scanclkin'event AND scanclkin='1') THEN
16        IF imper1<"101" THEN imper1:= imper1+1; scansel<=imper1;
17        ELSE   imper1:="000"; scansel<=imper1;
18        END IF;
19     END IF;
20    CASE imper1 IS
21     WHEN "000" => scanout<="000001";
22     WHEN "001" => scanout<="000010";
23     WHEN "010" => scanout<="000100";
24     WHEN "011" => scanout<="001000";
25     WHEN "100" => scanout<="010000";
26     WHEN "101" => scanout<="100000";
27     WHEN OTHERS => scanout<="000000";
28     END CASE;
29  END PROCESS;
30 END a;
```

圖 6.29　VHDL 程式

6.1.10　電路圖編輯電子鐘

設計程序如下：

1. 開啟新檔：

   ● 首先於 File 選單內，點選 New Project Wizard，並將出現 New Project Wizard 視窗。指定設計專案之名稱為 clock24_6_7seg，其輸入步驟如圖 2.1 至圖 2.6。

2. 開啓新檔：

- 設計者可點選"File"，並於下拉式選單中點選"New"，將出現 New 視窗。於 Design Files 標籤下，選定欲開啓的檔案格式如"Block Diagram/Schematic File"，並點選 OK 後，一個新的區塊/圖形編輯器視窗即展開。

3. 儲存檔案：

- 設計者可點選"File"，並於下拉式選單中點選"Save As"，可出現另存新檔的對話視窗。設計者可於 File name 欄位填入欲儲存之檔名例如 clock24_6_7seg，並勾選 Add file to current project 後，點選"存檔"即可。

4. 編輯視窗中建立邏輯電路設計：

- 選定物件插入時的位置，在圖形編輯視窗畫面內適當的位置點一下。

- 引入邏輯閘，選取視窗選單 Edit → Insert Symbol → 在 Libraries → Project 處，點選 div_10M_t(或 div_10M_v，除 10M 之除頻器)符號檔，按 OK。再選出 debounce_t(或 debounce_v，消除開關機械彈跳器)、div_1K_t(或 div_1K _v，除 1K 之除頻器) 、seven_seg_scan_t (或 seven_seg_scan _v，掃描電路) 、muxsel_t(或 muxsel _v，4 對 1 多工器)、counter_60_t (或 counter_60_v ，60 模計數器)、counter_24_t(或 counter_24_v，24 模計數器)、muxsel6_1_t (或 muxsel6_1_v，六對一解多工器)及 seven_seg_9_t (或 seven_seg_9_v，七段顯示解碼器)符號檔。

- 引入輸入及輸出接腳，選取視窗選單 Edit→Insert Symbol→在 c:/altera/80/quaturs /libraries/primitive/pin 處，點選三個 input 閘，及二個 output 閘。

- 更改輸入及輸出接腳名稱，在'PIN_NAME'處按兩下，更改輸入接腳爲 clock、hand 及 sel[3..0]，輸出接腳爲 scanout[5..0]與 sevena[6..0]。

- 連線，點選 ⌐ 按鈕，將 clock 與 hand 分別連接到 div_10M_t(或 div_10M_v)，與 debounce_t(或 debounce_v)符號檔的輸入端。點選 ⌐ 按鈕，將接腳 sel[3..0] 以匯流排連接至 muxsel_t 符號檔的輸入端。點選 ⌐ 按鈕，將輸出接腳 scanout [5..0]與 sevena[6..0] 分別以匯流排連接至 seven_seg_scan_t(或 seven_seg_scan_v) 及 seven_seg_9_t(或 seven_seg_9_v)符號檔的輸出端，如圖 6.30 所示。

5. 存檔並組譯，選取視窗選單 Processing → Compiler Tool → Start，即可進行組譯，產生 clock24_6_7seg.sof 或.pof 燒錄檔。

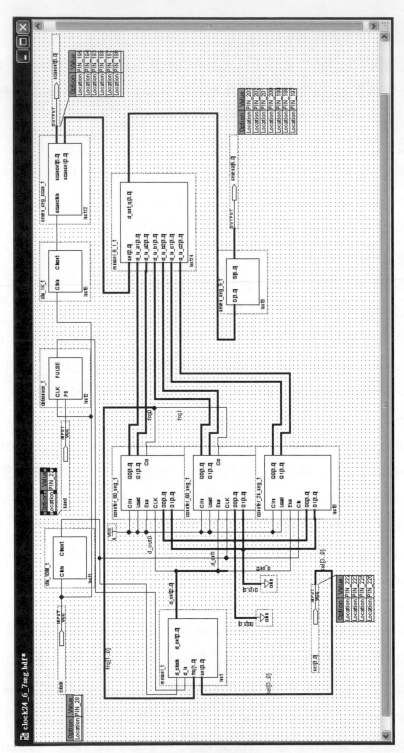

圖 6.30　電子鐘電路

6.1.11　元件腳位指定

　　在執行編譯前,可參考表 6.1 之七段顯示器模組與按鍵開關組腳位宣告,進行腳位指定。首先可點選 "Assignments",並於下拉式選單中點選 "Pins",將出現 Assignment Editor 視窗。直接點選 Filter 欄位的 Pins:all 選項。即可於 Assignment Editor 視窗的最下面欄位之 Location 處輸入或指定接腳編號即可完成,如圖 6.31 及圖 6.32 所示。完成上述步驟,設計者即可執行編譯。

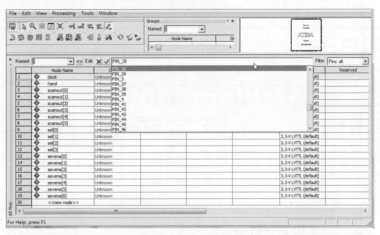

圖 6.31　Assignment Editor 視窗中指定接腳編號

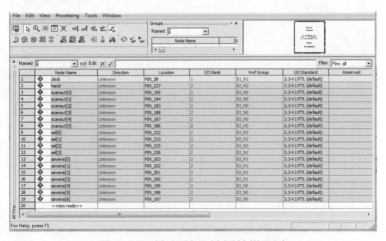

圖 6.32　輸出/輸入接腳特徵列表

6.1.12　燒錄程式至 Cyclone FPGA 實驗器平台

1. Cyclone FPGA 基板具有 AS Mode 以及 JTAG Mode 兩種燒錄模式。AS Mode 僅支援 Cyclone 系列元件，其目的是用來燒錄 EPROM 元件。而 JTAG Mode，則是將位元串資料載入 FPGA 晶片的一種方式。本實驗以 JTAG Mode 方式透過 ByteBlaster II 燒錄纜線分別連接至實驗器的 JTAG(10PIN)接頭及電腦並列埠，並將 JP1 及 JP2 設定為 JTAG Mode，如圖 6.33 所示。

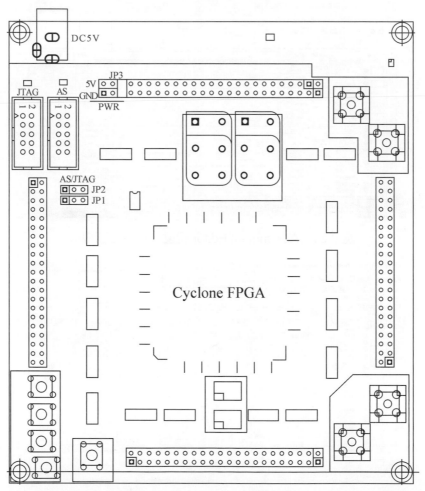

圖 6.33　Cyclone FPGA 基板

2. 選取視窗選單 Tools → Programmer，出現燒錄視窗。選取硬體設定 Hardware Setup 開即可進行組譯，出現 Hardware Setup 視窗，選擇 Hardware Setting → Add Hardware，出現 Add Hardware 視窗，於 Hardware type 選項中，選擇

ByteBlaseterMV or ByteBlaseterII，在 Port 選項中，選擇 LPT1，按 OK 鍵，如圖 6.34 所示，回 Hardware Setup 視窗，選擇 ByteBlaseterII，再按 Select Hardware 鍵選取硬體，如圖 6.35 所示，按 Close 鍵。

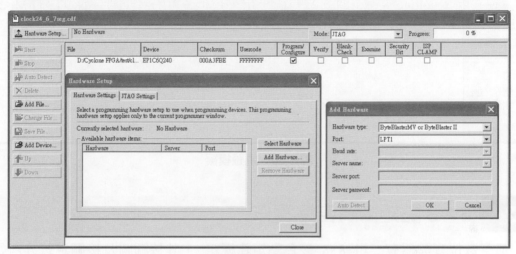

圖 6.34 硬體設定

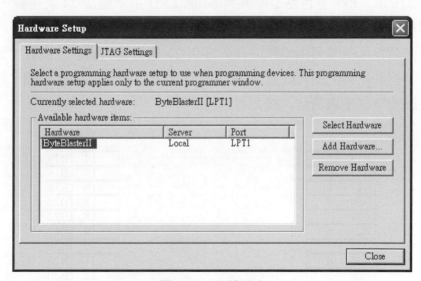

圖 6.35 硬體設定

3. 在燒錄視窗加入燒錄檔案，選取 Add File，出現 Select Programming File 視窗，選擇 clock24_6_7seg.sof 燒錄檔案，在 Mode 選項，選擇 JTAG Mode，在 Program/Configure 處打勾，再按 Start 鍵進行燒錄模擬，如圖 6.36 所示，其實驗結果可參考附錄 B。

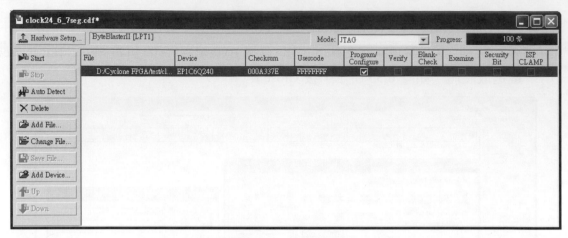

圖 6.36　燒錄模擬

6.2　8×8 點矩陣廣告燈實作

　　華亨數位實驗器有一組 8×8 雙色點矩陣模組 ，其接腳圖及接腳定義分別如圖 6.37 及表 6.2 所示。8×8 雙色點矩陣共有 64 個 LED 指示燈及 24 支接腳，其中有 16 支信號接腳用於驅動 64 個發光二極體，但因支援雙色顯示的原因，另需再有 8 支接腳以顯示不同顏色，故可藉由矩陣的列與行共 24 組信號的組合，設計出設計者欲顯示之圖形，其控制信號的組合如圖 6.38 所示。若結合適當之掃描時間，將可實現常見的實用設計如字幕型跑馬燈、廣告看板設計等。

```
1B11  12                          13  1B12
1B13  11                          14  1B14
1B15  10                          15  1B16
1B17   9                          16  1B18
1B19   8                          17  1B20
1B21   7                          18  1B22
1B23   6                          19  1B24
1B25   5                          20  1B26
1B27   4                          21  1B28
1B29   3                          22  1B30
1B31   2                          23  1C0
1C1    1                          24  1C2

          8X8LED2COLOR
```

圖 6.37　8×8 點矩陣接腳圖

表 6.2　8×8 點矩陣顯示模組及按鍵開關 PB3 接腳對應

模組腳位	FPGA 接腳代號	FPGA 接腳編號	模組腳位	FPGA 接腳代號	FPGA 接腳編號
1	1C1	98	14	1B14	75
2	1B31	96	15	1B16	77
3	1B29	94	16	1B18	79
4	1B27	88	17	1B20	81
5	1B25	86	18	1B22	83
6	1B23	84	19	1B24	85
7	1B21	82	20	1B26	87
8	1B19	80	21	1B28	93
9	1B17	78	22	1B30	95
10	1B15	76	23	1C0	97
11	1B13	74	24	1C2	99
12	1B11	68	PB3	1A5	8
13	1B12	73	OSC_SMD1	10MHZ	28

	行 1 (G,V)	行 2 (G,V)	行 3 (G,V)	行 4 (G,V)	行 5 (G,V)	行 6 (G,V)	行 7 (G,V)	行 8 (G,V)
列 1	10,11	10,8	10,5	10,2	10,23	10,20	10,17	10,14
列 2	7,11	7,8	7,5	7,2	7,23	7,20	7,17	7,14
列 3	4,11	4,8	4,5	4,2	4,23	4,20	4,17	4,14
列 4	1,11	1,8	1,5	1,2	1,23	1,20	1,17	1,14
列 5	22,11	22,8	22,5	22,2	22,23	22,20	22,17	22,14
列 6	19,11	19,8	19,5	19,2	19,23	19,20	19,17	19,14
列 7	16,11	16,8	16,5	16,2	16,23	16,20	16,17	16,14
列 8	13,11	13,8	13,5	13,2	13,23	13,20	13,17	13,14

註：8×8LED 矩陣之腳位(紅色,G: GND, V: VDD)，例如行 1、列 2 之 LED 發出紅光，則第 7 腳接 GND，第 11 腳接 VDD。

圖 6.38　8×8 雙色點矩陣控制信號組合

	行 1 (G,V)	行 2 (G,V)	行 3 (G,V)	行 4 (G,V)	行 5 (G,V)	行 6 (G,V)	行 7 (G,V)	行 8 (G,V)
列 1	10,12	10,9	10,6	10,3	10,24	10,21	10,18	10,15
列 2	7,12	7,9	7,6	7,3	7,24	7,21	7,18	7,15
列 3	4,12	4,9	4,6	4,3	4,24	4,21	4,18	4,15
列 4	1,12	1,9	1,6	1,3	1,24	1,21	1,18	1,15
列 5	22,12	22,9	22,6	22,3	22,24	22,21	22,18	22,15
列 6	19,12	19,9	19,6	19,3	19,24	19,21	19,18	19,15
列 7	16,12	16,9	16,6	16,3	16,24	16,21	16,18	16,15
列 8	13,12	13,9	13,6	13,3	13,24	13,21	13,18	13,15

註：8×8LED 矩陣之腳位(黃色,G: GND, V: VDD)，例如行 1、列 2 之 LED 發出黃光，則第 7 腳接 GND，第 12 腳接 VDD。

圖 6.38　8×8 雙色點矩陣控制信號組合(續)

　　本專題是利用按鍵開關 PB3 來控制 8×8 雙色點矩陣顯示內容右左移動。在 8×8 雙色點矩陣顯示法有兩種方法如下：

(1) 字型碼方法：此種方法控制上較為簡易，設計者只要找到點矩陣之列與行控制信號的對應關係，即可根據欲顯示的字元，再致能相對的矩陣列或矩陣行控制信號即可。

(2) 掃瞄顯示法：字形顯示資料由列輸出，控制碼由行輸出，每一個顯示字形，則由 8 筆資料組成。首先，送出第一筆資料，而由控制碼選擇第一行點亮，接著送出第二筆資料，控制碼選擇將選擇第二行點亮，如此依序點亮至最後一行後，再重頭開始，只要掃描週期適當，在人類視覺暫留的特性下，點矩陣顯示即成為一個完整的字形畫面，本專題即使用此種掃描顯示方式。由於本專題選用 10MHZ 時脈波石英振盪器，所以除了應用先前介紹除 1KHz 除頻器及消除開關機械彈跳器外、再設計移位計數器與行掃描計數器及 Cyclone FPGA 內建記憶體模組器。並分別以 AHDL 編輯及 Verilog HDL 編輯設計各小程式，各別產生符號檔，再以圖形編輯完成設計，最後燒錄在晶片上。

● 設計步驟如下：

1. 設計一個除頻元件，將原本輸入頻率為 10MHz，經由兩個除 1K 之除頻器，使頻率變成 10Hz。

2. 設計一個移位計數器與行掃描計數器，可利用按鍵開關 PB3 控制 8×8 雙色點矩陣顯示內容右左移動。

3. 設計一個"除彈跳器"電路，來消除按鍵機械開關彈跳問題，而避免機械彈跳造成誤動作（按鍵 ON/OFF 好多次）。

4. 建立一個 Cyclone FPGA 內建記憶體模組器，將顯示字幕內容輸入記憶體模組檔案內。

6.2.1　除 1K 之除頻器設計

6.2.1.1　AHDL 編輯除 1K 之除頻器

除 1K 之除頻器的 AHDL 編輯結果如圖 6.39 所示，其檔名為 div_1K_t，並產生代表除 1K 之除頻器電路的符號如圖 6.40 所示。

```
div_1K_t.tdf*
1  SUBDESIGN div_1K_t
2  (
3      Clkin                 : INPUT ;
4      Clkout                : OUTPUT;
5  )
6  VARIABLE
7      counter[10..0]        :   DFF;
8      divout                :   DFF;
9  BEGIN
10     divout.clk=Clkin;
11     counter[].clk=Clkin;
12     divout.d=(counter[].q==0);
13     IF (counter[].q==999) THEN
14         counter[].d=0;
15     ELSE
16         divout.d=!(counter[].q>=499);
17         counter[].d=counter[].q+1;
18     END IF ;
19     Clkout=divout;
20 END;
21
```

圖 6.39　AHDL 程式

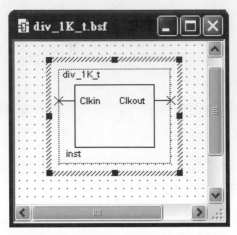

圖 6.40　除 1K 之除頻器電路符號

6.2.2　消除開關機械彈跳器

6.2.2.1　AHDL 編輯消除開關機械彈跳器

消除開關機械彈跳器的 AHDL 編輯結果如圖 6.41 所示，其檔名為 debounce_t，並產生代表消除開關機械彈跳器電路的符號如圖 6.41 所示。

```
abc debounce_t.tdf*
 1 SUBDESIGN debounce_t
 2 (
 3     CLK,PB          : INPUT ;
 4     PULSE           : OUTPUT;
 5 )
 6 VARIABLE
 7     COUNT[7..0]     :DFF;
 8 BEGIN
 9     COUNT[].CLK=CLK;
10     COUNT[].PRN=PB;
11     COUNT[]=COUNT[]-1;
12     IF COUNT[]==1 THEN
13         COUNT[]=COUNT[];
14     END IF;
15     PULSE=COUNT[]==1;
16 END ;
17
```

圖 6.41　AHDL 程式

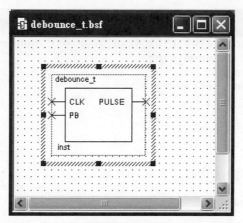

圖 6.42　消除開關機械彈跳器電路符號

6.2.3　移位計數器與行掃描計數器設計

6.2.3.1　Verilog HDL 編輯移位計數器與行掃描計數器

　　移位計數器與行掃描計數器電路設計主要包含有兩個計數器：一是 scan-_counter，另一則為 addr_counter，分別利用 clk3(1K Hz)及 clk2(10 Hz)兩種不同頻率，產生兩個信號分別為 scan_counter (用來做行掃描的計數值輸出)，及另一個 addr_out 信號(用來驅動內建字幕 ROM 的位址埠)。

　　scan_counter 是產生掃描每一行的位址，計數值將由 0 數到 7，此輸出接至 74138 解碼器產生類似環狀計數器的反向輸出效果(8 個輸出中每次只有一隻腳輸出為 low，)，藉由這樣的功能來達到 8 個行掃描的功能，每一行掃描的時間是 1ms。

　　addr_counter 為每一行字幕的移位，而 addr_out 輸出則是由 addr+scan 而得到，即每 0.1 秒送出 8 行的字幕，如 0~7、1~8、2~9、3~10……24~31 行的字幕。移位計數器與行掃描計數器的 Verilog HDL 編輯結果如下圖 6.43 所示，其檔名為 scan_addr2，並產生代表移位計數器與行掃描計數器的符號如圖 6.44 所示。

```
abc scan_addr2.v*
 1 module scan_addr2(clk2,clk3,scan,addr_out,updown_sig,addr);
 2 input clk2,clk3,updown_sig;
 3 output [4:0]scan;
 4 output [4:0]addr_out,addr;
 5 wire [4:0]addr_out;
 6 wire [4:0]addr;
 7 reg [4:0]count,scan;
 8 reg [4:0]addr_out;
 9
10 always @(posedge clk3)
11 begin
12 addr_out=scan+addr;
13 if (scan>7)
14 scan=0;
15 else
16 scan=scan+1;
17 end
18
19 lpm_counter0  lpm_counter0_inst (
20     .clock ( clk2 ),
21     .updown ( updown_sig ),
22     .q ( addr )
23     );
24
25 endmodule
26
```

圖 6.43　Verilog HDL 程式

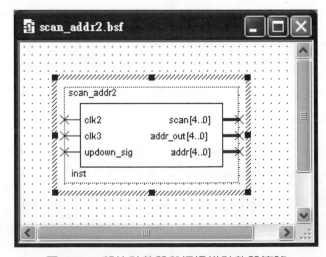

圖 6.44　移位計數器與行掃描計數器符號

6.2.3.2　使用 MegaWizard 建立 Cyclone FPGA 內建記憶體模組器

8×8 點矩陣廣告燈設計中，以顯示字幕 A＋+為例，字與字中間可預留間隔填上 FF，其餘則依顯示內容數值，填入記憶體初始值視窗(*.mif)，如圖 6.45 所示。(0 為亮；1 為不亮)

C0	B7	77	B7	C0	EF	EF	83	EF	EF	EF	EF	83	EF	EF
1	1	0	1	1	1	1	1	1	1	1	1	1	1	1
1	0	1	0	1	1	1	0	1	1	1	1	0	1	1
0	1	1	1	0	1	1	0	1	1	1	1	0	1	1
0	1	1	1	0	0	0	0	0	0	0	0	0	0	0
0	0	0	0	0	1	1	0	1	1	1	1	0	1	1
0	1	1	1	0	1	1	0	1	1	1	1	0	1	1
0	1	1	1	0	1	1	1	1	1	1	1	1	1	1
0	1	1	1	0	1	1	1	1	1	1	1	1	1	1

圖 6.45　內建記憶體之顯示數值規劃

建立記憶體初始值程序如下：

● 設計者可點選"File"，並於下拉式選單中點選"New"，將出現 New 視窗。於 Memory Files 標籤下，選定欲開啓的檔案格式如 "Memory Initialization File"，並點選 OK 後，出現 Number of Words & Words Size 視窗，於 Number of Words 下鍵入所要建立記憶體的數目，如圖 6.46 所示，並點選 OK 後，出現 MIF.mif 視窗，將圖 6.45 中顯示數值鍵入內記憶體，點選"File"，並於下拉式選單中點選"Save As"，於 File name 欄位填入欲儲存之檔名例如 top，點選"存檔"即可，如圖 6.47 所示。

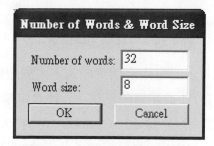

圖 6.46　內建記憶體之數目

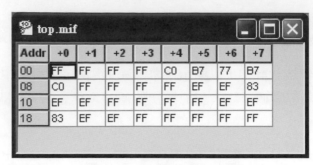

圖 6.47 記憶體初始值視窗

編輯視窗中建立內建記憶體電路設計：

● 選定物件插入時的位置，在圖形編輯視窗畫面內適當的位置點一下。

● 引入記憶體元件，選取視窗選單 Edit → Insert Symbol→在 Symbol 視窗的左下處，選取 "Mega Wizard Plug-In Manager" 按鈕，內建記憶體模組器元件設定精靈首頁。

● 元件設定精靈第一頁，將詢問設計者是否建立一個新的元件；或是修改一個已建立的元件；或是複製一個已建立的元件。我們在此點選第一個選項 "Create a new custom magefunction variation"，並點選『Next』，如圖 6.48 所示。

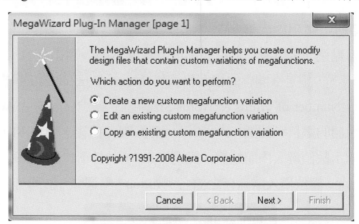

圖 6.48 元件設定精靈第一頁

● 元件設定精靈第二頁，設定輸出檔案形式，由於記憶體屬於儲存類，因此可於 storage 選出 LPM_ROM 此記憶體元件。元件設定精靈第二頁的右半部，可選擇華亨數位實驗器所支援的 Cyclone 元件，且選擇所支援的語法 (AHDL/VHDL/Verilog HDL)，最後再給予此元件的路徑檔名，即可點選『Next』，如圖 6.49 所示。

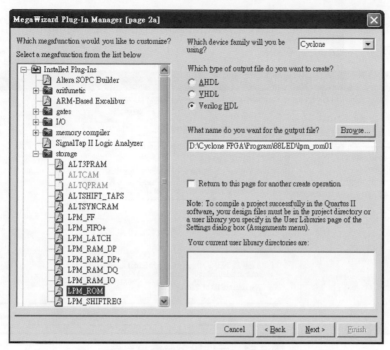

圖 6.49　元件設定精靈第二頁

● 元件設定精靈第三頁，設定輸入出位元參數，在設定此記憶體的輸出入匯流排位
元數(bits)及 words 的數目規範等，可依照圖 6.50 設定即可。

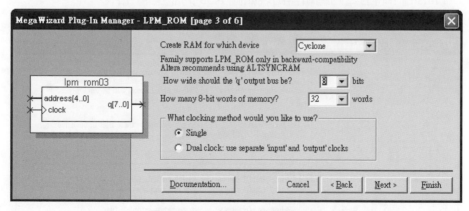

圖 6.50　元件設定精靈第三頁

● 元件設定精靈第五頁，在設定此記憶體初始值檔案為 top.mif。可依照圖 6.51 設定即可。

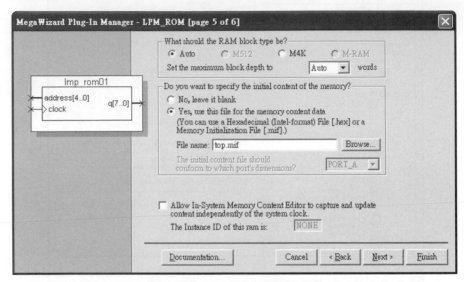

圖 6.51　元件設定精靈第五頁

● 元件設定精靈第六頁，在產生此記憶體元件的相關設計檔，如圖 6.52 所示。若有任何需要再修正的部分，仍可以點選『Back』回到前頁設定。否則，點選『Finish』，將於繪圖編輯器出現如圖 6.53 的記憶體元件。

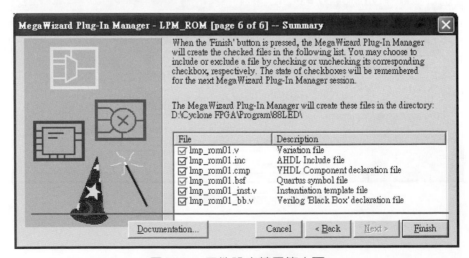

圖 6.52　元件設定精靈第六頁

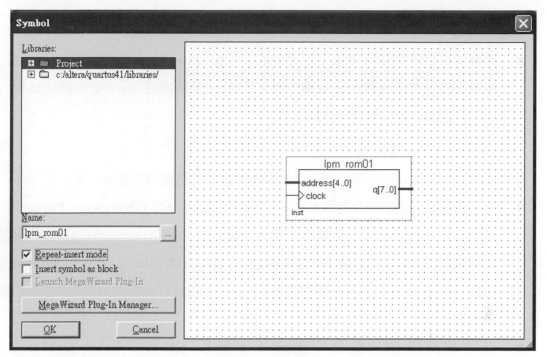

圖 6.53　記憶體元件

6.2.4　電路圖編 8 乘 8 點矩陣廣告燈

設計程序如下：

1. 建立新的專案(Project)：
   - 首先於 File 選單內，點選 New Project Wizard，並將出現 New Project Wizard 視窗。指定設計專案之名稱為 top，其輸入步驟如圖 2.1 至圖 2.6。

2. 開啓新檔：
   - 設計者可點選"File"，並於下拉式選單中點選"New"，將出現 New 視窗。於 Design Files 標籤下，選定欲開啓的檔案格式如"Block Diagram/Schematic File"，並點選 OK 後，一個新的區塊/圖形編輯器視窗即展開。

3. 儲存檔案：

● 設計者可點選"File"，並於下拉式選單中點選"Save As"，可出現另存新檔的對話
視窗。設計者可於 File name 欄位填入欲儲存之檔名例如 top，並勾選 Add file to
current project 後，點選"存檔"即可。

4. 編輯視窗中建立邏輯電路設計：

● 選定物件插入時的位置，在圖形編輯視窗畫面內適當的位置點一下。

● 引入邏輯閘，選取視窗選單 Edit → Insert Symbol→在 Libraries → Project 處，
點選 div_1K_t (除 1K 之除頻器)符號檔，按 OK。再選出 debounce_t (消除開關機
械彈跳器)、div_100_t (除 100 之除頻器) 、div10 (除 10 之除頻器) 、74138(解碼
器) 、lmp_rom01 (內建記憶體電路)及 scan_addr2 (移位計數器與行掃描計數器)
符號檔。

● 引入輸入及輸出接腳，選取視窗選單 Edit → Insert Symbol→在
c:/altera/80/quaturs /libraries/primitive/pin 處，點選 2 個 input 閘，及 24 個 output
閘。

● 更改輸入及輸出接腳名稱，在'PIN_NAME'處按兩下，更改輸入接腳為 clk1 及
up_dwon，輸出接腳為 q[7..0]、y[7..0] 、 led3、led6、led9、led12、led15、led18
及 led24 等。

● 連線，點選 ⌐ 按鈕，將 clk1 及 up_dwon 分別連接到 div_1K_t 與 debounce_t
符號檔的輸入端。其電路圖如圖 6.54 所示。

5. 存檔並組譯，選取視窗選單 Processing → Compiler Tool → Start，即可進行
組譯，產生 top.sof 或.pof 燒錄檔。

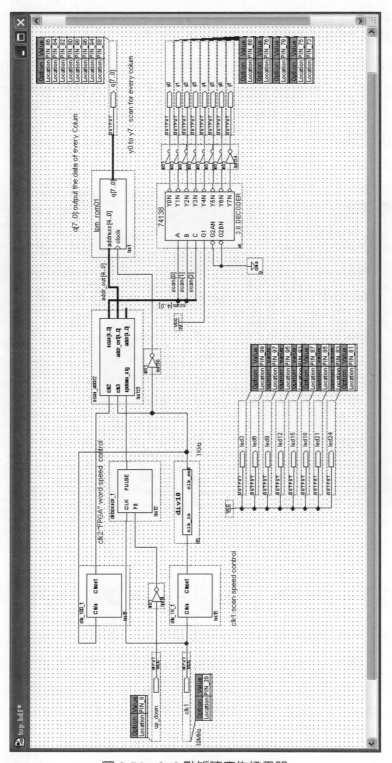

圖 6.54　8×8 點矩陣廣告燈電路

6.2.5　元件腳位指定

在執行編譯前，可參考表 6.2 之 8 乘 8 點矩陣顯示模組及按鍵開關 PB3 腳位宣告，進行腳位指定。首先可點選 "Assignments"，並於下拉式選單中點選 "Pins"，將出現 Assignment Editor 視窗。直接點選 Filter 欄位的 Pins:all 選項。即可於 Assignment Editor 視窗的最下面欄位之 Location 處輸入或指定接腳編號即可完成，如圖 6.55 所示。完成上述步驟，設計者即可執行編譯。

	To	Location	I/O Bank	I/O Standard	General Function	Special Function
1	led24	PIN_81	4	LVTTL	Column I/O	LVDS65n
2	led21	PIN_83	4	LVTTL	Column I/O	LVDS64n
3	led18	PIN_85	4	LVTTL	Column I/O	LVDS63n
4	led15	PIN_87	4	LVTTL	Column I/O	LVDS62n
5	y7	PIN_73	4	LVTTL	Column I/O	DPCLK7/DQS1B
6	y6	PIN_75	4	LVTTL	Column I/O	LVDS67p
7	y5	PIN_77	4	LVTTL	Column I/O	LVDS66p/DQ1B4
8	y4	PIN_79	4	LVTTL	Column I/O	
9	q[3]	PIN_86	4	LVTTL	Column I/O	LVDS62p
10	q[2]	PIN_84	4	LVTTL	Column I/O	LVDS63p
11	q[1]	PIN_82	4	LVTTL	Column I/O	LVDS64p
12	q[0]	PIN_80	4	LVTTL	Column I/O	LVDS65p
13	q[7]	PIN_98	4	LVTTL	Column I/O	LVDS59p
14	q[6]	PIN_96	4	LVTTL	Column I/O	LVDS60p
15	q[5]	PIN_94	4	LVTTL	Column I/O	LVDS61p/DM1B
16	q[4]	PIN_88	4	LVTTL	Column I/O	
17	y3	PIN_78	4	LVTTL	Column I/O	LVDS66n
18	y2	PIN_76	4	LVTTL	Column I/O	LVDS67n/DQ1B5
19	y1	PIN_74	4	LVTTL	Column I/O	VREF2B4
20	y0	PIN_68	4	LVTTL	Column I/O	LVDS68n/DQ1B6
21	led12	PIN_93	4	LVTTL	Column I/O	VREF1B4
22	led9	PIN_95	4	LVTTL	Column I/O	LVDS61n
23	led6	PIN_97	4	LVTTL	Column I/O	LVDS60n
24	led3	PIN_99	4	LVTTL	Column I/O	LVDS59n
25	up_down	PIN_8	1	LVTTL	Row I/O	LVDS12n/DQ0L1
26	clk1	PIN_28	1	LVTTL	Dedicated Clock	CLK0/LVDSCLK1p
27	<<new>>	<<new>>				

圖 6.55　輸出/輸入接腳特徵列表

6.2.6　燒錄程式至器 Cyclone FPGA 實驗器平台

1. Cyclone FPGA 基板具有 AS Mode 以及 JTAG Mode 兩種燒錄模式。AS Mode 僅支援 Cyclone 系列元件，其目的是用來燒錄 EPROM 元件。而 JTAG Mode，則是將位元串資料載入 FPGA 晶片的一種方式。本實驗以 JTAG Mode 方式透過 ByteBlaster II 燒錄纜線分別連接至實驗器的 JTAG(10PIN)接頭及電腦並列埠，並將 JP1 及 JP2 設定為 JTAG Mode。

2.　選取視窗選單 Tools → Programmer，出現燒錄視窗。在燒錄視窗加入燒錄檔案，選取 Add File，出現 Select Programming File 視窗，選擇 top.sop 燒錄檔案，在 Mode 選項，選擇 JTAG Mode，在 Program/Configure 處打勾，再按 Start 鍵進行燒錄模擬，如圖 6.56 所示，其實驗結果可參考附錄 B。

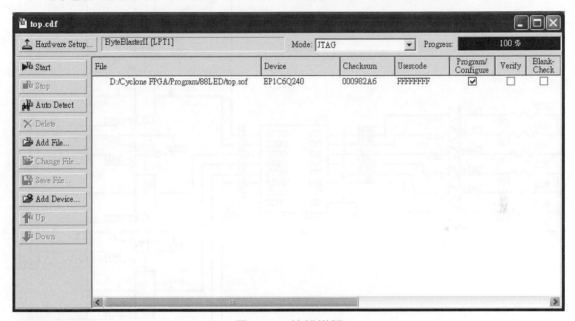

圖 6.56　燒錄模擬

6.3　繼電器控制模組實作

　　華亨數位實驗器有 6 組繼電器，其接腳圖及接腳定義分別如圖 6.57 及表 6.3 所示。每一組繼電器，均有一 Led 指示燈，當繼電器被驅動，則相映之 Led 指示燈發亮。每一組繼電器的後端亦備有外接座，可供使用者接連被動元件。一般可結合一些判斷狀態，進行一些複雜的控制電路等等應用設計，最後再藉由 FPGA 輸出控制 ULN2003 電流驅動晶片，進而推動繼電器上的外接設備。本專題介紹簡易的繼電器控制應用設計，藉由按鍵 PB4 至 PB9 可分別驅動每一個繼電器的開關動作，並以 Verilog HDL 編輯設計程式，產生燒錄檔，最後燒錄在晶片上。

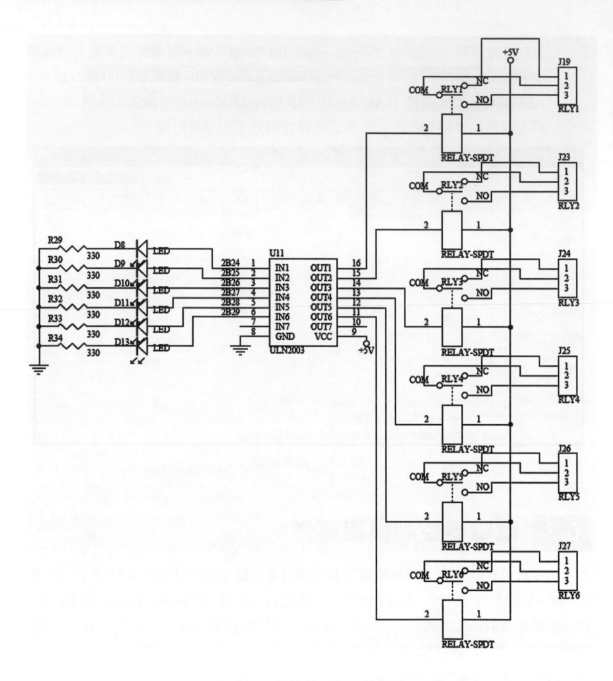

圖 6.57 繼電器控制模組接線圖

表 6.3　繼電器控制模組及按鍵開關 PB4 至 PB9 接腳對應

模組腳位	FPGA 接腳代號	FPGA 接腳編號	模組腳位	FPGA 接腳代號	FPGA 接腳編號
IN1	2B24	216	PB4	1B14	75
IN2	2B25	217	PB5	1B16	77
IN3	2B26	218	PB6	1B18	79
IN4	2B27	219	PB7	1B20	81
IN5	2B28	220	PB8	1B22	83
IN6	2B29	221	PB9	1B24	85

6.3.1　繼電器驅動控制器設計

6.3.1.1　Verilog HDL 編輯繼電器驅動控制器

繼電器驅動控制器的 Verilog HDL 編輯結果如下圖 6.58 所示,其檔名為 relay_6。將程式存檔並組譯,選取視窗選單 Processing → Compiler Tool → Start,即可進行組譯,產生 top.sof 或 .pof 燒錄檔。

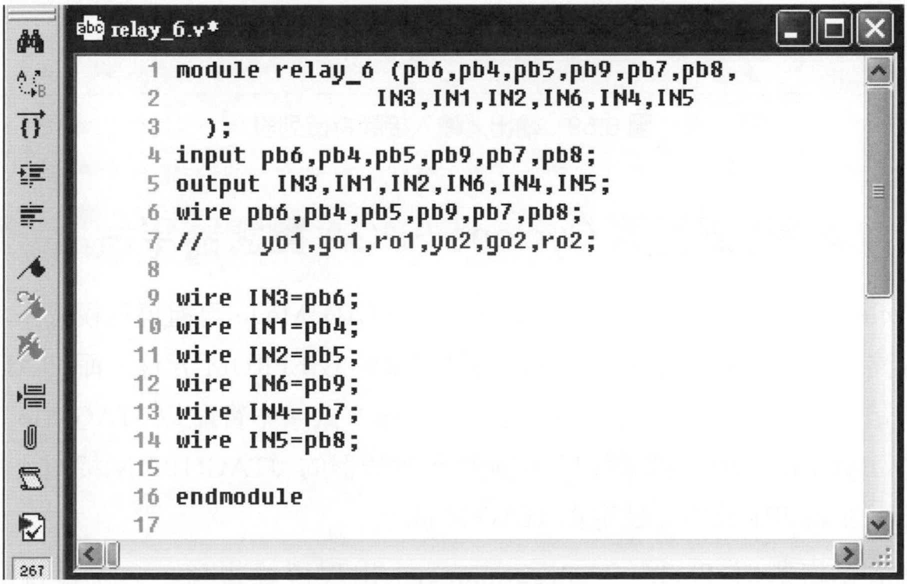

```
abc relay_6.v*
 1  module relay_6 (pb6,pb4,pb5,pb9,pb7,pb8,
 2                  IN3,IN1,IN2,IN6,IN4,IN5
 3    );
 4  input pb6,pb4,pb5,pb9,pb7,pb8;
 5  output IN3,IN1,IN2,IN6,IN4,IN5;
 6  wire pb6,pb4,pb5,pb9,pb7,pb8;
 7  //    yo1,go1,ro1,yo2,go2,ro2;
 8
 9  wire IN3=pb6;
10  wire IN1=pb4;
11  wire IN2=pb5;
12  wire IN6=pb9;
13  wire IN4=pb7;
14  wire IN5=pb8;
15
16  endmodule
17
```

圖 6.58　Verilog HDL 程式

6.3.2　元件腳位指定

在執行編譯前，可參考表 6.3 之繼電器驅動控制模組及按鍵開關 PB4 至 PB9 腳位宣告，進行腳位指定。首先可點選 "Assignments"，並於下拉式選單中點選 "Pins"，將出現 Assignment Editor 視窗。直接點選 Filter 欄位的 Pins:all 選項。即可於 Assignment Editor 視窗的最下面欄位之 Location 處輸入或指定接腳編號即可完成，如圖 6.59 所示。完成上述步驟，使用者即可執行編譯。

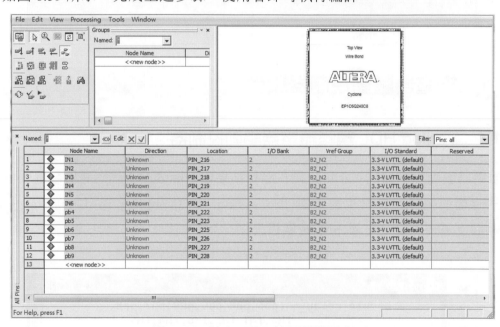

圖 6.59　輸出／輸入接腳特徵列表

6.3.3　燒錄程式至器 Cyclone FPGA 實驗器平台

1. Cyclone FPGA 基板具有 AS Mode 以及 JTAG Mode 兩種燒錄模式。AS Mode 僅支援 Cyclone 系列元件，其目的是用來燒錄 EPROM 元件。而 JTAG Mode，則是將位元串資料載入 FPGA 晶片的一種方式。本實驗以 JTAG Mode 方式透過 ByteBlasterII 燒錄纜線分別連接至實驗器的 JTAG(10PIN)接頭及電腦並列埠，並將 JP1 及 JP2 設定為 JTAG Mode。

2. 選取視窗選單 Tools → Programmer，出現燒錄視窗。在燒錄視窗加入燒錄檔案，選取 Add File，出現 Select Programming File 視窗，選擇

relay_6.sop 燒錄檔案，在 Mode 選項，選擇 JTAG Mode，在 Program/Configure 處打勾，再按 Start 鍵進行燒錄模擬，如圖 6.60 所示，其實驗結果可參考附錄 B。

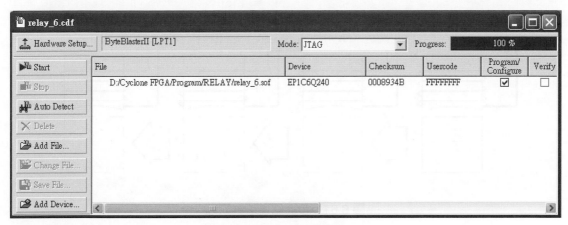

圖 6.60　燒錄模擬

6.4　步進馬達控制實作

　　步進馬達的定子依順時鐘方向來看，若脈波激磁訊號依序傳送至 A 相、A+相、B 相、B+相，則轉子將會向右旋轉（正轉），如圖 6.61 所示。反之，若將順序相反如 B+相、B 相、A+相、A 相，則轉子將向左移動（反轉）。由於步進馬達所使用的驅動訊號爲脈波訊號，因此可藉由控制輸入馬達的脈波數目與步進角(step angle)達成定位控制，如馬達之步進角爲 1.8°時，輸入 200 個脈波訊號至馬達時，則馬達即可旋轉一圈(1.8°×200=360°)。由於步進馬達電路的驅動簡單、定位準確，因此常常被運用在各類需要定位精確的場合，如印表機、繪圖機、精密方向檢測、軟式磁碟機、分割定位機、正反轉控制等裝置。

　　本專題是利用按鍵開關 PB1 及 PB2 來控制步進馬達正反轉，由於華亨數位實驗器 Cyclone FPGA 所產生之脈波訊號屬於小電壓(0~5V)、小電流(0.5mA)訊號，無法產生足夠的電磁場推動馬達轉子，因此需要一個能夠將訊號放大的驅動器，亦即所謂的功率放大器(Amplifier)。圖 6.62 爲步進馬達電路架構圖，圖中步進馬達的電源線共有六條，則其中兩條爲共接點，將 A 相、A+相，與 B 相、B+，四相的輸入點分成兩組，其接腳如表 6.3 所示。由於本專題選用 10MHZ 時脈波石英振盪器，所以除了應用先前介紹除 1KHz 除頻器、消除開關機械彈跳器及步進馬達控制模組器。並分別以 AHDL 編輯及 VHDL 編輯兩種方式設計各小程式，各別產生符號檔，再以圖形編輯完成設計，最後燒錄在晶片上。

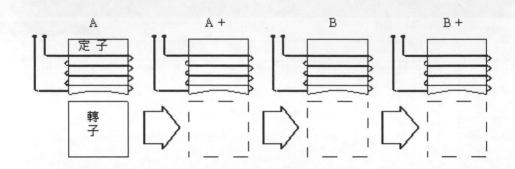

圖 6.61　步進馬達驅動原理

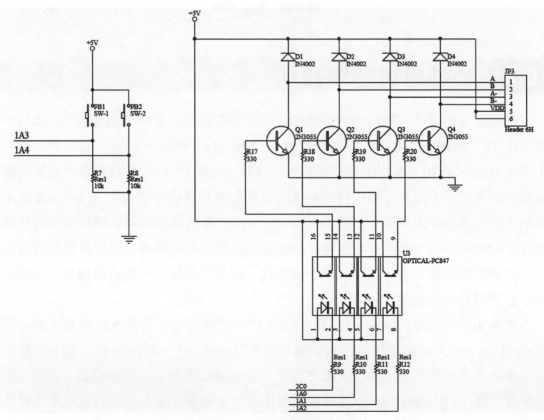

圖 6.62　步進馬達電路架構圖

表 6.4　步進馬控制模組及按鍵開關 PB1 及 PB2 接腳對應

模組腳位	FPGA 接腳代號	FPGA 接腳編號
clock	CLK0(10MHZ)	28
PB1	1A3	6
PB2	1A4	7
A	2C0	224
B	1A0	2
A-	1A1	4
B-	1A2	5

● 設計步驟如下：

1. 設計一個除頻元件，將原本輸入頻率為 10MHz，經由兩個除 1K 之除頻器，使頻率變成 10Hz。

2. 設計一個步進馬達控制模組器，可利用按鍵開關 PB1 及 PB2 控制步進馬達正反轉。

3. 設計一個"除彈跳器"電路，來消除按鍵機械開關彈跳問題，而避免機械彈跳造成誤動作（按鍵 ON/OFF 好多次）。

6.4.1　除 1K 之除頻器設計

6.4.1.1　AHDL 編輯除 1K 之除頻器

除 1K 之除頻器的 AHDL 編輯結果如圖 6.63 所示，其檔名為 div_1K_t，並產生代表除 1K 之除頻器電路的符號如圖 6.64 所示。

```
 1 SUBDESIGN div_1K_t
 2 (
 3     Clkin               : INPUT ;
 4     Clkout              : OUTPUT;
 5 )
 6 VARIABLE
 7     counter[10..0]         :   DFF;
 8     divout                 :   DFF;
 9 BEGIN
10     divout.clk=Clkin;
11     counter[].clk=Clkin;
12     divout.d=(counter[].q==0);
13     IF (counter[].q==999) THEN
14         counter[].d=0;
15     ELSE
16         divout.d=!(counter[].q>=499);
17         counter[].d=counter[].q+1;
18     END IF ;
19     Clkout=divout;
20 END;
21
```

圖 6.63　AHDL 程式

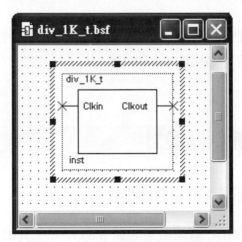

圖 6.64　除 1K 之除頻器電路符號

6.4.1.2　VHDL 編輯除 1K 之除頻器

除 1K 之除頻器的 VHDL 編輯結果如圖 6.65 所示，其檔名為 div_1K_v。

```
3  USE ieee.std_logic_unsigned.all;
4  ENTITY div_1K_v IS
5      PORT(Clkin  : IN   STD_LOGIC;
6           Clkout : OUT  STD_LOGIC
7          );
8  END div_1K_v;
9  ARCHITECTURE arc OF div_1K_v IS
10 signal imper : STD_LOGIC;
11  BEGIN
12   PROCESS (Clkin)
13     VARIABLE counter : integer range 0 to 999;
14   BEGIN
15    IF (Clkin'event AND Clkin='1') THEN
16      IF counter < 499 THEN counter := counter+1;
17      ELSE  counter :=0; imper <= not imper;
18      END IF;
19    END IF;
20      Clkout <= imper;
21    END PROCESS ;
22 END arc;
23
```

圖 6.65　VHDL 程式

6.4.2　消除開關機械彈跳器

6.4.2.1　AHDL 編輯消除開關機械彈跳器

消除開關機械彈跳器的 AHDL 編輯結果如圖 6.66 所示，其檔名為 debounce_t，並產生代表消除開關機械彈跳器電路的符號如圖 6.67 所示。

```
abc debounce_t.tdf*
 1 SUBDESIGN debounce_t
 2 (
 3     CLK,PB          : INPUT ;
 4     PULSE           : OUTPUT;
 5 )
 6 VARIABLE
 7     COUNT[7..0]     :DFF;
 8 BEGIN
 9     COUNT[].CLK=CLK;
10     COUNT[].PRN=PB;
11     COUNT[]=COUNT[]-1;
12     IF COUNT[]==1 THEN
13         COUNT[]=COUNT[];
14     END IF;
15     PULSE=COUNT[]==1;
16 END ;
17
```

圖 6.66　AHDL 程式

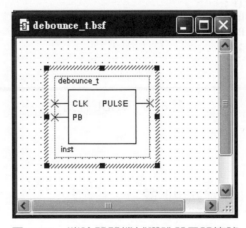

圖 6.67　消除開關機械彈跳器電路符號

6.4.2.2　VHDL 編輯消除開關機械彈跳器

消除開關機械彈跳器的 VHDL 編輯結果如圖 6.68 所示，其檔名為 debounce_v。

```
abc debounce_v.vhd
 1 LIBRARY ieee;
 2 USE ieee.std_logic_1164.all;
 3 USE ieee.std_logic_unsigned.all;
 4 ENTITY debounce_v IS
 5    PORT(CLK,PB : IN   STD_LOGIC;
 6         PULSE  : OUT  STD_LOGIC
 7         );
 8 END debounce_v;
 9 ARCHITECTURE arc OF debounce_v IS
10  SIGNAL imper : STD_LOGIC;
11  BEGIN
12   PROCESS (CLK)
13     VARIABLE counter : integer range 0 to 49;
14   BEGIN
15    IF (CLK'event AND CLK='1') THEN
16       IF counter = "1" and (PB = '1') THEN imper <= '1';
17       ELSE counter := counter-1; imper <= '0';
18       END IF;
19    END IF;
20      PULSE <= imper;
21    END PROCESS ;
22 END arc;
23
```

圖 6.68　VHDL 程式

6.4.3　步進馬達控制模組器

6.4.3.1　AHDL 步進馬達控制模組器

步進馬達控制模組器的 AHDL 編輯結果如圖 6.69 所示，其檔名為 step_motor，並產生代表七段顯示解碼器電路的符號如圖 6.70 所示。

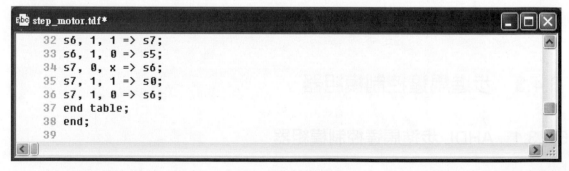

```
Bbc step_motor.tdf*
    1  subdesign step_motor
    2  (clk,reset,hld,ud : input;
    3   phase[3..0]        : output;)
    4  variable
    5  ss:machine of bits(phase[3..0])
    6  with states (s0=b"1000",%1%s1=b"1100",%9%s2=b"0100",%7%
    7  s3=b"0110",%1%s4=b"0010",%9%s5=b"0011",%7%s6=b"0001",%7%s7=b"1001");%6%
    8  begin
    9  ss.clk=clk;
   10  ss.reset=reset;
   11  table
   12  ss, hld, ud => ss;
   13  s0, 0, x => s0;
   14  s0, 1, 1 => s1;
   15  s0, 1, 0 => s6;
   16  s1, 0, x => s1;
   17  s1, 1, 1 => s2;
   18  s1, 1, 0 => s0;
   19  s2, 0, x => s2;
   20  s2, 1, 1 => s3;
   21  s2, 1, 0 => s1;
   22  s3, 0, x => s3;
   23  s3, 1, 1 => s4;
   24  s3, 1, 0 => s2;
   25  s4, 0, x => s4;
   26  s4, 1, 1 => s5;
   27  s4, 1, 0 => s3;
   28  s5, 0, x => s5;
   29  s5, 1, 1 => s6;
   30  s5, 1, 0 => s4;
   31  s6, 0, x => s6;
```

(a)

```
Bbc step_motor.tdf*
   32  s6, 1, 1 => s7;
   33  s6, 1, 0 => s5;
   34  s7, 0, x => s6;
   35  s7, 1, 1 => s0;
   36  s7, 1, 0 => s6;
   37  end table;
   38  end;
   39
```

(b)

圖 6.69　AHDL 程式

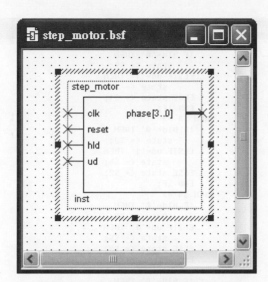

圖 6.70　步進馬達控制模組器符號

6.4.3.2 VHDL 編輯步進馬達控制模組器

步進馬達控制模組器的 VHDL 編輯結果如圖 6.71 所示，其檔名為 step_motor_v。

```
1  LIBRARY ieee;
2  USE ieee.std_logic_1164.all;
3  ENTITY step_motor_v IS
4      PORT( clk, reset,hld,ud : IN    STD_LOGIC;
5            output           : OUT   STD_LOGIC_VECTOR(3 DOWNTO 0));
6  END step_motor_v ;
7  ARCHITECTURE a OF step_motor_v IS
8      TYPE STATE_TYPE IS (S0,S1,S2,S3,S4,S5,S6,S7);
9      SIGNAL state: STATE_TYPE;
10 BEGIN
11     PROCESS (clk)
12     BEGIN
13        IF reset = '1' THEN      state <= S0;
14        ELSIF clk'EVENT AND clk = '1' THEN
15           CASE state IS
16              WHEN S0 =>
17                   IF hld='0' THEN
18                       state <= S0;
19                   ELSIF ud='1'THEN
20                        state <= S1;
21                   ELSE state <= S6;
22                   END IF;
23              WHEN S1 =>
24                   IF hld='0' THEN
25                       state <= S1;
26                   ELSIF ud='1' THEN
27                        state <= S2;
28                   ELSE state <= S0;
29                   END IF;
```

(a)

圖 6.71　VHDL 程式

```
      step_motor_v.vhd                                              _ □ X
30                  WHEN S2 =>
31                      IF hld='0' THEN
32                          state <= S2;
33                      ELSIF ud='1' THEN
34                          state <= S3;
35                      ELSE state <= S1;
36                      END IF;
37                  WHEN S3 =>
38                      IF hld='0' THEN
39                          state <= S3;
40                      ELSIF ud='1' THEN
41                          state <= S4;
42                      ELSE state <= S2;
43                      END IF;
44                  WHEN S4 =>
45                      IF hld='0' THEN
46                          state <= S4;
47                      ELSIF ud='1' THEN
48                          state <= S5;
49                      ELSE state <= S3;
50                      END IF;
51                  WHEN S5 =>
52                      IF hld='0' THEN
53                          state <= S5;
54                      ELSIF ud='1' THEN
55                          state <= S6;
56                      ELSE state <= S4;
57                      END IF;
```

(b)

```
      step_motor_v.vhd                                              _ □ X
58                  WHEN S6 =>
59                      IF hld='0' THEN
60                          state <= S6;
61                      ELSIF ud='1' THEN
62                          state <= S7;
63                      ELSE state <= S5;
64                      END IF;
65                  WHEN S7 =>
66                      IF hld='0' THEN
67                          state <= S6;
68                      ELSIF ud='1' THEN
69                          state <= S0;
70                      ELSE state <= S6;
71                      END IF;
72              END CASE;
73          END IF;
74      END PROCESS;
75      WITH state SELECT
76          output  <=  "1000"  WHEN   S0,
77                      "1100"  WHEN   S1,
78                      "0100"  WHEN   S2,
79                      "0110"  WHEN   S3,
80                      "0010"  WHEN   S4,
81                      "0011"  WHEN   S5,
82                      "0001"  WHEN   S6,
83                      "1001"  WHEN   S7;
84 END a;
85
```

(c)

圖 6.71　VHDL 程式(續)

6.4.4　電路圖編輯步進馬達控制實作

設計程序如下：

1. 建立新的專案(Project)：
   - 首先於 File 選單內，點選 New Project Wizard，並將出現 New Project Wizard 視窗。指定設計專案之名稱為 step_motor_top，其輸入步驟如圖 2.1 至圖 2.6。

2. 開啟新檔：
   - 設計者可點選"File"，並於下拉式選單中點選"New"，將出現 New 視窗。於 Design Files 標籤下，選定欲開啟的檔案格式如"Block Diagram/Schematic File"，並點選 OK 後，一個新的區塊/圖形編輯器視窗即展開。

3. 儲存檔案：
   - 設計者可點選"File"，並於下拉式選單中點選"Save As"，可出現另存新檔的對話視窗。設計者可於 File name 欄位填入欲儲存之檔名例如 step_motor_top，並勾選 Add file to current project 後，點選"存檔"即可。

4. 編輯視窗中建立邏輯電路設計：
   - 選定物件插入時的位置，在圖形編輯視窗畫面內適當的位置點一下。
   - 引入邏輯閘，選取視窗選單 Edit → Insert Symbol→在 Libraries → Project 處，點選 div_1K_t (除 1K 之除頻器)符號檔，按 OK。再選出 debounce_t (消除開關機械彈跳器)、div_1K_t (除 1K 之除頻器)及 step_motor_top (步進馬達控制模組器)符號檔。
   - 引入輸入及輸出接腳，選取視窗選單 Edit → Insert Symbol → 在 c:/altera/80/quaturs /libraries/primitive/pin 處，點選三個 input 閘，及一個 output 閘。
   - 更改輸入及輸出接腳名稱，在'PIN_NAME'處按兩下，更改輸入接腳為 clk、hld 及 ud，輸出接腳為 phase[3..0]。
   - 連線，點選 ⌐ 按鈕，將 clk、hld 及 ud 分別連接到 div_1K_t 與 debounce_t 符號檔的輸入端。點選 ⌐ 按鈕，將輸出接腳 phase [3..0]以匯流排連接至 step_motor 符號檔的輸出端，如圖 6.72 所示。

5. 存檔並組譯，選取視窗選單 Processing → Compiler Tool → Start，即可進行組譯，產生 step_motor_top.sof 或.pof 燒錄檔。

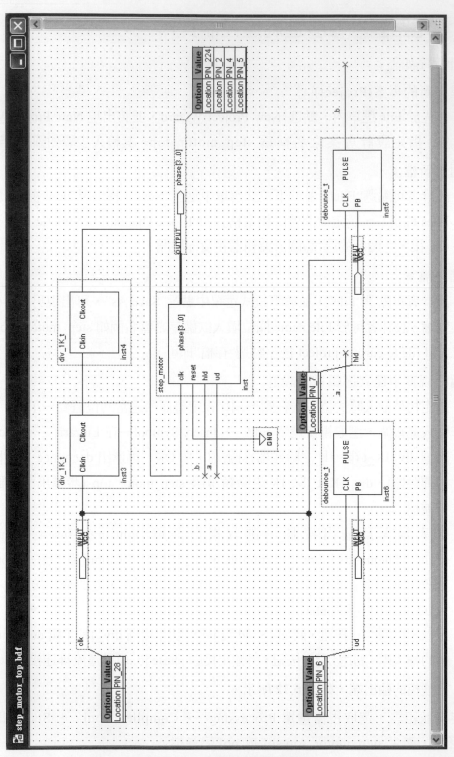

圖 6.72　步進馬達控制電路

6.4.5　元件腳位指定

在執行編譯前，可參考表 6.4 之步進馬控制模組及按鍵開關 PB1 及 PB2 腳位宣告，進行腳位指定。首先可點選"Assignments"，並於下拉式選單中點選 "Pins"，將出現 Assignment Editor 視窗。直接點選 Filter 欄位的 Pins:all 選項。即可於 Assignment Editor 視窗的最下面欄位之 Location 處輸入或指定接腳編號即可完成，如圖 6.73 所示。完成上述步驟，設計者即可執行編譯。

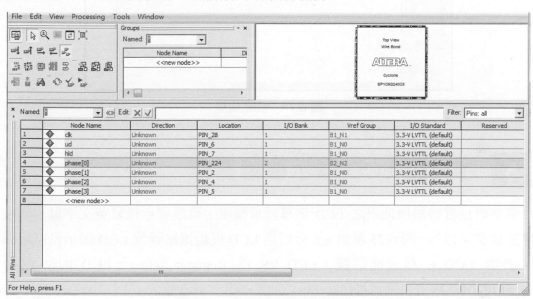

圖 6.73　輸出/輸入接腳特徵列表

6.4.6　燒錄程式至器 Cyclone FPGA 實驗器平台

1.　Cyclone FPGA 基板具有 AS Mode 以及 JTAG Mode 兩種燒錄模式。AS Mode 僅支援 Cyclone 系列元件，其目的是用來燒錄 EPROM 元件。而 JTAG Mode，則是將位元串資料載入 FPGA 晶片的一種方式。本實驗以 JTAG Mode 方式透過 ByteBlasterII 燒錄纜線分別連接至實驗器的 JTAG(10PIN)接頭及電腦並列埠，並將 JP1 及 JP2 設定為 JTAG Mode。

2.　選取視窗選單 Tools → Programmer，出現燒錄視窗。在燒錄視窗加入燒錄檔案，選取 Add File，出現 Select Programming File 視窗，選擇 step_motor_top.sop

燒錄檔案,在 Mode 選項,選擇 JTAG Mode,在 Program/Configure 處打勾,再按 Start 鍵進行燒錄模擬,如圖 6.74 所示。

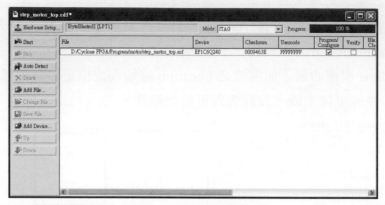

圖 6.74 燒錄模擬

6.5 字幕型 LCD 顯示模組實作

華亨數位實驗器所使用之 LCD 字幕顯示模組,可以顯示任易英文字母、阿拉伯數字及日文字母等。圖 6.75 及表 6.5 分別為 LCD 模組電路圖及 LCD 顯示模組接腳對應。表中 LCD_E 為致能信號,LCD_RS 為 Register select,LCD_R/W 為 0,LCD_DB0-DB7 為資料匯流排(data bus)。

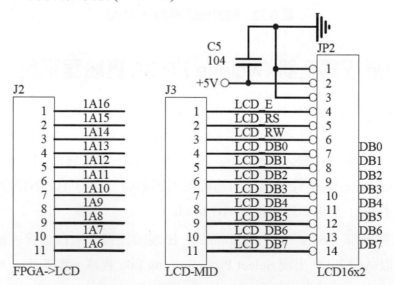

圖 6.75 字幕型 LCD 顯示模組電路圖

表 6.5　字幕型 LCD 顯示模組及按鍵開關接腳對應

模組腳位	FPGA 接腳代號	FPGA 接腳編號	模組腳位	FPGA 接腳代號	FPGA 接腳編號
LCD_E	1A16	21	clock	10MHZ	28
LCD_RS	1A15	20	PB1(star)	1A3	6
LCD_RW	1A14	19	PB2(clear)	1A4	7
LCD_DB0	1A13	18		1A18	41
LCD_DB1	1A12	17		1A19	42
LCD_DB2	1A11	16		1A20	43
LCD_DB3	1A10	15		1A21	44
LCD_DB4	1A9	14		1B22	83
LCD_DB5	1A8	13		1B24	85
LCD_DB6	1A7	12		1B25	86
LCD_DB7	1A6	11			

　　一般 LCD 模組的結構，由 LCD 控制器、LCD 驅動器、LCD 顯示器所組成，如圖 6.76 所示。目前市售 LCD 模組其控制方法均相同，此乃因 LCD 模組內部所使用之 LCD 控制器均與 HITACHI 之 HD44780 相容，具有 14 根腳位如下表所示，不同廠牌的模組模組亦可互換，其應用方式亦均相同。

　　而華亨數位實驗平台上配置 20 字×2 行的 LCD 文字型模組，每個字元可顯示 5×7 或 5×10 點字圖形，包含標準之 ASCII 碼含大小寫英文字母、阿拉伯數字及特殊符號等，如表 6.6 所示。

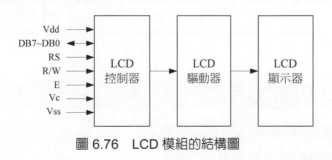

圖 6.76　LCD 模組的結構圖

表 6.6　LCD 模組之可顯示字元碼

Lower 4bits ＼ Upper 4bits	0000	0010	0011	0100	0101	0110	0111	1010	1011	1100	1101	1110	1111
××××0000	CG RAM (1)		0	@	P	`	p		―	ヲ	タ	ミ	α	ρ
××××0001	(2)	!	1	A	Q	a	q	。	ア	チ	ム	ä	q
××××0010	(3)	"	2	B	R	b	r	「	イ	ツ	メ	β	θ
××××0011	(4)	#	3	C	S	c	s	」	ウ	テ	モ	ε	∞
××××0100	(5)	$	4	D	T	d	t	、	エ	ト	ヤ	μ	Ω
××××0101	(6)	%	5	E	U	e	u	・	オ	ナ	ユ	σ	ü
××××0110	(7)	&	6	F	V	f	v	ヲ	カ	ニ	ヨ	ρ	Σ
××××0111	(8)	'	7	G	W	g	w	ア	キ	ヌ	ラ	g	π
××××1000	(1)	(	8	H	X	h	x	イ	ク	ネ	リ	√	x̄
××××1001	(2)	)	9	I	Y	i	y	ウ	ケ	ノ	ル	⁻¹	y
××××1010	(3)	*	:	J	Z	j	z	エ	コ	ハ	レ	j	千
××××1011	(4)	+	;	K	[	k	{	オ	サ	ヒ	ロ	x	万
××××1100	(5)	,	<	L	¥	l			ヤ	シ	フ	ワ	¢	円
××××1101	(6)	─	=	M	]	m	}	ュ	ス	ヘ	ン	£	÷
××××1110	(7)	.	>	N	^	n	→	ョ	セ	ホ	゛	ñ	
××××1111	(8)	/	?	O	_	o	←	ッ	ソ	マ	゜	ö	▓

6.5.1　LCD 功能說明

LCD 模組的內部結構功能概要說明如下：

1. 指令暫存器(IR)及資料暫存器(DR)

LCD 內部有兩個 8 位元的暫存器，分別為指令暫存器(Instruction Register,IR)及資料暫存器(Data Register,DR)，由 RS 接腳選用。指令暫存器之功能主要為接收及儲存指令碼，並於收到指令後，執行顯示資料記憶體(DD-RAM)，及控制字型產生記憶體(CG-RAM)等動作，而資料暫存器功能則為存取顯示資料記憶體及控制字型產生記憶體。如只要將欲存放資料的位址寫入指令暫存器中，並將欲顯示之資料寫入資料暫存器，資料暫存器就會自動將資料傳送到相對應的資料記憶體或字型產生記憶體。

表 6.7　LCD 模組功能運作

接腳		功能運作
RS	R/W	
0	0	把指令碼寫入指令暫存器 IR，並執行。
0	1	讀取 BF 及 AC 之內容。
1	0	將資料寫入資料暫存器 DR。
1	1	由資料暫存器 DR 讀取資料。

2. 忙碌旗號(BF)

忙碌旗號(Buzy Flag,BF)的主要功能，在於判別 LCD 是否可執行下一指令。當 BF=1 時，表示 LCD 正在處理內部的資料，此時 LCD 無法接受外部的指令及資料。而接腳 RS=0 及 R/W=1 時，BF 的內容值可由 DB7 接腳讀出。若 BF=0 時，LCD 模組可執行外部之指令。

3. 位址計數器(AC)

位址計數器(Address Counter,AC)的主要功能，在於指定顯示資料記憶體及控制字型產生記憶體之記憶體位址。位址設定指令可將所設定之位址由指令暫存器傳送到位址計數器內。每當存取 1 Byte 的資料，位址計數器的內容將自動加 1(亦可設定每次自動減 1 之指令)。

4. 顯示資料記憶體(DD-RAM)

顯示資料記憶體(Display Data RAM)，主要儲存欲顯示之字元碼(ASCII Code)，如表 6.6 所示。

5. 字元產生器(CG-ROM)

CG-ROM 內部存放如表 6.6 所示之字元對應圖形。當使用者將字碼寫入 DD-RAM 時，CG-ROM 會自動將對應的圖形送至 LCD 顯示器。

6. 自建字元產生器(CG-RAM)

CG-RAM 內部最多可存放 8 組使用者自行設計的 5×7 點圖形，以方便使用者建立特殊字元。

6.5.2　LCD 模組之控制指令說明

LCD 模組共具有 11 個控制指令，LCD 將依照輸入之指令模式來執行動作，如表 6.8 所示。

表 6.8　LCD 模組的 11 個控制指令

Instruction	Code										Function	Execution Time (MAX)
	RS	R/W	DB7	DB6	DB5	DB4	DB3	DB2	DB1	DB0		1.64ms
Display Clear	0	0	0	0	0	0	0	0	0	1	清除顯示	1.64ms
Display Cursor Home	0	0	0	0	0	0	0	0	1	*	游標歸位	40μs
Entry Mode Set	0	0	0	0	0	0	0	1	I/D	S	進入模式	40μs
Display ON/OFF	0	0	0	0	0	0	1	D	C	B	顯示開關控制	40μs
Display Cursor Shift	0	0	0	0	0	1	SC	RL	*	*	游標及顯示器移動	40μs
Function Set	0	0	0	0	1	DL	N	0	*	*	功能設定	40μs
CGRAM Address Set	0	0	0	1	ACG						設定 CGRAM 位址	40μs
DDRAM Address Set	0	0	1	ADD							設定 DDRAM 位址	40μs
Busy Flag/Address Cursor Read	0	1	BF	AC							讀取忙碌旗號及位址	0μs
CG RAMDD RAM Data Write	1	0	Write Data								記憶體資料寫入	40μs
CG RAMDD RAM Data Read	1	1	Read Data								記憶體資料讀出	40μs
	DD RAM : Display Data RAM CG RAM : Character Generator RAM ACG : Character Generator RAM Address ADD : Display Data RAM Address AC : Address Cursor											

1. 清除顯示(Clear Display)：

將 ASCII 碼 20H 填入 DDRAM，並設定位址計數 AC=0，由標將回至位址 00H。

RS	RW	DB7	DB6	DB5	DB4	DB3	DB2	DB1	DB0
0	0	0	0	0	0	0	0	0	1

2. 游標歸位(Return Home)：

設定由標位址回歸至 00h，但不清除 DDRAM 的內容。AC 設為 0。

RS	RW	DB7	DB6	DB5	DB4	DB3	DB2	DB1	DB0
0	0	0	0	0	0	0	0	1	*

3. 進入模式(Entry Mode)：

設定輸入一個字元後，游標予顯示字元的位移方向。

I/D=0，游標向左移，AC 減 1；

I/D=1，游標向右移，AC 加 1；

SH=0，顯示字元不移動；

SH=1，I/D=0，顯示字元向左移；

SH=1，I/D=1，顯示字元向右移；

RS	RW	DB7	DB6	DB5	DB4	DB3	DB2	DB1	DB0
0	0	0	0	0	0	0	1	I/D	SH

4. 顯示開關控制(Display on/off Control)

設定顯示器、游標及是否閃爍游標控制

D=0，顯示器關閉；D=1，顯示器開啟

C=0，游標不顯示；D=1，游標顯示

B=0，游標不閃爍；D=1，游標閃爍

RS	RW	DB7	DB6	DB5	DB4	DB3	DB2	DB1	DB0
0	0	0	0	0	0	1	D	C	B

5. 游標及顯示器移動(Cursor or Display Shift)

設定游標或顯示器移動方向(DDRAM 內容不變)

S/C=0，字元不移動；

R/L=0，游標向左移；

R/L=1，游標向右移；

S/C=1，R/L=0，字元及游標向左移；

S/C=1，R/L=1，字元及游標向右移；

RS	RW	DB7	DB6	DB5	DB4	DB3	DB2	DB1	DB0
0	0	0	0	0	1	S/C	R/L	*	*

6. 功能設定(Function Set)

設定介面位元長度(DL)、顯示列數(N)與顯示字元類型(F)功能。

DL=0，介面位元長度 8 位元；DL=1，介面位元長度 4 位元；

N=0，只顯示一列字元；N=1，可顯示兩列字元；

F=0，顯示 5x8 字型；F=1，顯示 5x11 字型；

RS	RW	DB7	DB6	DB5	DB4	DB3	DB2	DB1	DB0
0	0	0	0	1	DL	N	F	*	*

7. 設定 CGRAM 位址(Set CGRAM Address)

設定 CGRAM 的位址計數器 AC

RS	RW	DB7	DB6	DB5	DB4	DB3	DB2	DB1	DB0
0	0	0	1	AC5	AC4	AC3	AC2	AC1	AC0

8. 設定 DDRAM 位址(Set DDRAM Address)

設定 DDRAM 的位址計數器 AC

RS	RW	DB7	DB6	DB5	DB4	DB3	DB2	DB1	DB0
0	0	1	AC6	AC5	AC4	AC3	AC2	AC1	AC0

9. 讀取忙碌旗號及位址(Read Busy and Address)

設定從 CGRAM 或 DDRAM 位址讀取忙碌旗號(BF,Busy Flag)及位址計數器 AC 的資料。

RS	RW	DB7	DB6	DB5	DB4	DB3	DB2	DB1	DB0
0	1	BF	AC6	AC5	AC4	AC3	AC2	AC1	AC0

10. 記憶體資料寫入(Write Data to RAM)

將 D0-D7 的資料寫入 CGRAM 或 DDRAM 內部。(依前一筆寫入位址而定)

RS	RW	DB7	DB6	DB5	DB4	DB3	DB2	DB1	DB0
1	0	Data							

11. 記憶體資料讀出(Read Data from RAM)

自 CGRAM 或 DDRAM 內部讀取資料。(依前依筆讀取位址而定)

RS	RW	DB7	DB6	DB5	DB4	DB3	DB2	DB1	DB0
1	0	Data							

6.5.3　LCD 模組之初始化

LCD 模組，必須先執行初始化動作，始可再執行各項指令之操作。圖 6.77 所示為 LCD 模組初始化順序。

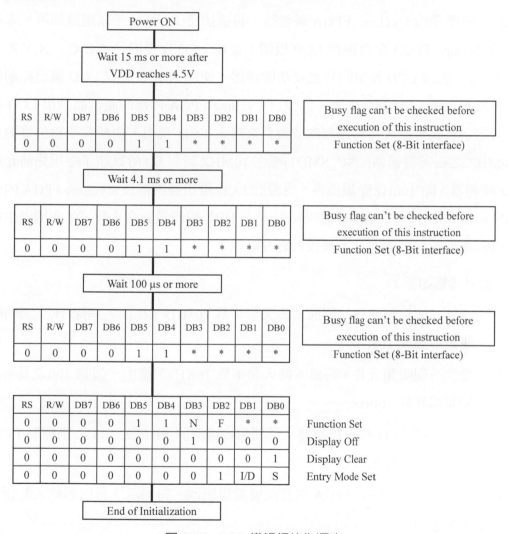

圖 6.77　LCD 模組初始化順序

6.5.4　LCD 顯示模組實作

　　華亨數位實驗器的 LCD 模組，可選擇由 Cyclone FPGA 或由 8951 微控制單晶片所驅動。若選擇由 Cyclone FPGA 驅動時，將排插使 J2 及 J4 予以短路即可。本專題將透過 Cyclone FPGA 直接驅動 LCD 模組，並使 LCD 反覆顯示 A B C … X Y Z　0 1 2 … 7 8 9。根據 LCD 模組的特性及功能詳述，使用 AHDL 完成 LCD 模組控制器，此控制器首先將 LCD 初始化後，然後自 Cyclone FPGA 內建的記憶體讀出 LCD 控制碼及顯示字元碼，最後再將控制碼或資料來寫入 LCD 模組。由於華亨數位實驗器使用 10MHZ 之石英震盪器(OSC_SMD1)產生 10MHZ 時脈波，所以除了應用先前介紹除 1KHz 除頻器、除 100Hz 除頻器外，再設計 LCD 模組控制器及 Cyclone FPGA 內建記憶體模組器。並分別以 AHDL 編輯及 Verilog HDL 編輯設計各小程式，各別產生符號檔，再以圖形編輯完成設計，最後燒錄在晶片上。

● 設計步驟如下：

1. 設計一個除頻元件，將原本輸入頻率為 10MHz，經由一個除 1K 之除頻器，使頻率變成 10KHz。

2. 設計一個除頻元件，將原本輸入頻率為 10KHz，經由一個除 100 之除頻器，使頻率變成 100Hz。

3. 設計一個 LCD 模組控制器，可利用按鍵開關 PB1 及 PB3 分別控制 LCD 模組顯示內容開始及清除。

4. 建立一個 Cyclone FPGA 內建記憶體模組器，將顯示字幕內容輸入記憶體模組檔案內。

6.5.4.1 除 1K 之除頻器設計

除 1K 之除頻器的 AHDL 編輯結果如圖 6.78 所示，其檔名為 div_1K_t，並產生代表除 1K 之除頻器電路的符號如圖 6.79 所示。

```
SUBDESIGN div_1K_t
(
    Clkin               : INPUT ;
    Clkout              : OUTPUT;
)
VARIABLE
    counter[10..0]      :  DFF;
    divout              :  DFF;
BEGIN
    divout.clk=Clkin;
    counter[].clk=Clkin;
    divout.d=(counter[].q==0);
    IF (counter[].q==999) THEN
        counter[].d=0;
    ELSE
        divout.d=!(counter[].q>=499);
        counter[].d=counter[].q+1;
    END IF ;
    Clkout=divout;
END;
```

圖 6.78　AHDL 程式

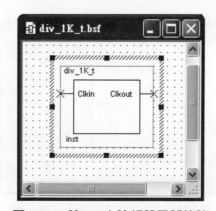

圖 6.79　除 1K 之除頻器電路符號

6.5.4.2　除 100 之除頻器設計

　　除 100 之除頻器的 AHDL 編輯結果如圖 6.80 所示，其檔名為 div_100_t，並產生代表除 100 之除頻器電路的符號如圖 6.81 所示。

```
abc div_100_t.tdf*
1  SUBDESIGN div_100_t
2  (
3      Clkin                : INPUT ;
4      Clkout               : OUTPUT;
5  )
6  VARIABLE
7      counter[6..0]        :  DFF;
8      divout               :  DFF;
9  BEGIN
10     divout.clk=Clkin;
11     counter[].clk=Clkin;
12     divout.d=(counter[].q==0);
13     IF (counter[].q==99) THEN
14         counter[].d=0;
15     ELSE
16         divout.d=!(counter[].q>=49);
17         counter[].d=counter[].q+1;
18     END IF ;
19     Clkout=divout;
20 END;
21
```

圖 6.80　AHDL 程式

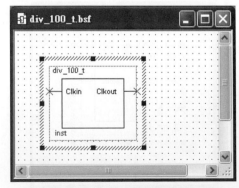

圖 6.81　除 100 之除頻器電路符號

6.5.4.3 LCD 模組控制器設計

LCD 模組控制器的 AHDL 編輯結果如圖 6.82 所示，其檔名為 lcdmdr8，並產生代表 LCD 模組控制器電路的符號如圖 6.83 所示。

```
 1 subdesign lcdmdr8
 2     (clk,start,clear,clkm:INPUT ;
 3     romdatai[7..0] :INPUT ;
 4     datai[7..0],mode   :INPUT ;
 5     romaddro[5..0] :OUTPUT;
 6     en,r/w,d/i,db[7..0],tmdt :OUTPUT; )
 7
 8 variable
 9 stks[3..0],cntp[2..0],ssk[1..0],d[1..0],cntd[4..0],cntm[5..0] : DFF;
10 dbnc:node;
11
12 begin
13 stks[].clk=(clk);
14 cntp[].clk=clk;
15 ssk[].clk=clk;
16 d[].clk=clk;
17 cntd[].clk=clk;
18 cntm[].clk=clkm;
19
20 if cntm[]==39 then cntm[]=0 ;
21 else cntm[]=cntm[]+1;
22 end if;
23
24 romaddro[]= cntm[5..0];
25
26 cntm[].clrn=!clear;
27 cntd[].clrn=!clear;
28 ssk[].clrn=!clear;
29 stks[].clrn=!clear;
30 cntp[].clrn=!clear;
```

(a)

```
31
32 cntd[2..0]=cntd[2..0]+1;
33 cntd3.d=cntd2.q; cntd4.d=cntd3.q;
34 tmdt=cntd2 and !cntd4;
35
36 d0.d = (start or clkm or clear); d1.d= d0.q;
37 dbnc =((d0 AND d1) OR dbnc) AND (d0 OR d1);
38
39 case ssk[] is
40         when b"00"=>
41         if dbnc==vcc then ssk[]=b"01";
42         else ssk[]=b"00";
43         end if;
44         when b"01"=> ssk[]=b"10";
45
46         when b"10"=>
47         if dbnc== gnd  then ssk[]=b"00";
48         else ssk[]=b"10";
49         end if;
50         when b"11"=> ssk[]=b"00";
51 end case;
52 case stks[] is
53         when b"0000"=>
54         if (ssk0 ==vcc ) then stks[]=b"0001";
55         else stks[]=b"0000";
56         end if;
57         when b"0001"=> stks[]=b"0010";
58         when b"0010"=> stks[]=b"0100";
59         when b"0100"=> stks[]=b"1000";
60         when b"1000"=>
```

(b)

圖 6.82 AHDL 程式

```
abc lcdmdr8.tdf*                                                          _ □ ×
61              if (cntp[] ==0 or cntp[]==1 or cntp[]==2 or cntp[]==3 ) then stks[]=b"0001";
62              elsif (cntp[]==5 ) then stks[]=b"0000";
63              else stks[]=b"1000";
64              end if;
65  end case;
66
67  if (stks3 ==vcc)  and (cntp[] !=5)  then
68      cntp[]=cntp[]+1;
69  else cntp[]=cntp[];
70  end if;
71   r/w = !(stks0 or stks1 or stks2) ;
72   en  =   stks1 ;
73
74  if(cntp[] ==5) and  ((mode==vcc and datai7==gnd) or (mode==gnd and romdatai7==gnd))  then
75      d/i= (stks0 or stks1 or stks2) ;
76
77  else  d/i= !(stks0 or stks1 or stks2);
78  end if;
79
80  case cntp[] is when b"000"=>
81                  db[]=h"38";
82              when b"001"=>
83                  db[]=h"0e";
84              when b"010"=>
85                  db[]=h"06";
86              when b"011"=>
87                  db[]=h"01";
88              when b"100"=>
89                  db[]=h"80";
90              when b"101"=>
```

(c)

```
abc lcdmdr8.tdf*                                                          _ □ ×
91                  if mode==gnd then
92                  if   romdatai[7..6]==3 then
93                      db[]=(romdatai7,0,romdatai[5..0]);--address setting for 11aaaaaa;-/
94                  elsif romdatai[7..6]==2 then
95                      db[]=(0,romdatai[6..0]);--lcd command for 1xxxxxxx;--          /
96                  else db[]=romdatai[];
97                  end if;
98              else db[]=datai[];
99              end if;
100  end case;
101  end;
102
```

(d)

圖 6.82　AHDL 程式(續)

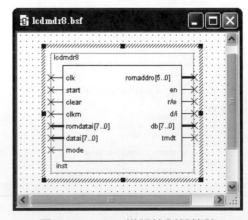

圖 6.83　LCD 模組控制器符號

6.5.4.4　使用 MegaWizard 建立 Cyclone FPGA 內建記憶體模組器

LCD 模組控制器設計中，預先將 LCD 控制碼及顯示的 ASCII 碼，儲存於 Cyclone FPGA 內建的記憶體，讓 LCD 控制器來讀取。若嫌記憶體的視窗輸入不方便，建議可以直接以文字型式(txt)，將 lcdm.mif 開啓並進行修改亦可。

建立記憶體初始值程序如下：

- 使用者可點選"File"，並於下拉式選單中點選"New"，將出現 New 視窗。於 Memory Files 標籤下，選定欲開啓的檔案格式如"Memory Initialization File"，並點選 OK 後，出現 Number of Words & Words Size 視窗，於 Number of Words 下鍵入所要建立記憶體的數目，並點選 OK 後，出現 MIF.mif 視窗，將顯示數值鍵入內記憶體，點選"File"，並於下拉式選單中點選"Save As"，於 File name 欄位填入欲儲存之檔名例如 lcdm，點選"存檔"即可，如圖 6.84 所示。

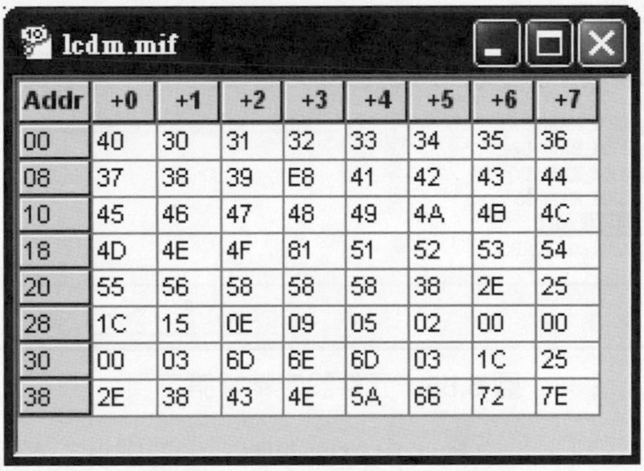

Addr	+0	+1	+2	+3	+4	+5	+6	+7
00	40	30	31	32	33	34	35	36
08	37	38	39	E8	41	42	43	44
10	45	46	47	48	49	4A	4B	4C
18	4D	4E	4F	81	51	52	53	54
20	55	56	58	58	58	38	2E	25
28	1C	15	0E	09	05	02	00	00
30	00	03	6D	6E	6D	03	1C	25
38	2E	38	43	4E	5A	66	72	7E

圖 6.84　記憶體初始值視窗

編輯視窗中建立內建記憶體電路設計：

- 選定物件插入時的位置，在圖形編輯視窗畫面內適當的位置點一下。
- 引入記憶體元件，選取視窗選單 Edit → Insert Symbol→在 Symbol 視窗的左下處，選取 "Mega Wizard Plug-In Manager" 按鈕，內建記憶體模組器元件設定精靈首頁。
- 元件設定精靈第一頁，將詢問使用者是否建立一個新的元件；或是修改一個已建立的元件；或是複製一個已建立的元件。我們在此點選第一個選項 "Create a new custom magefunction variation" ，並點選『Next』。

● 元件設定精靈第二頁,設定輸出檔案形式,由於記憶體屬於儲存類,因此可於 storage 選出 LPM_ROM 此記憶體元件。元件設定精靈第二頁的右半部,可選擇華亨數位實驗器所支援的 Cyclone 元件,且選擇所支援的語法(AHDL/VHDL/Verilog HDL),最後再給予此元件的路徑檔名,即可點選『Next』,如圖 6.85 所示。

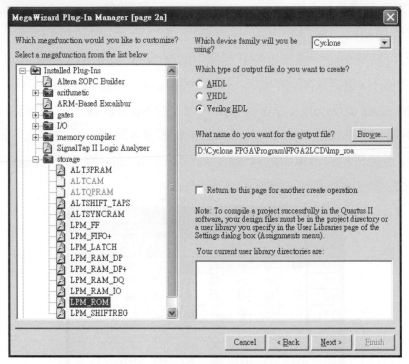

圖 6.85　元件設定精靈第二頁

● 元件設定精靈第三頁,設定輸入出位元參數,在設定此記憶體的輸出入匯流排位元數(bits)及 words 的數目規範等,可依照圖 6.86 設定即可。

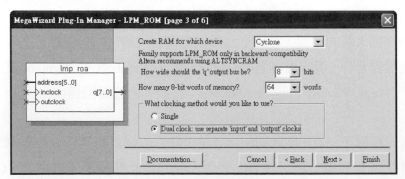

圖 6.86　元件設定精靈第三頁

● 元件設定精靈第五頁，在設定此記憶體初始值檔案為 lcdm.mif。可依照圖 6.87 設定即可。

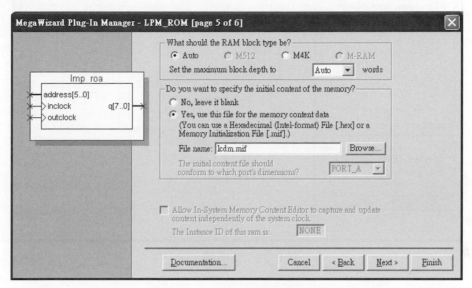

圖 6.87　元件設定精靈第五頁

● 元件設定精靈第六頁，在產生此記憶體元件的相關設計檔(如圖 6.88 所示)。倘若有任何需要再修正的部分，仍可以點選『Back』回到前頁設定。否則，點選『Finish』，將於繪圖編輯器出現如圖 6.89 的記憶體元件。

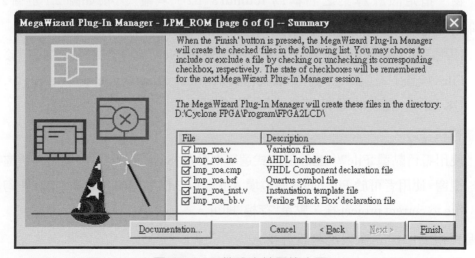

圖 6.88　元件設定精靈第六頁

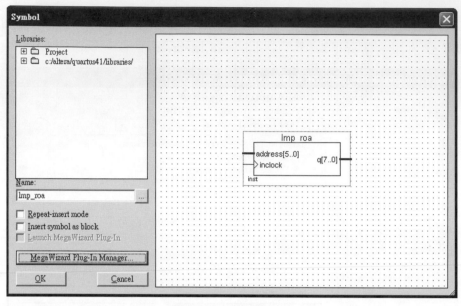

圖 6.89 　記憶體元件

6.5.4.5 　電路圖編 LCD 模組控制器

設計程序如下：

1. 開啓新檔：

   ● 首先於 File 選單內，點選 New Project Wizard，並將出現 New Project Wizard 視窗。指定設計專案之名稱為 lcdmdr8_p2，其輸入步驟如圖 2.1 至圖 2.6。

2. 開啓新檔：

   ● 使用者可點選"File"，並於下拉式選單中點選"New"，將出現 New 視窗。於 Design Files 標籤下，選定欲開啓的檔案格式如"Block Diagram/Schematic File"，並點選 OK 後，一個新的區塊/圖形編輯器視窗即展開。

3. 儲存檔案：

   ● 使用者可點選"File"，並於下拉式選單中點選"Save As"，可出現另存新檔的對話視窗。使用者可於 File name 欄位填入欲儲存之檔名例如 lcdmdr8_p2，並勾選 Add file to current project 後，點選"存檔"即可。

4. 編輯視窗中建立邏輯電路設計：

   ● 選定物件插入時的位置，在圖形編輯視窗畫面內適當的位置點一下。

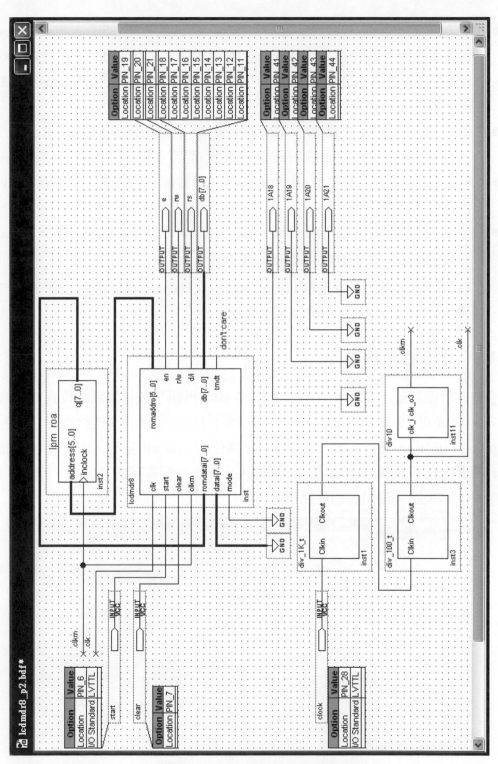

圖 6.90　LCD 模組控制器電路

- 引入邏輯閘，選取視窗選單 Edit → Insert Symbol→在 Libraries → Project 處，點選 div_1K_t (除 1K 之除頻器)符號檔，按 OK。再選出 div_100_t (除 100 之除頻器) 、div10 (除 10 之除頻器) 、lmp_roa (內建記憶體電路)及 lcdmdr8 (LCD 模組控制器)符號檔。

- 引入輸入及輸出接腳，選取視窗選單 Edit → Insert Symbol → 在 c:/altera/80/quaturs /libraries/primitive/pin 處，點選 3 個 input 閘，及 8 個 output 閘。

- 更改輸入及輸出接腳名稱，在'PIN_NAME'處按兩下，更改輸入接腳為 clock、start 及 clear，輸出接腳為 e、rw、e、rs、db[7..0]及 1A18..等。

- 連線，點選 ⌐ 按鈕，將 clock、start 及 clear 分別連接到 div_1K_t 與 lcdmdr8 符號檔的輸入端。其電路圖如圖 6.90 所示。

5. 存檔並組譯，選取視窗選單 Processing → Compiler Tool → Start，即可進行組譯，產生 lcdmdr8_p2.sof 或.pof 燒錄檔。

6.5.4.6 元件腳位指定

者在執行編譯前，可參考表 6.5 之 LCD 顯示模組及按鍵開關腳位宣告，進行腳位指定。首先可點選 "Assignments"，並於下拉式選單中點選 "Pins"，將出現 Assignment Editor 視窗。直接點選 Filter 欄位的 Pins:all 選項。即可於 Assignment Editor 視窗的最下面欄位之 Location 處輸入或指定接腳編號即可完成，如圖 6.91 所示。完成上述步驟，使用者即可執行編譯。

	To	Location	I/O Bank	I/O Standard	General Function	Special Function
1	start	PIN_6	1	LVTTL	Row I/O	
2	clear	PIN_7	1	LVTTL	Row I/O	LVDS12p/DQ0L0
3	clock	PIN_28	1	LVTTL	Dedicated Clock	CLK0/LVDSCLK1p
4	IB22	PIN_83	4	LVTTL	Column I/O	LVDS64n
5	IB23	PIN_84	4	LVTTL	Column I/O	LVDS63p
6	IB24	PIN_85	4	LVTTL	Column I/O	LVDS63n
7	IB25	PIN_86	4	LVTTL	Column I/O	LVDS62p
8	db[0]	PIN_18	1	LVTTL	Row I/O	LVDS8p
9	db[1]	PIN_17	1	LVTTL	Row I/O	LVDS9n
10	db[2]	PIN_16	1	LVTTL	Row I/O	LVDS9p
11	db[3]	PIN_15	1	LVTTL	Row I/O	LVDS10n
12	db[4]	PIN_14	1	LVTTL	Row I/O	LVDS10p
13	db[5]	PIN_13	1	LVTTL	Row I/O	LVDS11n/DQ0L3
14	db[6]	PIN_12	1	LVTTL	Row I/O	LVDS11p/DQ0L2
15	db[7]	PIN_11	1	LVTTL	Row I/O	DPCLK1/DQ0L1
16	rs	PIN_21	1	LVTTL	Row I/O	LVDS7n/DM0L
17	rw	PIN_20	1	LVTTL	Row I/O	LVDS7p
18	e	PIN_19	1	LVTTL	Row I/O	LVDS8n
19	1A18	PIN_41	1	LVTTL	Row I/O	
20	1A19	PIN_42	1	LVTTL	Row I/O	LVDS6p
21	1A20	PIN_43	1	LVTTL	Row I/O	LVDS6n
22	1A21	PIN_44	1	LVTTL	Row I/O	LVDS5p

圖 6.91　輸出/輸入接腳特徵列表

6.5.4.7　燒錄程式至器 Cyclone FPGA 實驗器平台

1. Cyclone FPGA 基板具有 AS Mode 以及 JTAG Mode 兩種燒錄模式。AS Mode 僅支援 Cyclone 系列元件，其目的是用來燒錄 EPROM 元件。而 JTAG Mode，則是將位元串資料載入 FPGA 晶片的一種方式。本實驗以 JTAG Mode 方式透過 ByteBlasterII 燒錄纜線分別連接至實驗器的 JTAG(10PIN)接頭及電腦並列埠，並將 JP1 及 JP2 設定為 JTAG Mode，最後將排插使 J2 及 J4(FPGA-LCD) 予以短路即可。

2. 選取視窗選單 Tools → Programmer，出現燒錄視窗。在燒錄視窗加入燒錄檔案，選取 Add File，出現 Select Programming File 視窗，選擇 lcdmdr8_p2.sop 燒錄檔案，在 Mode 選項，選擇 JTAG Mode，在 Program/Configure 處打勾，再按 Start 鍵進行燒錄模擬，如圖 6.92 所示，其實驗結果可參考附錄 B。

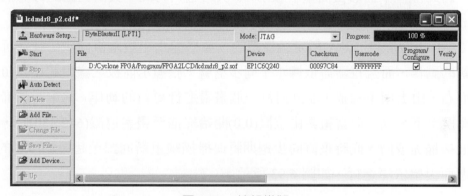

圖 6.92　燒錄模擬

6.6　VGA 顯示控制模組實作

　　近年來 CPLD/FPGA 在邏輯閘密度與速度大幅提升，不僅電路體積縮小，更提高其功效與保密性，而其可程式化的特色，特別適用於規格多變、產品生命週期汰換迅速的消費性與通訊產品。由於未來電子業生態的多元變化，使得多媒體、通訊與網路等市場蓬勃發展，因此將 CPLD/FPGA 應用在電腦周邊、通訊及消費性電子等領域，為市場近年來發展趨勢。華亨數位實驗器 Cyclone FPGA 亦提供生活化的實驗模組，使用者可以應用 VGA 顯示、PS/2 介面之滑鼠或鍵盤及 Audio 音訊輸出的模組整合設計遊戲(Game)軟體實驗，讓使用者可熟悉如何將影像進行控制顯像。

6.6.1 視訊顯示原理

通常一個 VGA 視訊包含有 5 個信號，其中水平同步及垂直同步兩個信號，是用來使欲顯像的影像同步，此同步信號的電壓位準與 TTL Logic 相同。而另外為三色彩信號，包含紅、綠、藍三種色彩，屬於類比信號，其具有 0 伏至 1 伏的電壓範圍，並藉由 0 伏至 1 伏之間電壓位準的微量變化，可建構出各種的色彩。

一個標準的 VGA 顯像，可以被解析成列與行之畫素的構成，而最小的 640*480 解析度其基本構成為 480 條列，每一列包含有 640 個畫素。而每一個畫素顏色依據紅、綠、藍三原色信號的電壓位準構成，可具有不同的顯像色系。另外在人類視覺暫留的原理，視訊必需在每秒中重新顯示 60 次，才能達到動態的呈現，亦可降低畫面閃爍的現象。因此每秒中需將畫面重新顯示 60 次的週期時間，其所對應的每一個畫素週期為 40ns，就需要 25MHz 的時脈更新頻率。

此 25MHz 時脈為 VGA 所定義標準的，並搭配水平與垂直同步信號進行周期性畫素更新的動作，而監視器需依據水平同步信號，於顯示面板之畫素起始點(0,0)處依序由左而右，由上而下掃描，並針對每一個畫素進行更新的動作。當第一列掃描結束後，立即換至下一列。而當畫素由位置(0,0)開始掃描至畫素位置(640,480)時，亦就是整張畫面掃描完成時，此時垂直同步週期將使掃描線重新回歸至起始點(0,0)的位置，且如此週而復始依序進行，如圖 6.93 所示。

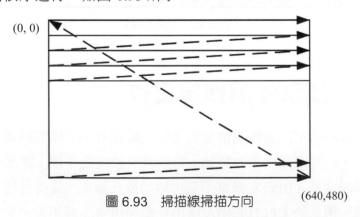

圖 6.93　掃描線掃描方向

6.6.2　視訊更新

　　為了能夠使 VGA 顯示正常運作，VGA 顯示端必須在正確的時脈間接收到畫素資料。換言之，當水平與垂直同步信號在接收畫素之色彩信號時，其時脈規格必須符合所定義的 VGA 顯像標準，畫面才能正確呈現。下圖 6.94 及圖 6.95 所示為水平及垂直同步信號之時脈規格。

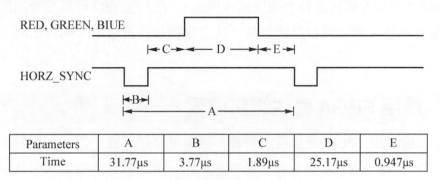

Parameters	A	B	C	D	E
Time	31.77μs	3.77μs	1.89μs	25.17μs	0.947μs

圖 6.94　水平同步信號之時脈規格

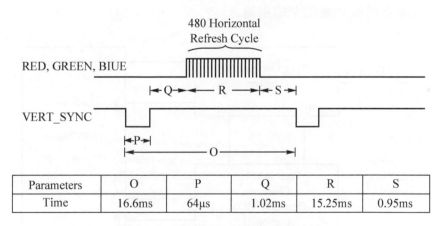

Parameters	O	P	Q	R	S
Time	16.6ms	64μs	1.02ms	15.25ms	0.95ms

圖 6.95　垂直同步信號之時脈規格

　　由於水平、垂直與畫素更新頻率，關係著畫素與畫面的更新動作，下列的方程式呈現上述三者頻率的相依關係。

Tpixel = 1/fCLK = 40 ns

TROW = A = B + C + D + E = (Tpixel . 640 pixels) + row + guard bands

　　　　= 31.77 μs

Tscreen =O = P + Q + R + S = (TROW . 480 rows) + guard bands = 16.6 ms

其中，Tpixel 為畫素更新時間，fCLK 為 25.175 MHz 時脈更新頻率，TROW 為列更新時間，Tscreen 為畫面更新時間，B、C、E、P、Q 及 S 為遮罩帶。

當紅、綠、藍三原色及水平同步與垂直同步信號送至顯示畫面，如水平及垂直同步時脈週期正確，監視器將可以在正確的時段擷取到紅、綠、藍三原色畫素資料，並完成顯像於 VGA 顯示器上。反之，若提供給 VGA 監視器的水平或垂直同步信號不正確，大部份的 VGA 監視器將會關閉顯像機制。一般的監視器均有參考用的 LED 燈，若 LED 燈為綠色，表示同步信號無誤，反之若顯示為黃橙色，則表示同步信號不正確。

6.6.3　應用 FPGA 產生視訊信號

圖 6.96 為應用 FPGA 產生視訊信號，圖中需要紅、綠、藍、水平同步及垂直同步等五種信號輸送至 VGA 顯示器，其中需設計一個計數電路產生水平及垂直同步信號。另外將欲顯示畫面，儲存於 FPGA 內建的記憶體內，配合適當的水平及垂直同步信號，在有效顯示時間內輸出至監視器。

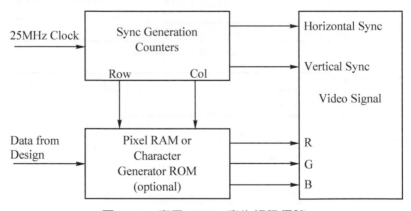

圖 6.96　應用 FPGA 產生視訊信號

圖 6.97 及表 6.9 分別為 VGA 模組接線圖及按鍵開關接腳對應，圖中藉由電阻再加上二極體的簡單配置，可將 TTL 的 FPGA 輸出轉換為類比的色彩信號輸入。然而 FPGA 的數位輸出僅 0 與 1 的變化，使得類比的色彩信號輸出為 8 種顏色(二的 3 次方)。

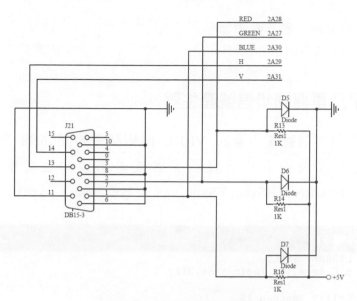

圖 6.97　VGA 模組接線圖

表 6.9　VGA 顯示控制模組及按鍵開關接腳對應

模組腳位	FPGA 接腳代號	FPGA 接腳編號	模組腳位	FPGA 接腳代號	FPGA 接腳編號
vga_red	2A28	180	vga_v_sync	2A31	183
vga_green	2A27	179	clock	10MHZ	28
vga_blue	2A30	182	PB1(down)	1A3	6
vga_h_sync	2A29	181	PB2(up)	1A4	7

6.6.4　VGA 顯示控制模組乒乓球遊戲設計

　　本專題將應用 FPGA 產生視訊信號及 VGA 顯示原理，配合按鍵開關移動反彈平台，設計出乒乓球遊戲軟體模組。此遊戲模組具有對稱的反彈平台分立於左右，並可藉由按鍵 PB1 及 PB2 控制平台之上下移動。另有一隨機彈跳的球，一但碰觸反彈平台將於記分板上自動加 1。關於乒乓遊戲設計步驟如下：

1.　設計一個水平及垂直同步信號產生器，將原本輸入頻率為 25MHz，產生適當的水平及垂直同步信號。

2.　設計一個隨機彈跳的乒乓球。

3.　設計一個遊戲平台之背景。

4. 設計一個記分板之數字計數器。

5. 設計一個反彈平台。

6.6.4.1 水平及垂直同步信號產生器

水平及垂直同步信號產生器的 VHDL 編輯結果如圖 6.98 所示，其檔名為 syncgen，並產生代表水平及垂直同步信號產生器的包含檔為 FUNCTION SyncGen(clock) RETURNS (HSync, VSync, vga_h_sync, vga_v_sync)。

```
SYNCGEN.VHD
 1 LIBRARY IEEE;
 2 USE ieee.std_logic_1164.all;
 3
 4 ENTITY SyncGen IS
 5     PORT
 6     (
 7 --      Debug: IN BOOLEAN;
 8         Clock                 : IN    std_logic;
 9         HSync, VSync          : OUT   BOOLEAN;
10         vga_h_sync, vga_v_sync : OUT   BOOLEAN
11     );
12 END SyncGen;
13
14 ARCHITECTURE ASyncGen OF SyncGen IS
15     SIGNAL  CounterX, CounterY: INTEGER RANGE 0 TO 1023;
16     SIGNAL  HS, VS, vga_HS, vga_VS: BOOLEAN;
17 BEGIN
18     PROCESS (Clock)
19     VARIABLE
20         EnableCntY, ResetCntY: BOOLEAN;
21     BEGIN
22         EnableCntY := (CounterX=40);
23         ResetCntY := (CounterY=524);
24
25         IF Clock'EVENT AND Clock='1' THEN
26             IF CounterX=799 THEN
27                 CounterX <= 0;
28             ELSE
29                 CounterX <= CounterX + 1;
30             END IF;
31
32             IF EnableCntY THEN
33                 IF ResetCntY THEN
```

(a)

圖 6.98　AHDL 程式

SYNCGEN.VHD

```
                CounterY <= 0;
            ELSE
                CounterY <= CounterY + 1;
            END IF;
        END IF;

        vga_HS <= (CounterX<96);
        vga_VS <= (CounterY< 2);
        HS <= (CounterX=128);
        VS <= (CounterY= 32) AND HS;
--IF DEBUG THEN CounterY <= 31; END IF;
        END IF;
    END PROCESS;

    vga_h_sync <= vga_HS;
    vga_v_sync <= vga_VS;
    HSync <= HS;
    VSync <= VS;
END ASyncGen;
```

(b)

圖 6.98　AHDL 程式(續)

6.6.4.2　隨機彈跳的乒乓球設計

隨機彈跳的乒乓球的 AHDL 編輯結果如圖 6.99 所示，其檔名為 ball，並產生代表隨機彈跳的乒乓球的包含檔為 FUNCTION Ball (clock, Reset, HSync, VSync, RasterCollision) WITH (StartX16, StartY16)

RETURNS (BitRaster, BitRasterShade, BRLftBall, BRRgtBall)。

BALL.TDF

```
INCLUDE "pong_globals.inc";
INCLUDE "LPM_COUNTER";
INCLUDE "LPM_ADD_SUB";
FUNCTION LSFR16(clock) RETURNS(Out[15..0]);
FUNCTION Max3(ValueIn[WIDTH-1..0]) WITH(WIDTH) RETURNS(Out[WIDTH-1..0]);
--FUNCTION Max4to7(ValueIn[WIDTH-1..0]) WITH(WIDTH) RETURNS(Out[WIDTH-1..0]);

PARAMETERS
(
    StartX16 = 20,  -- starting ball position, divided by 16
    StartY16 = 15
);

CONSTANT
    StartX = StartX16*16;
CONSTANT
    StartY = StartY16*16;

SUBDESIGN Ball
(
    clock, Reset     : INPUT = GND;
    HSync, VSync     : INPUT;
    RasterCollision : INPUT;
    BitRaster, BitRasterShade, BRLftBall, BRRgtBall: OUTPUT;
)

VARIABLE
    CounterDX, CounterDY: LPM_COUNTER WITH ( LPM_WIDTH=WIDTH_VIDEO, LPM_DIRECTION="DOWN" );
    BallPosX[WIDTH_VIDEO-1..0], BallPosY[WIDTH_VIDEO-1..0]: DFF;
    BallDX[WIDTH_VIDEO-1..0], BallDY[WIDTH_VIDEO-1..0]: DFF;
    BR, BRS: DFF;
    TopBall, BotBall, LftBall, RgtBall: DFF;
    MTopBall, MBotBall, MLftBall, MRgtBall: DFF;
```

(a)

圖 6.99　AHDL 程式

```
34        HorzBall, VertBall, MiddleBallX, MiddleBallY: NODE;
35        CollisionTop, CollisionBot, CollisionLft, CollisionRgt: DFF;
36        CollisionMTop, CollisionMBot, CollisionMLft, CollisionMRgt: DFF;
37        HorzShade, VertShade: DFF;
38
39        SSMoveBall: MACHINE WITH STATES( WaitVS, IncD, IncCoord, LoadY );
40        RandomLSFR: LSFR16;
41        Random4to7[2..0]: NODE;
42
43  BEGIN
44        (CounterDX, CounterDY, RandomLSFR).clock = clock;
45        (SSMoveBall).clk = clock;
46        (CollisionTop, CollisionBot, CollisionLft, CollisionRgt).clk = clock;
47        (CollisionMTop, CollisionMBot, CollisionMLft, CollisionMRgt, HorzShade, VertShade).clk = clock;
48        (BallPosX[], BallPosY[], BallDX[], BallDY[]).clk = clock;
49        (TopBall, BotBall, LftBall, RgtBall).clk = clock;
50        (MTopBall, MBotBall, MLftBall, MRgtBall).clk = clock;
51        (BR, BRS).clk = clock;
52        (BallPosX[], BallPosY[]).clrn = !Reset;
53        CounterDX.sload = HSync;
54        CounterDY.cnt_en = HSync;
55        (CounterDX, CounterDY).data[] = (BallPosX[], BallPosY[]);
56
57        Random4to7[] = (VCC,RandomLSFR.Out[1..0]);
58
59        CASE SSMoveBall IS
60            WHEN WaitVS      =>  IF VSync THEN SSMoveBall=IncD; ELSE SSMoveBall=WaitVS; END IF;
61            WHEN IncD        =>  SSMoveBall = IncCoord;
62            WHEN IncCoord    =>  SSMoveBall = LoadY;
63            WHEN LoadY       =>  SSMoveBall = WaitVS;
64                                 CounterDY.sload = VCC;
65        END CASE;
66
```

(b)

```
67  -- State machine work
68      IF (SSMoveBall==IncD) AND (CollisionLft $ CollisionRgt) THEN
69          BallDX[] = Max3(.ValueIn[]=LPM_ADD_SUB(.dataa[]=BallDX[], .datab[]=(0,Random4to7[]), .add_sub=CollisionLft)
70                          WITH (LPM_WIDTH=WIDTH_VIDEO) RETURNS(.result[]))
71              WITH(WIDTH=WIDTH_VIDEO) RETURNS(.Out[]);
72      ELSE BallDX[]=Max3(BallDX[]) WITH(WIDTH=WIDTH_VIDEO) RETURNS(.Out[]);
73      END IF;
74
75      IF (SSMoveBall==IncD) AND (CollisionTop $ CollisionBot) THEN
76          BallDY[] = Max3(.ValueIn[]=LPM_ADD_SUB(.dataa[]=BallDY[], .datab[]=(0,Random4to7[]), .add_sub=CollisionTop)
77                          WITH (LPM_WIDTH=WIDTH_VIDEO) RETURNS(.result[]))
78              WITH(WIDTH=WIDTH_VIDEO) RETURNS(.Out[]);
79      ELSE BallDY[]=Max3(BallDY[]) WITH(WIDTH=WIDTH_VIDEO) RETURNS(.Out[]);
80      END IF;
81
82      IF SSMoveBall==IncCoord AND !(CollisionLft AND CollisionRgt) THEN
83          BallPosX[] = LPM_ADD_SUB(.dataa[]=BallPosX[], .datab[]=BallDX[])
84                      WITH (LPM_WIDTH=WIDTH_VIDEO) RETURNS(.result[]);
85      ELSE BallPosX[] = BallPosX[];
86      END IF;
87
88      IF SSMoveBall==IncCoord AND !(CollisionTop AND CollisionBot) THEN
89          BallPosY[] = LPM_ADD_SUB(.dataa[]=BallPosY[], .datab[]=BallDY[])
90                      WITH (LPM_WIDTH=WIDTH_VIDEO) RETURNS(.result[]);
91      ELSE BallPosY[] = BallPosY[];
92      END IF;
93
94  -- Collision logic
95      IF SSMoveBall==LoadY THEN
96          (CollisionTop, CollisionBot, CollisionLft, CollisionRgt) = GND;
97      ELSIF CollisionLft AND CollisionRgt AND CollisionTop AND CollisionBot THEN
98          CollisionTop  = CollisionMTop;
99          CollisionBot  = CollisionMBot;
```

(c)

圖 6.99　AHDL 程式(續)

```
BALL.TDF                                                                    _ □ X
100          CollisionLft  = CollisionMLft;
101          CollisionRgt  = CollisionMRgt;
102     ELSE
103          CollisionTop  = CollisionTop  OR ( TopBall AND RasterCollision);
104          CollisionBot  = CollisionBot  OR ( BotBall AND RasterCollision);
105          CollisionLft  = CollisionLft  OR ( LftBall AND RasterCollision);
106          CollisionRgt  = CollisionRgt  OR ( RgtBall AND RasterCollision);
107     END IF;
108
109     IF SSMoveBall==LoadY THEN
110          (CollisionMTop, CollisionMBot, CollisionMLft, CollisionMRgt) = GND;
111 --       (BallPosX[], BallPosY[]).clrn = !(CollisionLft AND CollisionRgt AND CollisionTop AND CollisionBot);
112     ELSE
113          CollisionMTop = CollisionMTop OR (MTopBall AND RasterCollision);
114          CollisionMBot = CollisionMBot OR (MBotBall AND RasterCollision);
115          CollisionMLft = CollisionMLft OR (MLftBall AND RasterCollision);
116          CollisionMRgt = CollisionMRgt OR (MRgtBall AND RasterCollision);
117     END IF;
118
119 ---- Detection of ball edges for collision logic
120 -- ball interior
121     HorzBall = (CounterDX.q[WIDTH_VIDEO-1..4]==-1-StartX16);
122     VertBall = (CounterDY.q[WIDTH_VIDEO-1..4]==-1-StartY16);
123 -- middle sides
124     MiddleBallX = (CounterDY.q[]==-8-StartY);
125     MiddleBallY = (CounterDX.q[]==-8-StartX);
126 -- full sides
127     TopBall = (CounterDY.q[]==  0-StartY) AND HorzBall;
128     BotBall = (CounterDY.q[]==-17-StartY) AND HorzBall;
129     LftBall = (CounterDX.q[]==  0-StartX) AND VertBall;
130     RgtBall = (CounterDX.q[]==-17-StartX) AND VertBall;
131
132     MTopBall = (CounterDY.q[]==  0-StartY) AND MiddleBallY;
```

(d)

```
WALLS.TDF                                                                   _ □ X
133
134 -- in-wall background
135     IW = ((CounterX.q[WIDTH_VIDEO-1..4]<H"28") AND !VertWall AND
136           (CounterY.q[WIDTH_VIDEO-1..4]<H"1E") AND !HorWall)
137          XOR BRL;
138
139 -- ouptuts
140     BitRaster   = BR;
141     BitRasterIW = IW;
142     BitRasterNet= BRN;
143     BRHitLeftWall  = HitLW;
144     BRHitRightWall = HitRW;
145 END;
146
```

(e)

圖 6.99　AHDL 程式(續)

6.6.4.3　遊戲平台之背景設計

遊戲平台之背景的 AHDL 編輯結果如圖 6.100 所示，其檔名為 walls，並產生代表遊戲平台之背景的包含檔為 FUNCTION Walls (clock, HSync, VSync) WITH (GenerateBouncers, GenerateFlexLogo) RETURNS (BitRaster, BitRasterIW, BitRasterNet, BRHitLeftWall, BRHitRightWall)。

```
Ebo WALLS.TDF                                                                    □□☒
    1  INCLUDE "pong_globals.inc";
    2  INCLUDE "LPM_COUNTER";
    3
    4  PARAMETERS
    5  (
    6      Bouncers,
    7      FlexLogo
    8  );
    9
   10  SUBDESIGN Walls
   11  (
   12      clock, HSync, VSync : INPUT;
   13      BitRaster, BitRasterIW, BitRasterNet, BRHitLeftWall, BRHitRightWall : OUTPUT;
   14  )
   15
   16  VARIABLE
   17      CounterX, CounterY: LPM_COUNTER WITH (LPM_WIDTH=WIDTH_VIDEO);
   18      HorWall, VertWall, VertLeftWall, VertRightWall: NODE;
   19      BR, IW, BRN, HitLW, HitRW: DFF;
   20
   21  -- bouncers
   22      IF Bouncers GENERATE
   23          CntFrame: LPM_COUNTER WITH (LPM_WIDTH=4);
   24          Bouncer : LPM_COUNTER WITH (LPM_WIDTH=2);
   25          XeqY, XeqNegY: NODE;
   26          XBouncer, YBouncer, IncBouncer: DFF;
   27      END GENERATE;
   28
   29  -- FLEX logo
   30      IF FlexLogo GENERATE
   31          CntLogoX1   : LPM_COUNTER WITH (LPM_WIDTH=WIDTH_VIDEO+4, LPM_SVALUE=H"1800"+8);
   32          CntLogoX2   : LPM_COUNTER WITH (LPM_WIDTH=WIDTH_VIDEO+4, LPM_SVALUE=H"1C00"-8, LPM_DIRECTION="DOWN");
   33          CounterXLogo: LPM_COUNTER WITH (LPM_WIDTH=WIDTH_VIDEO, LPM_SVALUE=H"3B0");
```

(a)

```
Ebo WALLS.TDF                                                                    □□☒
   34          CntLogoWidth: LPM_COUNTER WITH (LPM_WIDTH=5, LPM_DIRECTION="DOWN");
   35          LgnLogo[4..0]: LCELL;
   36          BRL, CntLogoWidthSet, YLogo, CntLogoX_cnt_en: DFF;
   37          XLogo, vLogo: NODE;
   38      ELSE GENERATE
   39          BRL: NODE;
   40      END GENERATE;
   41
   42  BEGIN
   43      (CounterX, CounterY).clock  = clock;
   44      CounterX.sclr = HSync;
   45      CounterY.(sclr, cnt_en) = (VSync, HSync);
   46
   47      (BR, IW, BRN, HitLW, HitRW).clk= clock;
   48
   49  -- walls
   50      HorWall = ((CounterY.q[WIDTH_VIDEO-1..4]==0) OR (CounterY.q[WIDTH_VIDEO-1..4]==H"1D")) AND
   51                 (CounterX.q[WIDTH_VIDEO-1..4]<H"28");
   52      VertLeftWall  = (CounterX.q[WIDTH_VIDEO-1..4]==0);
   53      VertRightWall = (CounterX.q[WIDTH_VIDEO-1..4]==H"27");
   54      VertWall      = (VertLeftWall OR VertRightWall) AND (CounterY.q[WIDTH_VIDEO-1..4]<H"1E");
   55
   56  -- bouncers
   57      IF Bouncers GENERATE
   58          (CntFrame, Bouncer).clock  = clock;
   59          (IncBouncer, XBouncer, YBouncer).clk= clock;
   60          CntFrame.cnt_en = VSync;
   61
   62  --     XBouncer = (CounterX.q[WIDTH_VIDEO-1..4]>=H"18") AND (CounterX.q[WIDTH_VIDEO-1..4]<H"1A");
   63          XBouncer = (CounterX.q[WIDTH_VIDEO-1..5]==H"7") OR (CounterX.q[WIDTH_VIDEO-1..5]==H"C");
   64  --     YBouncer = (CounterY.q[7..4]>=H"6") AND (CounterY.q[7..4]<H"8") AND (CounterY.q[WIDTH_VIDEO-1..8]==0);
   65          YBouncer = (CounterY.q[WIDTH_VIDEO-1..5]==2) %OR (CounterY.q[WIDTH_VIDEO-1..5]==12)%;
   66          XeqY     = (CounterX.q[4..0]== CounterY.q[4..0]);
```

(b)

圖 6.100　AHDL 程式

```
WALLS.TDF                                                                          _ □ ×
67          XeqNegY = (CounterX.q[4..0]==!CounterY.q[4..0]);
68          IF CounterY.q[4] THEN
69              IncBouncer = (IncBouncer AND !XeqNegY) OR XeqY;
70          ELSE
71              IncBouncer = (IncBouncer AND !XeqY) OR XeqNegY;
72          END IF;
73          Bouncer.cnt_en = IncBouncer;
74          Bouncer.updown = !CounterX.q[4];
75          Bouncer.data[] = CntFrame.q[3..2];
76          Bouncer.sload = LCELL(CounterX.q[4..0]==H"0");
77      END GENERATE;
78
79  -- FLEX logo
80      IF FlexLogo GENERATE
81          (CounterXLogo, CntLogoX1, CntLogoX2, CntLogoWidth).clock    = clock;
82           CounterXLogo.sset = HSync;
83          (BRL, YLogo, CntLogoWidthSet, CntLogoX_cnt_en).clk = clock;
84          (CntLogoX1,CntLogoX2).sset = VSync;
85
86          TABLE   CounterXLogo.q[8..5] => LgnLogo[0];
87              0=>1; 1=>1; 2=>1; 3=>0; 4=>1; 5=>0; 6=>0; 7=>0; 8=>1; 9=>1; 10=>1;
88          END TABLE;
89          TABLE   CounterXLogo.q[8..5] => LgnLogo[1];
90              0=>1; 1=>0; 2=>0; 3=>1; 4=>1; 5=>0; 6=>0; 7=>0; 8=>1; 9=>0; 10=>0;
91          END TABLE;
92          TABLE   CounterXLogo.q[8..5] => LgnLogo[2];
93              0=>1; 1=>1; 2=>0; 3=>0; 4=>1; 5=>0; 6=>0; 7=>0; 8=>1; 9=>1; 10=>1;
94          END TABLE;
95          TABLE   CounterXLogo.q[8..5] => LgnLogo[3];
96              0=>1; 1=>0; 2=>0; 3=>0; 4=>1; 5=>0; 6=>0; 7=>0; 8=>1; 9=>0; 10=>0;
97          END TABLE;
98          TABLE   CounterXLogo.q[8..5] => LgnLogo[4];
99              0=>1; 1=>0; 2=>0; 3=>0; 4=>1; 5=>1; 6=>1; 7=>0; 8=>1; 9=>1; 10=>1;
```

(c)

```
WALLS.TDF                                                                          _ □ ×
100          END TABLE;
101
102          vLogo = GND;
103          FOR 1 IN 0 TO 4 GENERATE
104              IF CounterY.q[7..5]==1 THEN vLogo=LgnLogo[1]; END IF;
105          END GENERATE;
106
107          XLogo = (CounterXLogo.q[WIDTH_VIDEO-1]==0);
108          YLogo = (CounterY.q[WIDTH_VIDEO-1..8]==1) AND (CounterY.q[7..5]<5);
109
110          CntLogoX_cnt_en = YLogo AND !((CounterY.q[7..4]==0) OR (CounterY.q[7..4]==H"9"))
111              AND (CounterXLogo.q[WIDTH_VIDEO-1..8]==2) AND (CounterXLogo.q[7..0]<8);
112          (CntLogoX1,CntLogoX2).cnt_en = CntLogoX_cnt_en;
113
114          CntLogoWidth.cnt_en = LCELL(CntLogoWidth.q[]!=0);
115          CntLogoWidthSet = (CntLogoX1.q[13..4]==CounterXLogo.q[]) OR (CntLogoX2.q[13..4]==CounterXLogo.q[]);
116          CntLogoWidth.sset = CntLogoWidthSet;
117
118          BRL = XLogo AND YLogo AND (vLogo OR (CntLogoWidth.q[]!=0)) AND (CounterX.q[0] $ CounterY.q[0]);
119      ELSE GENERATE
120          BRL = GND;
121      END GENERATE;
122
123  -- bit raster
124      BR = HorWall OR VertWall;
125      IF Bouncers GENERATE
126          BR = (XBouncer AND YBouncer AND (Bouncer.q[]!=0));
127      END GENERATE;
128
129      BRN = (CounterX.q[WIDTH_VIDEO-1..2]==H"50") AND (CounterY.q[3..1]!=4) AND          -- net
130          (CounterY.q[WIDTH_VIDEO-1..4]!=0) AND (CounterY.q[WIDTH_VIDEO-1..4]<H"1D");
131      HitLW  = VertLeftWall;
132      HitRW  = VertRightWall;
```

(d)

圖 6.100　AHDL 程式(續)

```
WALLS.TDF
133
134 -- in-wall background
135    IW = ((CounterX.q[WIDTH_VIDEO-1..4]<H"28") AND !VertWall AND
136         (CounterY.q[WIDTH_VIDEO-1..4]<H"1E") AND !HorWall)
137       XOR BRL;
138
139 -- ouptuts
140    BitRaster   = BR;
141    BitRasterIW = IW;
142    BitRasterNet= BRN;
143    BRHitLeftWall  = HitLW;
144    BRHitRightWall = HitRW;
145 END;
146
```

(e)

圖 6.100　AHDL 程式(續)

6.6.4.4　記分板之數字計數器設計

記分板之數字計數器的 AHDL 編輯結果如圖 6.101 所示，其檔名為 cnt3x7d，並產生代表記分板之數字計數器電路的包含檔為 FUNCTION Cnt3x7d (clock, HSync, VSync, IncCounter) WITH(PosX128) RETURNS (BitRaster)。

```
CNT3X7D.TDF
1  INCLUDE "pong_globals.inc";
2  INCLUDE "LPM_COUNTER";
3  INCLUDE "LPM_COMPARE";
4  INCLUDE "LPM_ADD_SUB";
5  FUNCTION 7Digit(Clock,Digit[3..0],PosX[3..0],PosY[3..0]) RETURNS(BitRaster);
6
7  PARAMETERS
8  (
9      PosX128 = 1     -- digits X pos, divided by 128
10 );
11
12 SUBDESIGN Cnt3x7d
13 (
14     clock          : INPUT;
15     HSync, VSync   : INPUT;
16     IncCounter     : INPUT;
17     BitRaster      : OUTPUT;
18 --  debug:input;
19 )
20
21 VARIABLE
22     BR  : DFF;
23     CounterX: LPM_COUNTER WITH ( LPM_WIDTH=WIDTH_VIDEO, LPM_SVALUE=48 );
24     CounterY: LPM_COUNTER WITH ( LPM_WIDTH=WIDTH_VIDEO );
25     BCDDigit[2..0]: LPM_COUNTER WITH(LPM_WIDTH=8, LPM_MODULUS=160);
26 --  FrameCnt: LPM_COUNTER WITH(LPM_WIDTH=6, LPM_MODULUS=60);        -- 60 frames/s
27     ScoreCnt: LPM_COUNTER WITH(LPM_WIDTH=8);
28     My7Digit: 7Digit;
29     BRX: NODE;
30     Digit[7..0], DigitRotate[7..0], XValid, BCD_en[2..0]: DFF;
31     UpdateScore: NODE;
32
33 BEGIN
```

(a)

圖 6.101　AHDL 程式

```
CNT3X7D.TDF                                                                    _ □ X
34        (CounterX, CounterY, BCDDigit[], My7Digit%, FrameCnt%, ScoreCnt).clock = clock;
35        CounterX.sset = HSync;
36        CounterY.(sclr, cnt_en) = (VSync, HSync);
37        (BR, Digit[], DigitRotate[], XValid, BCD_en[]).clk = clock;
38
39  --FrameCnt.cnt_en = VSync;
40  --BCD_en[0] = VSync and (FrameCnt.q[]==59); -- each second
41        UpdateScore = VSync AND (ScoreCnt.q[]!=0) AND (BCDDigit[0].q[3..0]==0);
42        ScoreCnt.cnt_en = LCELL(IncCounter OR UpdateScore);
43        ScoreCnt.updown = !VSync;
44        BCD_en[0] = UpdateScore;
45
46        FOR B IN 0 TO 2 GENERATE
47            BCD_en[B] = VSync AND (BCDDigit[B].q[3..0]!=0);
48        END GENERATE;
49
50        FOR B IN 1 TO 2 GENERATE
51            BCD_en[B] = VSync AND (BCDDigit[B-1].q[]==148);
52        END GENERATE;
53
54        BCDDigit[].cnt_en = BCD_en[];
55        My7Digit.PosX[] = CounterX.q[4..1];
56        DigitRotate[] = LPM_ADD_SUB( .dataa[]=Digit[], .datab[]=(0,CounterY.q[4..1]) )
57                        WITH(LPM_WIDTH=8) RETURNS(.result[]);
58        My7Digit.(Digit[],PosY[]) = DigitRotate[];
59
60        XValid = GND;
61        FOR d IN 0 TO 2 GENERATE
62            IF LPM_COMPARE(.dataa[]=CounterX.q[6..5], .datab[]=2-d) WITH(LPM_WIDTH=2) RETURNS(.aeb)
63            THEN
64                Digit[] = BCDDigit[d].q[];
65                XValid = (CounterX.q[WIDTH_VIDEO-1..7]==PosX128);
66            END IF;
```

(b)

```
CNT3X7D.TDF                                                                    _ □ X
67        END GENERATE;
68        BRX = My7Digit.BitRaster AND XValid;
69        BR = (CounterY.q[WIDTH_VIDEO-1..5]==1) AND BRX;      -- 1 (0 for debug)
70        BitRaster = BR;
71
72  --    BCDDigit[0].data[]=16;  BCDDigit[1].data[]=148; BCDDigit[2].data[]=48;
73  --    BCDDigit[].sload=debug;
74  END;
75
```

(c)

圖 6.101　AHDL 程式(續)

6.6.4.5　反彈平台器設計

反彈平台的 AHDL 編輯結果如圖 6.102 所示，其檔名為 paddle，並產生代表反彈平台的包含檔為 FUNCTION Paddle (clock, HSync, VSync, GoUp, GoDown) WITH (PosX16) RETURNS (BitRaster, BitRasterShade)。

```
PADDLE.TDF                                                                    _ □ ×
 1  INCLUDE "pong_globals.inc";
 2  INCLUDE "LPM_COUNTER";
 3
 4  PARAMETERS
 5  (
 6      PosX16 = 48      -- paddle X pos, multiple of 16
 7  );
 8
 9  CONSTANT
10      MaxPosY = 480-16-16-64;
11
12  SUBDESIGN Paddle
13  (
14      clock              : INPUT;
15      HSync, VSync       : INPUT;
16      GoUp, GoDown       : INPUT;
17      BitRaster, BitRasterShade   : OUTPUT;
18  )
19
20  VARIABLE
21      CounterX: LPM_COUNTER WITH ( LPM_WIDTH=WIDTH_VIDEO );
22      CounterDY:LPM_COUNTER WITH ( LPM_WIDTH=WIDTH_VIDEO, LPM_DIRECTION="DOWN" );
23      PaddlePosY[WIDTH_VIDEO-1..0], BR, BRS, VertPaddle, HorzShade, VertShade: DFF;
24      HorPaddle : NODE;
25
26      SSMovePaddle: MACHINE WITH STATES( WaitVS, IncPosY, DecPosY, CheckUp, CheckDn, Load );
27
28  BEGIN
29      (CounterX, CounterDY).clock = clock;
30      SSMovePaddle.clk = clock;
31      PaddlePosY[].clk = clock;
32      (BR, BRS, VertPaddle, HorzShade, VertShade).clk = clock;
33      CounterX.sclr = HSync;
```

(a)

```
PADDLE.TDF                                                                    _ □ ×
34      CounterDY.cnt_en = HSync;
35      CounterDY.data[] = PaddlePosY[];
36
37      CASE SSMovePaddle IS
38          WHEN WaitVS=>   IF VSync THEN SSMovePaddle=IncPosY; ELSE SSMovePaddle=WaitVS; END IF;
39          WHEN IncPosY=>  SSMovePaddle = DecPosY;
40          WHEN DecPosY=>  SSMovePaddle = CheckUp;
41          WHEN CheckUp=>  SSMovePaddle = CheckDn;
42          WHEN CheckDn=>  SSMovePaddle = Load;
43          WHEN Load=>     SSMovePaddle = WaitVS;
44                          CounterDY.sload = VCC;
45      END CASE;
46
47      IF SSMovePaddle==IncPosY AND GoDown THEN PaddlePosY[]=PaddlePosY[]+4;
48      ELSIF SSMovePaddle==DecPosY AND GoUp   THEN PaddlePosY[]=PaddlePosY[]-4;
49      ELSIF SSMovePaddle==CheckUp AND PaddlePosY[WIDTH_VIDEO-1] THEN PaddlePosY[]=GND;
50      ELSIF SSMovePaddle==CheckDn AND PaddlePosY[]>=MaxPosY THEN PaddlePosY[]=MaxPosY;
51      ELSE PaddlePosY[]=PaddlePosY[];
52      END IF;
53
54  -- Paddle pos
55      HorPaddle = (CounterX.q[WIDTH_VIDEO-1..4]==PosX16);
56      IF CounterDY.q[]==-16 THEN VertPaddle=VCC; ELSIF CounterDY.q[]==-16-64 THEN VertPaddle=GND;
57      ELSE VertPaddle = VertPaddle;
58      END IF;
59
60  -- Shade pos
61      IF CounterX.q[3..0]==8
62          THEN HorzShade = HorPaddle;
63          ELSE HorzShade = HorzShade;
64      END IF;
65
66      IF CounterDY.q[]==-16-8      THEN VertShade=VCC;
```

(b)

圖 6.102　AHDL 程式

```
67      ELSIF CounterDY.q[]==-16-64-8      THEN VertShade=GND;
68                                         ELSE VertShade=VertShade;
69      END IF;
70
71 -- outputs
72      BR = HorPaddle AND VertPaddle;
73      BRS= HorzShade AND VertShade;
74      BitRaster = BR;
75      BitRasterShade = BRS;
76 END;
77
```

(c)

圖 6.102 AHDL 程式(續)

6.6.4.6 乒乓球遊戲設計

乒乓球遊戲的 AHDL 編輯結果如圖 6.103 所示，其檔名為 pong。

```
 1 INCLUDE "pong_globals.inc";
 2 INCLUDE "LPM_COUNTER";
 3
 4 FUNCTION SyncGen(clock) RETURNS(HSync,VSync,vga_h_sync,vga_v_sync);
 5 FUNCTION Walls(clock,HSync,VSync) WITH(GenerateBouncers,GenerateFlexLogo)
 6          RETURNS(BitRaster, BitRasterIW, BitRasterNet, BRHitLeftWall, BRHitRightWall);
 7 FUNCTION Paddle(clock,HSync,VSync,GoUp,GoDown) WITH(PosX16) RETURNS(BitRaster,BitRasterShade);
 8 FUNCTION Ball(clock,Reset,HSync,VSync,RasterCollision) WITH(StartX16,StartY16)
 9          RETURNS(BitRaster,BitRasterShade,BRLftBall,BRRgtBall);
10 FUNCTION Cnt3x7d(clock,HSync,VSync,IncCounter) WITH(PosX128) RETURNS(BitRaster);
11
12 -------------------------------------------------------------------
13 CONSTANT nBall     = 2;
14 CONSTANT nPaddles  = 1;    -- 0, 1 or 2
15 CONSTANT nScores   = 2;    -- 0, 1 or 2
16
17 CONSTANT GenerateBouncers = 1;
18 CONSTANT GenerateFlexLogo = 1;
19
20 -------------------------------------------------------------------
21 SUBDESIGN Pong
22 (
23     clock: INPUT;                    -- 25MHz pixel clock
24
25 -- all inputs are active low
26     right_up, right_down: INPUT;    -- for paddle 1
27     left_up,  left_down: INPUT;     -- for paddle 2
28     --Reset: INPUT;
29
30     vga_red, vga_green, vga_blue,
31     vga_h_sync, vga_v_sync    : OUTPUT;
32 )
33
```

(a)

```
34 -------------------------------------------------------------------
35 VARIABLE
36     SyncGenerator: SyncGen;
37     MyWalls: Walls WITH (Bouncers=GenerateBouncers,FlexLogo=GenerateFlexLogo);
38
39     IF nPaddles>=1 GENERATE
40         RightPaddle: Paddle WITH (PosX16=36);    -- (640-16-32-1)/16
41     END GENERATE;
42     IF nPaddles>=2 GENERATE
43         LeftPaddle: Paddle WITH (PosX16=3);      -- (16+32)/16
44     END GENERATE;
45
46     Balls[nBall-1..0]: Ball;
47     IF nBall>1 GENERATE    -- initial ball separation needs extra logic
48         CounterBalls: LPM_COUNTER WITH ( LPM_WIDTH=4 );
49     END GENERATE;
50
51     IF nScores>=1 GENERATE
52         CntLeft : Cnt3x7d WITH (PosX128=1);
53         IncCntLeft[nBall-1..0], LastFrameIncCntLeft[nBall-1..0], DeltaIncCntLeft[nBall-1..0], IncCntLeftAll : DFF;
54         IncNowCntLeft[nBall-1..0]: NODE;
55     END GENERATE;
56     IF nScores>=2 GENERATE
57         CntRight: Cnt3x7d WITH (PosX128=4);
58         IncCntRight[nBall-1..0], LastFrameIncCntRight[nBall-1..0], DeltaIncCntRight[nBall-1..0], IncCntRightAll: DFF;
59         IncNowCntRight[nBall-1..0]: NODE;
60     END GENERATE;
61
62     Red, Green, Blue: DFF;
63     RedP, GreenP, BlueP: NODE;
64     BounceRaster, BallRaster, Background, Foreground, Shade: NODE;
65
66 -------------------------------------------------------------------
```

(b)

圖 6.103 AHDL 程式(續)

(c)

(d)

圖 6.103　AHDL 程式(續)

```
pong.tdf*                                                                    _□×
133          FOR j IN 0 to nBall-1 GENERATE
134              IF i!=j GENERATE
135                  Balls[i].RasterCollision = Balls[j].BitRaster;
136              END GENERATE;
137          END GENERATE;
138      END GENERATE;
139
140  -- logic for initial separation of the balls
141      IF nBall>1 GENERATE
142          CounterBalls.clock = clock;
143  --      CounterBalls.sclr = !Reset;
144          CounterBalls.cnt_en = LCELL(SyncGenerator.VSync AND (CounterBalls.q[]!=nBall));
145          FOR i IN 0 to nBall-1 GENERATE
146              IF CounterBalls.q[]==i THEN
147  -- red is a delayed raster signal, so it pushes the ball to the left
148                  Balls[i].RasterCollision = Red;
149              END IF;
150          END GENERATE;
151      END GENERATE;
152
153  -- video raster mix
154      BounceRaster = MyWalls.BitRaster;
155      (RedP, GreenP, BlueP) = GND;
156
157      IF nPaddles>=1 GENERATE
158          BounceRaster = RightPaddle.BitRaster;
159          Shade = RightPaddle.BitRasterShade;
160          GreenP= RightPaddle.BitRaster;
161          BlueP = RightPaddle.BitRaster;
162      END GENERATE;
163      IF nPaddles>=2 GENERATE
164          BounceRaster = LeftPaddle.BitRaster;
165          Shade = LeftPaddle.BitRasterShade;
```

(e)

```
pong.tdf*                                                                    _□×
166          RedP  = LeftPaddle.BitRaster;
167          BlueP = LeftPaddle.BitRaster;
168      END GENERATE;
169
170      Background = MyWalls.BitRasterIV AND !BounceRaster AND !BallRaster AND !Shade;
171
172      Red    =      MyWalls.BitRaster OR RedP   OR BallRaster OR Foreground;
173      Green  =     (MyWalls.BitRaster OR GreenP OR BallRaster) AND !Foreground)
174                   OR (Background AND MyWalls.BitRasterNet);
175      Blue   = BlueP OR BallRaster OR Background OR Foreground;
176      (vga_red, vga_green, vga_blue) = (Red, Green, Blue);
177      (vga_h_sync, vga_v_sync) = SyncGenerator.(vga_h_sync, vga_v_sync);
178 END;
179
```

(f)

圖 6.103　AHDL 程式(續)

　　存檔並組譯，選取視窗選單 Processing → Compiler Tool → Start，即可進行組譯，產生 pong.sof 或 .pof 燒錄檔。

6.6.4.7　元件腳位指定

　　在執行編譯前，可參考表 6.9 VGA 顯示控制模組及按鍵開關腳位宣告，進行腳位指定。首先可點選 "Assignments"，並於下拉式選單中點選 "Pins"，將出現 Assignment Editor 視窗。直接點選 Filter 欄位的 Pins:all 選項。即可於 Assignment Editor 視窗的最下面欄位之 Location 處輸入或指定接腳編號即可完成，如圖 6.104 所示。完成上述步驟，使用者即可執行編譯。

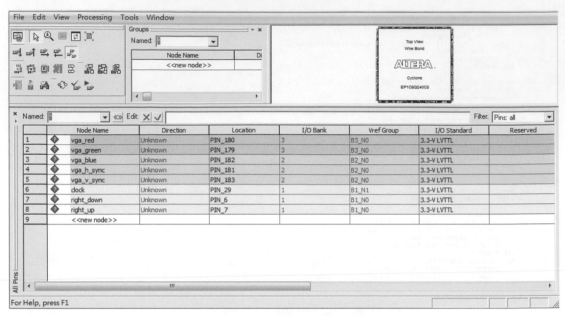

圖 6.104　輸出/輸入接腳特徵列表

6.6.4.8　燒錄程式至器 Cyclone FPGA 實驗器平台

1. Cyclone FPGA 基板具有 AS Mode 以及 JTAG Mode 兩種燒錄模式。AS Mode 僅支援 Cyclone 系列元件，其目的是用來燒錄 EPROM 元件。而 JTAG Mode，則是將位元串資料載入 FPGA 晶片的一種方式。本實驗以 JTAG Mode 方式透過 ByteBlaster II 燒錄纜線分別連接至實驗器的 JTAG(10PIN)接頭及電腦並列埠，並將 JP1 及 JP2 設定為 JTAG Mode。

2. 選取視窗選單 Tools → Programmer，出現燒錄視窗。在燒錄視窗加入燒錄檔案，選取 Add File，出現 Select Programming File 視窗，選擇 pong.sop 燒錄檔案，在 Mode 選項，選擇 JTAG Mode，在 Program/Configure 處打勾，再按 Start 鍵進行燒錄模擬，如圖 6.105 所示，其實驗結果可參考附錄 B。

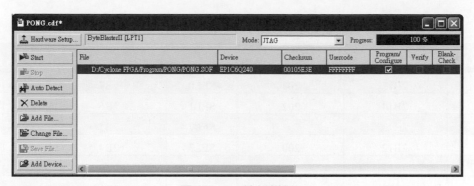

圖 6.105　燒錄模擬

6.7　紅綠燈小綠人實作

　　本專題是介紹可調整時間之紅綠燈小綠人電路設計，小綠人可經由 8×8 雙色點矩陣來顯示，其動作變換可先儲存於內建記憶體內，應用移位計數器與行掃描計數器控制 8×8 雙色點矩陣來達成顯示；另外可利用鍵盤設定紅綠燈的倒數時間，倒數時間藉由七段顯示器來顯示，綠燈的倒數時間設定為 60 秒，紅燈的倒數時間設定為 20 秒。

　　本實驗以華亨數位實驗器 Cyclone FPGA 為實驗器平台，其七段顯示控制模組電路及接腳分別如圖 6.106 及表 6.10 所示，所以需設計掃描電路來讓六個七段顯示器以較高頻率依序顯示。

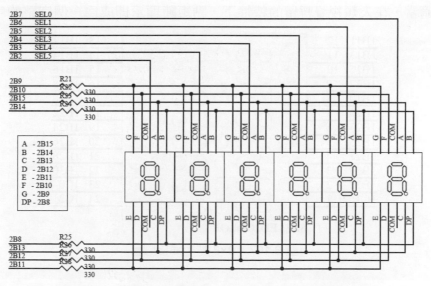

圖 6.106　華亨數位實驗器 Cyclone FPGA 實驗器平台

表 6.10　7 段顯示器控制模組接腳對應

模組腳位	FPGA 接腳代號	FPGA 接腳編號	模組腳位	FPGA 接腳代號	FPGA 接腳編號
A	2B15	203	SEL0	2B7	195
B	2B14	202	SEL1	2B6	194
C	2B13	201	SEL2	2B5	193
D	2B12	200	SEL3	2B4	188
E	2B11	199	SEL4	2B3	187
F	2B10	198	SEL5	2B2	186
G	2B9	197	clock	CLK0(10MHZ)	28
DP	2B8	196			

　　另外有一組 8×8 雙色點矩陣模組，其接腳圖及接腳定義分別如圖 6.107 及表 6.11 所示。8×8 雙色點矩陣共有 64 個 LED 指示燈及 24 支接腳，其中有 16 支信號接腳用於驅動 64 個發光二極體，但因支援雙色顯示的原因，另需再有 8 支接腳以顯示不同顏色，故可藉由矩陣的列與行共 24 組信號的組合，設計出設計者欲顯示之圖形，其控制信號的組合如圖 6.108 所示。而本專題是利用掃瞄顯示法來控制 8×8 雙色點矩陣顯示內容，其字形顯示資料由列輸出，控制碼由行輸出，每一個顯示字形，則由 8 筆資料組成。首先，送出第一筆資料，而由控制碼選擇第一行點亮，接著送出第二筆資料，控制碼選擇將選擇第二行點亮，如此依序點亮至最後一行後，再重頭開始，只要掃描週期適當，在人類視覺暫留的特性下，點矩陣顯示即成為一個完整的字形畫面。

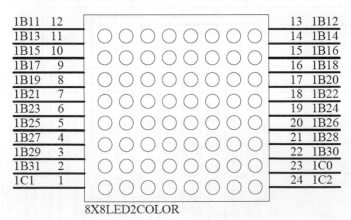

圖 6.107　8×8 點矩陣接腳圖

表 6.11　8×8 點矩陣顯示模組接腳對應

模組腳位	FPGA 接腳代號	FPGA 接腳編號	模組腳位	FPGA 接腳代號	FPGA 接腳編號
1	1C1	98	14	1B14	75
2	1B31	96	15	1B16	77
3	1B29	94	16	1B18	79
4	1B27	88	17	1B20	81
5	1B25	86	18	1B22	83
6	1B23	84	19	1B24	85
7	1B21	82	20	1B26	87
8	1B19	80	21	1B28	93
9	1B17	78	22	1B30	95
10	1B15	76	23	1C0	97
11	1B13	74	24	1C2	99
12	1B11	68			

	行 1 (G,V)	行 2 (G,V)	行 3 (G,V)	行 4 (G,V)	行 5 (G,V)	行 6 (G,V)	行 7 (G,V)	行 8 (G,V)
列 1	10,11	10,8	10,5	10,2	10,23	10,20	10,17	10,14
列 2	7,11	7,8	7,5	7,2	7,23	7,20	7,17	7,14
列 3	4,11	4,8	4,5	4,2	4,23	4,20	4,17	4,14
列 4	1,11	1,8	1,5	1,2	1,23	1,20	1,17	1,14
列 5	22,11	22,8	22,5	22,2	22,23	22,20	22,17	22,14
列 6	19,11	19,8	19,5	19,2	19,23	19,20	19,17	19,14
列 7	16,11	16,8	16,5	16,2	16,23	16,20	16,17	16,14
列 8	13,11	13,8	13,5	13,2	13,23	13,20	13,17	13,14

註：8×8LED 矩陣之腳位(紅色,G: GND, V: VDD)，例如行 1、列 2 之 LED 發出紅光，則第 7 腳接 GND，第 11 腳接 VDD。

圖 6.108　8×8 雙色點矩陣控制信號組合

	行 1 (G,V)	行 2 (G,V)	行 3 (G,V)	行 4 (G,V)	行 5 (G,V)	行 6 (G,V)	行 7 (G,V)	行 8 (G,V)
列 1	10,12	10,9	10,6	10,3	10,24	10,21	10,18	10,15
列 2	7,12	7,9	7,6	7,3	7,24	7,21	7,18	7,15
列 3	4,12	4,9	4,6	4,3	4,24	4,21	4,18	4,15
列 4	1,12	1,9	1,6	1,3	1,24	1,21	1,18	1,15
列 5	22,12	22,9	22,6	22,3	22,24	22,21	22,18	22,15
列 6	19,12	19,9	19,6	19,3	19,24	19,21	19,18	19,15
列 7	16,12	16,9	16,6	16,3	16,24	16,21	16,18	16,15
列 8	13,12	13,9	13,6	13,3	13,24	13,21	13,18	13,15

註：8×8LED 矩陣之腳位(黃色,G: GND, V: VDD)，例如行 1、列 2 之 LED 發出黃光，則第 7 腳接 GND，第 12 腳接 VDD。

圖 6.108　8×8 雙色點矩陣控制信號組合(續)

　　實驗器另外配置了一組 4×4 矩陣式鍵盤，藉由矩陣式鍵盤，可以輸入字元或數值，以較少的控制線，來控制較多的按鍵，因此是一種常見且實用的輸入裝置。此 4×4 矩陣式鍵盤，分別具有 4 列及 4 行共 8 條的接線。列與行交集處即是一個按鍵點，最多可以控制 16 個按鍵，其接腳圖及接腳定義分別如圖 6.109 及表 6.12 所示。

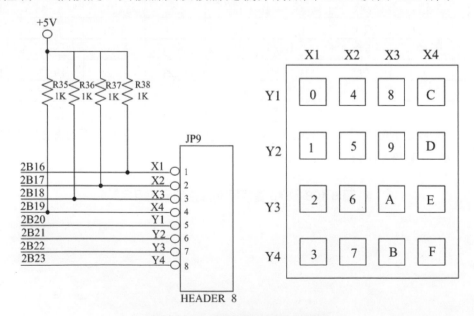

圖 6.109　鍵盤掃描電路接線圖

表 6.12　鍵盤掃描控制模組接腳對應

鍵盤掃描控制模組接腳對應		
模組腳位	FPGA 接腳代號	FPGA 接腳編號
X1	2B16	204
X2	2B17	205
X3	2B18	206
X4	2B19	207
Y1	2B20	208
Y2	2B21	213
Y3	2B22	214
Y4	2B23	215

　　表 6.13 為 4×4 鍵盤之行與列掃描資料表，表中假設 y(4~1)及 x(4~1)分別為輸出控制及輸入控制，其控制原理如下：(1)掃瞄碼從 y(4~1)輸出，在某一段時點輸出 y(4~1)=1110，輸出穩定後讀入 x(4~1)之值，以作為判斷那一個按鍵被按下。(2)若未按任何按鍵，從 x(4~1)讀入的資料均會是高位準 x(4~1) = 1111，若發現 x(4~1)中某一個位元為零，表示某一按鍵已被按下。(3)再下一個時間點繼續輸出 y(4~1) = 1101，之後讀入 x(4~1)之數值，以此方法判斷 16 個按鍵中是那一個按鍵是被按下的。圖 6.110 為 4x4 按鍵矩陣架構，圖中掃瞄第一行 y(1) = 0 ，其餘 y(2) = y(3)= y(4) = 1 所以只有第一行標 0,1,2,3 的按鍵按下時 x(4~1)之數值才有可能為低電位，其餘按鍵按下在讀入 x(4~1)之數值均是高電位。

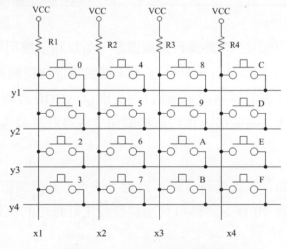

圖 6.110　4×4 按鍵矩陣架構

表 6.13　4×4 鍵盤之行與列掃描資料

狀　態	行　輸　入 y4 y3 y2 y1				列　讀　入 x4 x3 x2 x1				說　　　　　明
1	1	1	1	0	1	1	1	1	第一列未有任何按鍵按下
2	1	1	1	0	1	1	1	0	偵測到第一列編號為 0 鍵被按下
3	1	1	1	0	1	1	0	1	偵測到第一列編號為 1 鍵被按下
4	1	1	1	0	1	0	1	1	偵測到第一列編號為 2 鍵被按下
5	1	1	1	0	0	1	1	1	偵測到第一列編號為 3 鍵被按下
6	1	1	0	1	1	1	1	1	第一列未有任何按鍵按下
7	1	1	0	1	1	1	1	0	偵測到第一列編號為 4 鍵被按下
8	1	1	0	1	1	1	0	1	偵測到第一列編號為 5 鍵被按下
9	1	1	0	1	1	0	1	1	偵測到第一列編號為 6 鍵被按下
10	1	1	0	1	0	1	1	1	偵測到第一列編號為 7 鍵被按下
11	1	0	1	1	1	1	1	1	第一列未有任何按鍵按下
12	1	0	1	1	1	1	1	0	偵測到第一列編號為 8 鍵被按下
13	1	0	1	1	1	1	0	1	偵測到第一列編號為 9 鍵被按下
14	1	0	1	1	1	0	1	1	偵測到第一列編號為 A 鍵被按下
15	1	0	1	1	0	1	1	1	偵測到第一列編號為 B 鍵被按下
16	0	1	1	1	1	1	1	1	第一列未有任何按鍵按下
17	0	1	1	1	1	1	1	0	偵測到第一列編號為 C 鍵被按下
18	0	1	1	1	1	1	0	1	偵測到第一列編號為 D 鍵被按下
19	0	1	1	1	1	0	1	1	偵測到第一列編號為 E 鍵被按下
20	0	1	1	1	0	1	1	1	偵測到第一列編號為 F 鍵被按下

　　由於本專題選用 10MHZ 時脈波石英振盪器，所以除了應用先前介紹時間顯示及 8×8 雙色點矩陣 LED 之電路設計，另外在 4×4 鍵盤掃描之電路設計，需設計 4×4 鍵盤掃描的行掃描及 4×4 鍵盤掃描的列掃描。並分別以 AHDL 編輯及 Verilog HDL 編輯設計各小程式，各別產生符號檔，再以圖形編輯完成設計，最後燒錄在晶片上。

動作說明：

　　本專題小綠人之動作在綠燈時有起步慢走、快走，其原倒數時間設定為 60 秒，紅燈的倒數時間設定為 20 秒；另外可利用鍵盤設定紅綠燈的倒數時間。動作說明如下：

1. 首先，利用多工器 muxsel 電路來控制是綠燈倒數或是紅燈倒數，由 t601 綠燈倒數時間電路先動作，完成倒數時間後，產生脈波來控制 muxsel 切換到 d201 紅燈倒數時間電路。t601 電路及 d201 電路之輸出資料送到 6 對 1 多工器電路及掃描電路，來讓六個七段顯示器以較高頻率依序顯示。

2. 小綠人(人形燈)的動作變換可先儲存於 LPM 內建記憶體內，應用移位計數器與行掃描計數器控制 8×8 雙色點矩陣來達成顯示。其中以 TCSEL 電路控制人形燈閃爍頻率的次數時間是以 0.2 秒或 0.1 秒作一次輸出動作，再以 tsel 電路、CHMSEL 電路、LPM 電路及 SELED12 電路選擇哪一個記憶體內容，送到 8×8 雙色點矩陣顯示，配合時間倒數，使得人形燈從起步慢走、快走到停止依序的顯示。

3. 在倒數時間調整方面，可利用鍵盤來控制倒數時間長短，其中鍵盤是利用 coder 編碼器電路以矩陣方式來做鍵盤列掃瞄編碼，並以 counter2 二位元計數電路來做二位元輸出，再以 74138 電路解碼，當有訊號傳到 x1~x4 代表該按鈕被按下。經由 keyboard 鍵盤解碼電路輸出按下之數值資料，傳送到時間控制器，以達到使用鍵盤調整倒數時間長短之目的。鍵盤數字的功能如下：

(1) 當鍵盤無任何輸入時，倒數會從 59 秒開始倒數。

   (a) 當綠燈倒數 59~ 10 秒起步慢走。

   (b) 當綠燈倒數 9~ 1 秒快走。

   (c) 當綠燈倒數到 0 秒，人形燈停止，且紅燈倒數從 19 秒開始倒數。

   (d) 當紅燈倒數到 0 秒時，重複(a) ~ (c) 。

(2) 按 1~9 鍵盤可以設定時間，改變十位數時間為 1~9，個位數時間固定為 9；另外可利用 A~F 按鍵來改變十位數時間。

   (a) 按 1 時，十位數時間變為 1，個位數時間變為 9。

   (b) 按 2 時，十位數時間變為 2，個位數時間變為 9。

   (c) 按 9 時，十位數時間變為 9，個位數時間變為 9。

   (d) 按 A 時，十位數時間變為 5，個位數時間不變。

   (e) 按 B 時，十位數時間變為 4，個位數時間不變。

   (f) 按 C 時，十位數時間變為 3，個位數時間不變。

(g) 按 D 時，十位數時間變為 2，個位數時間不變。

(h) 按 E 時，十位數時間變為 1，個位數時間不變。

(i) 按 F 時，十位數時間變為 0，個位數時間不變。

● 設計步驟如下：

1. 設計多個除頻元件如 10M 之除頻器、1M 之除頻器、2M 之除頻器、1K 之除頻器及 100 之除頻器等，將原本輸入頻率為 10MHz，經由除頻器，使頻率變成所需之頻率。

2. 設計一個 t601 綠燈倒數計數器，可利用鍵盤來調整綠燈倒數時間長短。

3. 設計一個 d201 紅燈倒數計數器，可利用鍵盤來調整紅燈倒數時間長短。

4. 設計一個 counter2 二位元計數器，來做鍵盤二位元輸出，再以 74138 電路解碼，當有訊號傳到 x1~x4 代表該按鈕被按下。

5. 設計一個 coder 鍵盤行(x1~x4)掃瞄編碼器，當鍵盤有輸入，就讀入編碼中，並且輸出數值。反之當沒有偵測到有按鍵輸入時，則把訊號歸零。

6. 設計一個 tcsel 電路，控制人形燈閃爍頻率的次數時間是以 0.2 秒或 0.1 秒作一次輸出動作。

7. 設計一個 disbounce 除彈跳器電路，來消除按鍵機械開關彈跳問題，而避免機械彈跳造成誤動作（按鍵 ON/OFF 好多次）。

8. 設計一個 keyboard 鍵盤解碼器，輸出按下之數值資料，將此資料傳送到時間控制器，以達到使用鍵盤調整倒數時間長短之目的。

9. 設計一個 keysel 計數器開關切換器，切換鍵盤資料，傳送到綠燈倒數計數器或紅燈倒數計數器。

10. 建立多個 LPM 內建記憶體模組器，將顯示字幕內容輸入記憶體模組檔案內。

11. 設計一個 muxsel 多工器，來控制是綠燈倒數或是紅燈倒數，當 t601 綠燈倒數計數器電路先動作，完成倒數時間後，產生脈波來控制 muxsel 切換到 d201 紅燈倒數計數器電路。

12. 設計一個 seven_seg_scan_t 掃描器，來讓六個七段顯示器以較高頻率依序顯示。

13. 設計一個 seven 七段解碼器，使輸出信號可在七段顯示器顯示出來。

14. 設計一個 seled12 多工器，選擇哪一個記憶體內容，送到 8×8 雙色點矩陣顯示。

15. 設計一個 scan_addr2 移位計數器與行掃描計數器，控制 8×8 雙色點矩陣顯示內容。

16. 設計一個 tsel 多工器，控制人形燈是否閃爍及所對應的綠燈記憶體內容輸出到 CHMSEL 多工器。

17. 設計一個 CHMSEL 多工器，選擇哪一個記憶體內容及顯示顏色，送到 8×8 雙色點矩陣顯示。

6.7.1　除 10M 之除頻器設計

AHDL 編輯除 10M 之除頻器

除 10M 之除頻器的 AHDL 編輯結果如下圖 6.111 所示，檔名為 div_10M_t，並產生代表除 10M 之除頻器電路的符號如圖 6.112 所示。

```
div_10M_t.tdf
 1  SUBDESIGN div_10M_t
 2  (
 3      Clkin               : INPUT ;
 4      Clkout              : OUTPUT;
 5  )
 6  VARIABLE
 7      counter[23..0]      : DFF;
 8      divout              : DFF;
 9  BEGIN
10      divout.clk=Clkin;
11      counter[].clk=Clkin;
12      divout.d=(counter[].q==0);
13      IF (counter[].q==9999999) THEN
14          counter[].d=0;
15      ELSE
16          divout.d=!(counter[].q>=4999999);
17          counter[].d=counter[].q+1;
18      END IF ;
19      Clkout=divout;
20  END;
```

圖 6.111　AHDL 程式

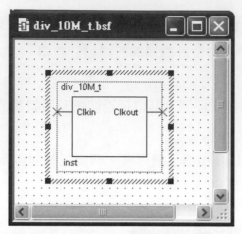

圖 6.112　除 10M 之除頻器電路符號

6.7.2　除 1M 之除頻器設計

AHDL 編輯除 1M 之除頻器

除 1M 之除頻器的 AHDL 編輯結果如下圖 6.113 所示，檔名為 div_1M_t，並產生代表除 1M 之除頻器電路的符號如圖 6.114 所示。

```
1  SUBDESIGN div_1M_t
2  (
3      Clkin                : INPUT ;
4      Clkout               : OUTPUT;
5  )
6  VARIABLE
7      counter[23..0]       :  DFF;
8      divout               :  DFF;
9  BEGIN
10     divout.clk=Clkin;
11     counter[].clk=Clkin;
12     divout.d=(counter[].q==0);
13     IF (counter[].q==999999) THEN
14         counter[].d=0;
15     ELSE
16         divout.d=!(counter[].q>=599999);
17         counter[].d=counter[].q+1;
18     END IF ;
19     Clkout=divout;
20  END;
21
```

圖 6.113　AHDL 程式

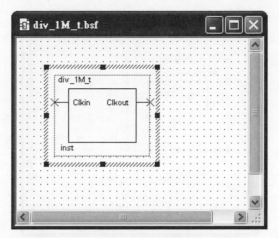

圖 6.114 除 1M 之除頻器電路符號

6.7.3 除 2M 之除頻器設計

AHDL 編輯除 2M 之除頻器

除 2M 之除頻器的 AHDL 編輯結果如下圖 6.115 所示，檔名為 div_2M_t，並產生代表除 2M 之除頻器電路的符號如圖 6.116 所示。

```
1  SUBDESIGN div_2M_t
2  (
3      Clkin                 : INPUT ;
4      Clkout                : OUTPUT;
5  )
6  VARIABLE
7      counter[23..0]        :   DFF;
8      divout                :   DFF;
9  BEGIN
10     divout.clk=Clkin;
11     counter[].clk=Clkin;
12     divout.d=(counter[].q==0);
13     IF (counter[].q==1999999) THEN
14         counter[].d=0;
15     ELSE
16         divout.d=!(counter[].q>=999999);
17         counter[].d=counter[].q+1;
18     END IF ;
19     Clkout=divout;
20 END;
21
```

圖 6.115 AHDL 程式

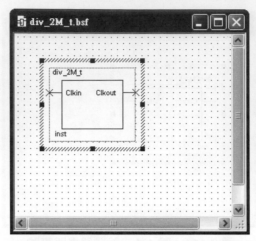

圖 6.116　除 2M 之除頻器電路符號

6.7.4　除 1K 之除頻器設計

AHDL 編輯除 1K 之除頻器

除 1K 之除頻器的 AHDL 編輯結果如下圖 6.117 所示，檔名為 div_1K_t，並產生代表除 1K 之除頻器電路的符號如圖 6.118 所示。

```
1  SUBDESIGN div_1K_t
2  (
3      Clkin              : INPUT ;
4      Clkout             : OUTPUT;
5  )
6  VARIABLE
7      counter[10..0]      :   DFF;
8      divout              :   DFF;
9  BEGIN
10     divout.clk=Clkin;
11     counter[].clk=Clkin;
12     divout.d=(counter[].q==0);
13     IF (counter[].q==999) THEN
14         counter[].d=0;
15     ELSE
16         divout.d=!(counter[].q>=499);
17         counter[].d=counter[].q+1;
18     END IF ;
19     Clkout=divout;
20 END;
21
```

圖 6.117　AHDL 程式

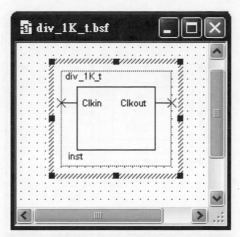

圖 6.118 除 1K 之除頻器電路符號

6.7.5 除 100 之除頻器設計

AHDL 編輯除 100 之除頻器

除 100 之除頻器的 AHDL 編輯結果如下圖 6.119 所示，檔名為 div_100_t，並產生代表除 100 之除頻器電路的符號如圖 6.120 所示。

```
div_100_t.tdf
 1  SUBDESIGN div_100_t
 2  (
 3      Clkin                : INPUT ;
 4      Clkout               : OUTPUT;
 5  )
 6  VARIABLE
 7      counter[6..0]        :  DFF;
 8      divout               :  DFF;
 9  BEGIN
10      divout.clk=Clkin;
11      counter[].clk=Clkin;
12      divout.d=(counter[].q==0);
13      IF (counter[].q==99) THEN
14          counter[].d=0;
15      ELSE
16          divout.d=!(counter[].q>=49);
17          counter[].d=counter[].q+1;
18      END IF ;
19      Clkout=divout;
20  END;
21
```

圖 6.119 AHDL 程式

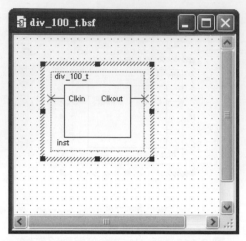

圖 6.120　除 100 之除頻器電路符號

6.7.6　t601 綠燈倒數計數器設計

AHDL 編輯 t601 綠燈倒數計數器

設計一個 t601 綠燈倒數計數器，可利用鍵盤來調整綠燈倒數時間長短。其 AHDL 編輯結果如下圖 6.121 所示，檔名為 t601，並產生代表 t601 綠燈倒數計數器電路的符號如圖 6.122 所示。

```
1   SUBDESIGN t601
2   (   Clrn,Load,Ena,CLK,D0[3..0],D1[3..0],sel,c : INPUT;
3       Q0[3..0],Q1[3..0],Co            : OUTPUT;)
4   VARIABLE
5       counter0[3..0],counter1[3..0]             :   DFF;
6   BEGIN
7     counter0[].clk=Clk;  counter1[].clk=Clk;
8     counter0[].clrn=Clrn;  counter1[].clrn=Clrn;
9    IF Clrn==0 THEN
10       counter0[].d=0;  counter1[].d=0;
11   ELSIF Load==0 THEN
12    if c==b"0"  then
13      if (sel==b"0") then
14         counter0[].d=9;  counter1[].d=D1[];
15      elsif (sel==b"1") then
16         counter0[].d=counter0[].q;  counter1[].d=D1[];
17      end if;
18     end if;
19   ELSIF Ena THEN
20         IF counter0[].q==0 THEN
21             counter0[].d=9;
```

(a)

圖 6.121　AHDL 程式

```
22              IF counter1[].q==0 THEN
23                  counter1[].d=5; Co=VCC;
24              ELSE counter1[].d=counter1[].q-1;
25              END IF;
26          ELSE counter0[].d=counter0[].q-1; counter1[].d=counter1[].q;Co=GND;
27          END IF;
28      ELSE counter0[].d=counter0[].q; counter1[].d=counter1[].q;
29      END IF;
30      Q0[]=counter0[].q;    Q1[]=counter1[].q;
31  END;
32
```

(b)

圖 6.121　AHDL 程式(續)

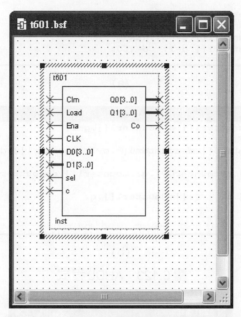

圖 6.122　t601 綠燈倒數計數器電路符號

6.7.7　d201 紅燈倒數計數器設計

AHDL 編輯 d201 紅燈倒數計數器

設計一個 d201 紅燈倒數計數器,可利用鍵盤來調整紅燈倒數時間長短。其 AHDL 編輯結果如下圖 6.123 所示,檔名為 d201,並產生代表 d201 紅燈倒數計數器電路的符號如圖 6.124 所示。

```
d201.tdf*                                                                    _ □ ×
 1  SUBDESIGN d201
 2  (   Clrn,Load,Ena,CLK,D0[3..0],D1[3..0],sel : INPUT;
 3      Q0[3..0],Q1[3..0],Co              : OUTPUT;)
 4  VARIABLE
 5      counter0[3..0],counter1[3..0]              :   DFF;
 6  BEGIN
 7   counter0[].clk=Clk;  counter1[].clk=Clk;
 8   counter0[].clrn=Clrn;  counter1[].clrn=Clrn;
 9   IF Clrn==0 THEN
10      counter0[].d=0;  counter1[].d=0;
11   ELSIF Load==0 THEN
12      if (sel==b"0") then
13         counter0[].d=9;  counter1[].d=D1[];
14      elsif (sel==b"1") then
15         counter0[].d=counter0[].q;  counter1[].d=D1[];
16      end if;
17   ELSIF Ena THEN
18         IF counter0[].q==0 THEN
19              counter0[].d=9;
20          IF counter1[].q==0 THEN
21              counter1[].d=1; Co=VCC;
```

(a)

```
d201.tdf*                                                                    _ □ ×
22             ELSE counter1[].d=counter1[].q-1;
23             END IF;
24          ELSE counter0[].d=counter0[].q-1; counter1[].d=counter1[].q; Co=GND;
25          END IF;
26   ELSE counter0[].d=counter0[].q; counter1[].d=counter1[].q;
27   END IF;
28   Q0[]=counter0[].q;    Q1[]=counter1[].q;
29  END;
30
```

(b)

圖 6.123   AHDL 程式

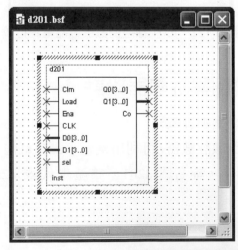

圖 6.124   d201 紅燈倒數計數器電路符號

6.7.8　使用 MegaWizard 建立 2 位元計數器

設計一個 counter2 二位元計數器，來做鍵盤二位元輸出，再以 74138 電路解碼，當有訊號傳到 x1~x4 代表該按鈕被按下。此計數器可輸出 2 個位元為 D[1..0]，其輸出將有(0,0) (0,1) (1,0) (1,1) 四種狀態變化。建立 2 位元計數器步驟如下所示

編輯視窗中建立內 2 位元計數器電路設計：

● 選定物件插入時的位置，在圖形編輯視窗畫面內適當的位置點一下。

● 引入計數器元件，選取視窗選單 Edit → Insert Symbol→在 Symbol 視窗的左下處，選取 "Mega Wizard Plug-In Manager" 按鈕，內建計數器元件設定精靈首頁。

● 元件設定精靈第一頁，將詢問設計者是否建立一個新的元件；或是修改一個已建立的元件；或是複製一個已建立的元件。我們在此點選第一個選項 "Create a new custom magefunction variation"，並點選『Next』，如圖 6.125 所示。

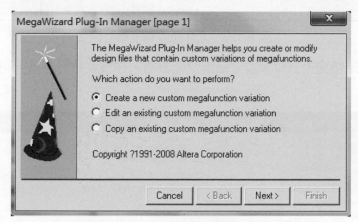

圖 6.125　元件設定精靈第一頁

● 元件設定精靈第二頁，設定輸出檔案形式，由於計數器屬於算數類，因此可於 arithmetic 選出 LPM_COUNTER 此計數器元件。元件設定精靈第二頁的右半部，可選擇華亨數位實驗器所支援的 Cyclone 元件，且選擇所支援的語法 (AHDL/VHDL/Verilog HDL)，最後再給予此元件的路徑檔名，即可點選『Next』，如圖 6.126 所示。

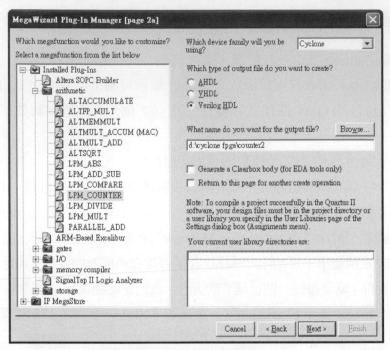

圖 6.126　元件設定精靈第二頁

● 元件設定精靈第三頁，設定輸出位元參數，在設定位元參數，可依照圖 6.127 設定即可。

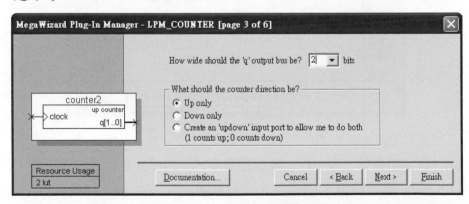

圖 6.127　元件設定精靈第三頁

● 元件設定精靈第四頁，在設定此計數器的類別，可依照圖 6.128 設定即可。

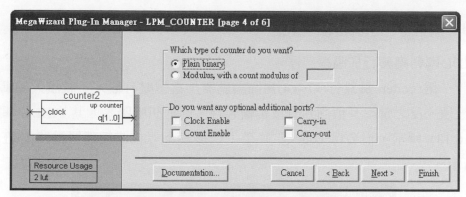

圖 6.128　元件設定精靈第四頁

● 元件設定精靈第六頁，在產生此計數器元件的相關設計檔，如圖 6.129 所示。若
　有任何需要再修正的部分，仍可以點選『Back』回到前頁設定。否則，點選
　『Finish』，將於繪圖編輯器出現如圖 6.130 的 2 位元計數器元件。

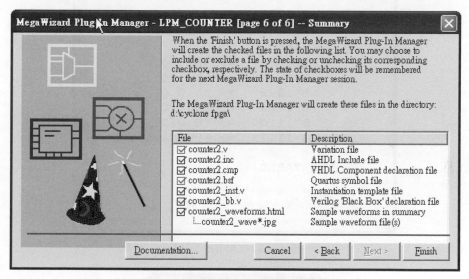

圖 6.129　元件設定精靈第六頁

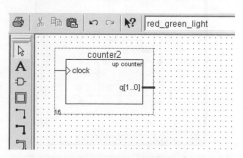

圖 6.130　2 位元計數器元件

6.7.9 鍵盤行掃瞄編碼器

AHDL 編輯鍵盤行掃瞄編碼器

設計一個 coder 鍵盤行(x1~x4)掃瞄編碼器，當鍵盤有輸入，就讀入編碼中，並且輸出數值。反之當沒有偵測到有按鍵輸入時，則把訊號歸零。其 AHDL 編輯結果如下圖 6.131 所示，檔名為 coder，並產生代表鍵盤行掃瞄編碼器電路的符號如圖 6.132 所示。

```
coder.tdf*
1  SUBDESIGN coder
2  (
3      i[3..0]      : INPUT;
4      b1,b0,c      : OUTPUT;
5
6  )
7
8  begin
9
10    TABLE
11    i[3..0]   =>  b1,b0,c;
12    B"0xxx"   =>  1,1,0;
13    B"10xx"   =>  1,0,0;
14    B"110x"   =>  0,1,0;
15    B"1110"   =>  0,0,0;
16    B"1111"   =>  0,0,1;
17
18  END TABLE;
19
20  end;
21
```

圖 6.131　AHDL 程式

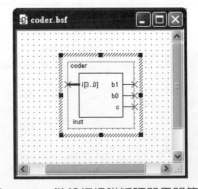

圖 6.132　鍵盤行掃瞄編碼器電路符號

6.7.10 tcsel 多工器

AHDL 編輯 tcsel 多工器

設計一個 tcsel 電路，控制人形燈閃爍頻率的次數時間，以 0.2 秒或 0.1 秒作一次輸出動作。其 AHDL 編輯結果如下圖 6.133 所示，檔名為 tcsel，並產生代表 tcsel 多工器電路的符號如圖 6.133 所示。

```
1  SUBDESIGN tcsel
2  (
3      q0[3..0],q1[3..0],clk1,clk2: INPUT ;
4      clkout,sel[1..0],ch          : OUTPUT;
5  )
6  BEGIN
7      if q1[]==h"0" then
8          if q0[]==h"0" then
9              clkout=clk1;sel[]=b"00";ch=b"0";
10         else
11             clkout=clk2;sel[]=b"01";ch=b"1";
12         end if;
13     else
14         clkout=clk1;sel[]=b"01";ch=b"0";
15     end if;
16 END;
17
```

圖 6.133　AHDL 程式

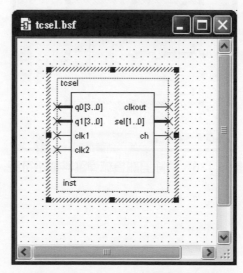

圖 6.134　tcsel 多工器電路符號

6.7.11　消除開關機械彈跳器

繪圖法編輯消除開關機械彈跳器

設計一個 disbounce 除彈跳器電路，來消除按鍵機械開關彈跳問題，而避免機械彈跳造成誤動作（按鍵 ON/OFF 好多次）。其繪圖法編輯結果如下圖 6.135 所示，檔名為 disbounce，並產生代表消除開關機械彈跳器電路的符號如圖 6.136 所示。

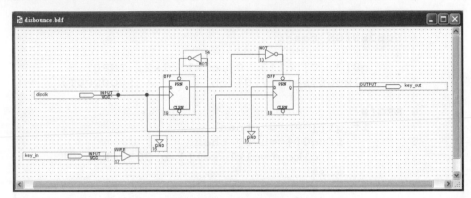

圖 6.135　AHDL 程式

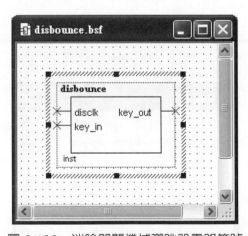

圖 6.136　消除開關機械彈跳器電路符號

6.7.12 鍵盤解碼器

AHDL 編輯鍵盤解碼器

設計一個 keyboard 鍵盤解碼器電路，輸出按下之數值資料，傳送到時間控制器，以達到使用鍵盤調整倒數時間長短之目的。其 AHDL 編輯結果如下圖 6.137 所示，檔名為 keyboard，並產生代表鍵盤解碼器電路的符號如圖 6.138 所示。

```
1  subdesign keyboard
2  (i[1..0],j[1..0],c : input;
3   q[3..0],ldno,sel : output;
4  )
5
6  begin
7  if (c==b"0") then
8     if (i[]==b"00") then
9        case j[] is
10           when b"00"=>q[]=b"0000";ldno=b"0";
11           when b"01"=>q[]=b"0100";ldno=b"0";sel=b"0";
12           when b"10"=>q[]=b"1000";ldno=b"0";sel=b"0";
13           when b"11"=>q[]=b"0011";ldno=b"0";sel=b"1";
14        end case;
15     elsif (i[]==b"01") then
16        case j[] is
17           when b"00"=>q[]=b"0001";ldno=b"0";sel=b"0";
18           when b"01"=>q[]=b"0101";ldno=b"0";sel=b"0";
19           when b"10"=>q[]=b"1001";ldno=b"0";sel=b"0";
20           when b"11"=>q[]=b"0010";ldno=b"0";sel=b"1";
21        end case;
```

(a)

```
22     elsif (i[]==b"10") then
23        case j[] is
24           when b"00"=>q[]=b"0010";ldno=b"0";sel=b"0";
25           when b"01"=>q[]=b"0110";ldno=b"0";sel=b"0";
26           when b"10"=>q[]=b"0101";ldno=b"0";sel=b"1";
27           when b"11"=>q[]=b"0001";ldno=b"0";sel=b"1";
28        end case;
29     elsif (i[]==b"11") then
30        case j[] is
31           when b"00"=>q[]=b"0011";ldno=b"0";sel=b"0";
32           when b"01"=>q[]=b"0111";ldno=b"0";sel=b"0";
33           when b"10"=>q[]=b"0100";ldno=b"0";sel=b"1";
34           when b"11"=>q[]=b"0000";ldno=b"0";sel=b"1";
35        end case;
36     end if;
37  elsif (c==b"1") then
38        ldno=b"1";
39  end if;
40  end;
41
```

(b)

圖 6.137 AHDL 程式

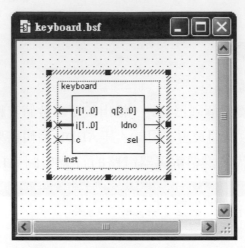

圖 6.138　鍵盤解碼器電路符號

6.7.13　計數器開關切換器

AHDL 編輯計數器開關切換器

設計一個 keysel 計數器開關切換器電路，切換鍵盤資料，傳送到綠燈倒數計數器或紅燈倒數計數器。其 AHDL 編輯結果如下圖 6.139 所示，檔名為 keysel，並產生代表計數器開關切換器電路的符號如圖 6.140 所示。

```
1  SUBDESIGN keysel
2  (
3      ra[1..0],ldni,c : INPUT ;
4      ldn[1..0]   : OUTPUT;
5  )
6  BEGIN
7  case ra[] is
8      when b"00"=>
9          ldn[0]=ldni;
10         ldn[1]=b"1";
11     when b"01" =>
12         ldn[0]=b"1";
13         ldn[1]=ldni;
14     when b"10"=>
15         ldn[0]=ldni;
16         ldn[1]=b"1";
17 end case;
18 END;
19
```

圖 6.139　AHDL 程式

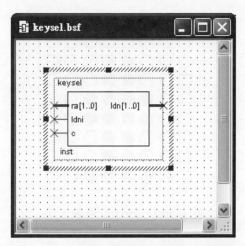

圖 6.140 計數器開關切換器電路符號

6.7.14 使用 MegaWizard 建立 Cyclone FPGA 內建記憶體模組器

小綠人可經由 8x8 雙色點矩陣來顯示,其動作變換可先儲存於內建記憶體內。以本專案小綠人(人形燈)的動作為例,綠燈有 5 個動作,其記憶體檔案為 top1 至 top5,如圖 6.141 至 6.150 所示,紅燈有 1 個動作,其記憶體檔案為 top6,如圖 6.151 及 6.152 所示。以圖 6.141 顯示 top1 為例,字與字中間可預留間隔填上 FF,其餘則依顯示內容數值,填入記憶體初始值視窗(*.mif)。(0 為亮;1 為不亮)

FF	FF	E6	80	80	E6	FF	FF
1	1	1	1	1	1	1	1
1	1	1	0	0	1	1	1
1	1	1	0	0	1	1	1
1	1	0	0	0	0	1	1
1	1	0	0	0	0	1	1
1	1	1	0	0	1	1	1
1	1	1	0	0	1	1	1
1	1	0	0	0	0	1	1

圖 6.141 top1 內建記憶體之顯示數值規劃

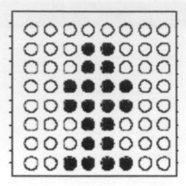

圖 6.142　top1 之外觀人形

FF	EC	EB	83	83	ED	EE	FF
1	1	1	1	1	1	1	1
1	1	1	0	0	1	1	1
1	1	1	0	0	1	1	1
1	0	0	0	0	0	0	1
1	1	1	0	0	1	1	1
1	1	0	0	0	1	1	1
1	0	1	1	1	0	1	1
1	0	1	1	1	1	0	1

圖 6.143　top2 內建記憶體之顯示數值規劃

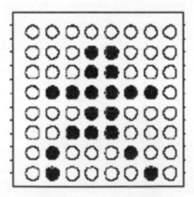

圖 6.144　top2 之外觀人形

FF	F6	E9	83	83	ED	F6	FF
1	1	1	1	1	1	1	1
1	1	1	0	0	1	1	1
1	1	1	0	0	1	1	1
1	1	0	0	0	0	1	1
1	0	1	0	0	1	0	1
1	1	0	0	0	1	1	1
1	1	0	1	1	0	1	1
1	0	1	1	1	1	0	1

圖 6.145　top3 內建記憶體之顯示數值規劃

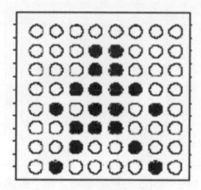

圖 6.146　top3 之外觀人形

FF	F7	EC	83	83	EC	F7	FF
1	1	1	1	1	1	1	1
1	1	1	0	0	1	1	1
1	1	1	0	0	1	1	1
1	1	0	0	0	0	1	1
1	0	1	0	0	1	0	1
1	1	1	0	0	1	1	1
1	1	0	1	1	0	1	1
1	1	0	1	1	0	1	1

圖 6.147　top4 內建記憶體之顯示數值規劃

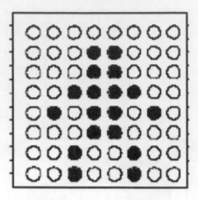

圖 6.148　top4 之外觀人形

FF	F7	EC	83	81	EE	F7	FF
1	1	1	1	1	1	1	1
1	1	1	0	0	1	1	1
1	1	1	0	0	1	1	1
1	1	0	0	0	0	1	1
1	0	1	0	0	1	0	1
1	1	1	0	0	1	1	1
1	1	0	1	0	1	1	1
1	1	0	1	1	0	1	1

圖 6.149　top5 內建記憶體之顯示數值規劃

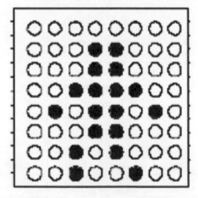

圖 6.150　top5 之外觀人形

FF	FF	E7	80	80	E7	FF	FF
1	1	1	1	1	1	1	1
1	1	1	0	0	1	1	1
1	1	1	0	0	1	1	1
1	1	0	0	0	0	1	1
1	1	0	0	0	0	1	1
1	1	1	0	0	1	1	1
1	1	1	0	0	1	1	1
1	1	1	0	0	1	1	1

圖 6.151　top6 內建記憶體之顯示數值規劃

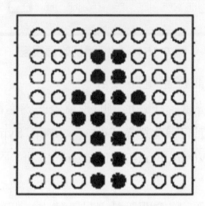

圖 6.152　top6 之外觀人形

建立記憶體初始值程序如下：

● 設計者可點選"File"，並於下拉式選單中點選"New"，將出現 New 視窗。於 Memory
Files 標籤下，選定欲開啓的檔案格式如"Memory Initialization File"，並點選 OK
後，出現 Number of Words & Words Size 視窗，於 Number of Words 下鍵入所要
建立記憶體的數目，如圖 6.153 所示，並點選 OK 後，出現 top1.mif 視窗，將圖
6.154 中顯示數值鍵入內記憶體，點選"File"，並於下拉式選單中點選"Save As"，
於 File name 欄位填入欲儲存之檔名例如 top1，點選"存檔"即可。

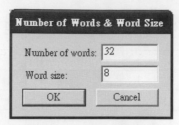

圖 6.153　內建記憶體之數目

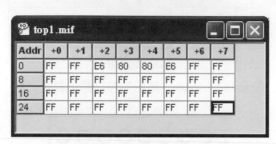

圖 6.154　記憶體初始值視窗

編輯視窗中建立內建記憶體電路設計：

● 選定物件插入時的位置，在圖形編輯視窗畫面內適當的位置點一下。

● 引入記憶體元件，選取視窗選單 Edit → Insert Symbol→在 Symbol 視窗的左下處，選取 "Mega Wizard Plug-In Manager" 按鈕，內建記憶體模組器元件設定精靈首頁。

● 元件設定精靈第一頁，將詢問設計者是否建立一個新的元件；或是修改一個已建立的元件；或是複製一個已建立的元件。我們在此點選第一個選項 "Create a new custom magefunction variation"，並點選『Next』，如圖 6.155 所示。

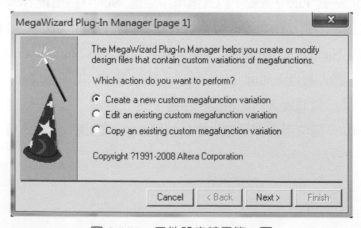

圖 6.155　元件設定精靈第一頁

● 元件設定精靈第二頁，設定輸出檔案形式，由於記憶體屬於儲存類，因此可於 storage 選出 LPM_ROM 此記憶體元件。元件設定精靈第二頁的右半部，可選擇華亨數位實驗器所支援的 Cyclone 元件，且選擇所支援的語法 (AHDL/VHDL/Verilog HDL)，最後再給予此元件的路徑檔名，即可點選『Next』，如圖 6.156 所示。

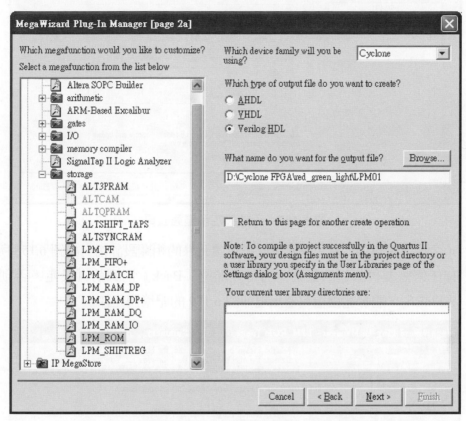

圖 6.156　元件設定精靈第二頁

- 元件設定精靈第五頁，在設定此記憶體初始值檔案為 top1.mif。可依照圖 6.157 設定即可。

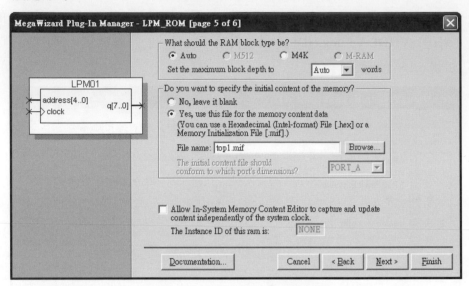

圖 6.157　元件設定精靈第五頁

- 元件設定精靈第六頁，在產生此記憶體元件的相關設計檔，如圖 6.158 所示。若有任何需要再修正的部分，仍可以點選『Back』回到前頁設定。否則，點選『Finish』，將於繪圖編輯器出現如圖 6.159 的記憶體元件。

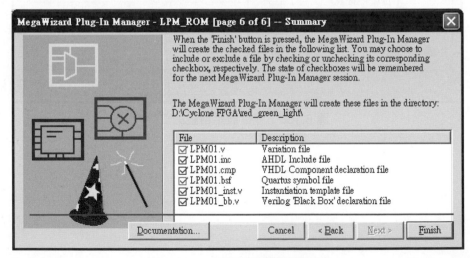

圖 6.158　元件設定精靈第六頁

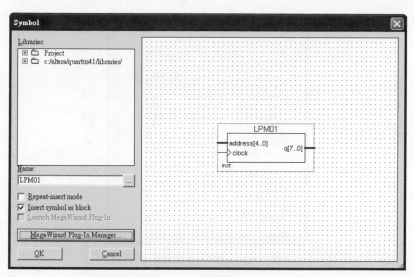

圖 6.159　記憶體元件

6.7.15　LPM 內建記憶體模組器

繪圖法編輯 LPM 內建記憶體模組器

建立多個 LPM 內建記憶體模組器，將顯示字幕內容輸入記憶體模組檔案內。其繪圖法編輯結果如下圖 6.160 所示，檔名為 LPM，並產生代表 LPM 內建記憶體模組器電路的符號如圖 6.161 所示。

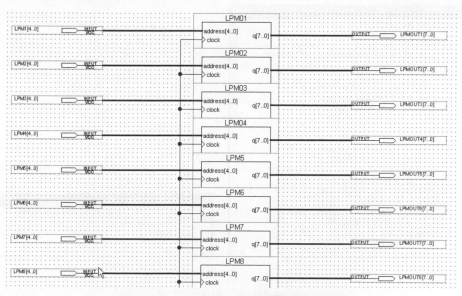

圖 6.160　LMP 內建記憶體模組器電路

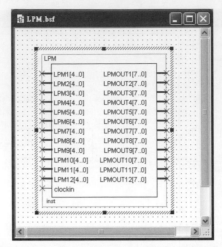

圖 6.161　LPM 內建記憶體模組器電路符號

6.7.16　muxsel 多工器

AHDL 編輯 muxsel 多工器

設計一個 muxsel 多工器電路，來控制是綠燈倒數或是紅燈倒數，當綠燈倒數時間 t601 電路先動作，完成倒數時間後，產生脈波來控制 muxsel 切換到紅燈倒數時間 d201 電路。其 AHDL 編輯結果如下圖 6.162 所示，檔名為 muxsel，並產生代表 muxsel 多工器電路的符號如圖 6.163 所示。

```
1  SUBDESIGN muxsel
2  (
3     d_clock,frq[1..0]    : INPUT ;
4     d_out[1..0],ra[1..0]    : OUTPUT;
5  )
6  BEGIN
7  case frq[] is
8     when b"01"=>ra[]=frq[];
9     when b"10"=>ra[]=frq[];
10 end case;
11 case ra[] is
12    when b"00"=>
13        d_out[0]=d_clock;
14        d_out[1]=frq[0];
15    when b"01" =>
16        d_out[0]=frq[0];
17        d_out[1]=d_clock;
18    when b"10"=>
19        d_out[0]=d_clock;
20        d_out[1]=frq[0];
21    when b"11" =>
22        d_out[0]=frq[0];
```

(a)

```
23        d_out[1]=d_clock;
24 end case;
25 END;
26
```

(b)

圖 6.162　AHDL 程式

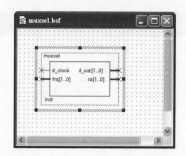

圖 6.163　muxsel 多工器電路符號

6.7.17　掃描電路設計

AHDL 編輯掃描電路

設計一個 seven_seg_scan_t 掃描器電路，來讓六個七段顯示器以較高頻率依序顯示。其 AHDL 編輯結果如下圖 6.164 所示，檔名為 seven_seg_sacn_t，並產生代表掃描電路的符號如圖 6.165 所示。

```
seven_seg_scan_t.tdf
1  SUBDESIGN seven_seg_scan_t
2  (
3      scanclkin                    : INPUT ;
4      scanout[5..0]                : OUTPUT;
5      scansel[2..0]                : OUTPUT;
6  )
7  VARIABLE
8      scansel[2..0]         :   DFF;
9  BEGIN
10     scansel[].clk=scanclkin;
11     IF (scansel[].q==5) THEN
12         scansel[].d=0;
13     ELSE
14         scansel[].d=scansel[].q+1;
15     END IF ;
16     TABLE
17       scansel[] => scanout[];
18               0  => b"000001";
19               1  => b"000010";
20               2  => b"000100";
21               3  => b"001000";
22               4  => b"010000";
23               5  => b"100000";
24     END TABLE;
25 END;
```

圖 6.164　AHDL 程式

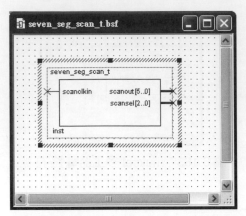

圖 6.165　掃描電路符號

6.7.18　七段顯示解碼器

AHDL 編輯七段顯示解碼器

設計一個 seven 七段解碼器電路，使輸出信號可在七段顯示器顯示出來。其 AHDL 編輯結果如下圖 6.166 所示，檔名為 seven，並產生代表七段顯示解碼器電路的符號如圖 6.167 所示。

```
1  SUBDESIGN seven
2  (
3   D[3..0]          :INPUT ;
4    S[0..6]          :OUTPUT;
5  )
6  BEGIN
7  TABLE
8  D3,D2,D1,D0 => S0,S1,S2,S3,S4,S5,S6;
9  0 ,0 ,0 ,0  => 1 ,0 ,0 ,0 ,0 ,0 ,0 ;
10 0 ,0 ,0 ,1  => 1 ,1 ,1 ,1 ,0 ,0 ,1 ;
11 0 ,0 ,1 ,0  => 0 ,1 ,0 ,0 ,1 ,0 ,0 ;
12 0 ,0 ,1 ,1  => 0 ,1 ,1 ,0 ,0 ,0 ,0 ;
13 0 ,1 ,0 ,0  => 0 ,0 ,1 ,1 ,0 ,0 ,1 ;
14 0 ,1 ,0 ,1  => 0 ,0 ,1 ,0 ,0 ,1 ,0 ;
15 0 ,1 ,1 ,0  => 0 ,0 ,0 ,0 ,0 ,1 ,0 ;
16 0 ,1 ,1 ,1  => 1 ,1 ,1 ,1 ,0 ,0 ,0 ;
17 1 ,0 ,0 ,0  => 0 ,0 ,0 ,0 ,0 ,0 ,0 ;
18 1 ,0 ,0 ,1  => 0 ,0 ,1 ,0 ,0 ,0 ,0 ;
19 1 ,1 ,1 ,1  => 1 ,1 ,1 ,1 ,1 ,1 ,1 ;
20 END TABLE;
21 END;
```

圖 6.166　AHDL 程式

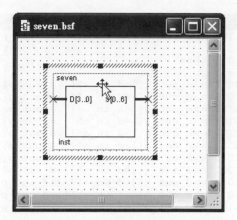

圖 6.167　七段顯示解碼器電路符號

6.7.19　seled12 多工器

AHDL 編輯 seled12 多工器

設計一個 seled12 多工器電路，選擇哪一個記憶體內容，送到 8x8 雙色點矩陣顯示。其 AHDL 編輯結果如下圖 6.168 所示，檔名為 seled12，並產生代表 seled12 多工器電路的符號如圖 6.169 所示。

```
1  SUBDESIGN seled12
2  (
3      sel[3..0],sel2[1..0]                              : INPUT ;
4      d_in_a1[7..0],d_in_a2[7..0],d_in_a3[7..0],
5      d_in_a4[7..0],d_in_a5[7..0],d_in_a6[7..0]         : INPUT ;
6      d_in_a7[7..0],d_in_a8[7..0],d_in_a9[7..0]
7      ,d_in_a10[7..0],d_in_a11[7..0],d_in_a12[7..0]     : INPUT ;
8      d_out_q[7..0],d_out_p[7..0]      : OUTPUT;
9  )
10 BEGIN
11 if (sel2==b"01") then
12     case sel[] is
13
14         when b"0001"=>d_out_q[]=b"11111111";d_out_p[]=d_in_a1[];
15         when b"0010"=>d_out_q[]=d_in_a2[];d_out_p[]=b"11111111";
16         when b"0011"=>d_out_q[]=d_in_a3[];d_out_p[]=b"11111111";
17         when b"0100"=>d_out_q[]=d_in_a4[];d_out_p[]=b"11111111";
18         when b"0101"=>d_out_q[]=d_in_a5[];d_out_p[]=b"11111111";
19         when b"0110"=>d_out_q[]=d_in_a6[];d_out_p[]=b"11111111";
20         when b"0111"=>d_out_q[]=d_in_a7[];d_out_p[]=b"11111111";
21         when b"1000"=>d_out_q[]=d_in_a8[];d_out_p[]=b"11111111";
22         when b"1001"=>d_out_q[]=d_in_a9[];d_out_p[]=b"11111111";
23         when b"1010"=>d_out_q[]=d_in_a10[];d_out_p[]=b"11111111";
24         when b"1011"=>d_out_q[]=d_in_a11[];d_out_p[]=b"11111111";
```

(a)

圖 6.168　AHDL 程式

```
SELED12.tdf*                                                                    _□×
25              when b"1100"=>d_out_q[]=d_in_a12[];d_out_p[]=b"11111111";
26         end case;
27 elsif (sel2==b"10") then
28      case sel[] is
29          when b"0010"=>d_out_q[]=d_in_a2[];d_out_p[]=d_in_a2[];
30          when b"0011"=>d_out_q[]=d_in_a3[];d_out_p[]=d_in_a3[];
31          when b"0100"=>d_out_q[]=d_in_a4[];d_out_p[]=d_in_a4[];
32          when b"0101"=>d_out_q[]=d_in_a5[];d_out_p[]=d_in_a5[];
33          when b"0110"=>d_out_q[]=d_in_a6[];d_out_p[]=d_in_a6[];
34          when b"0111"=>d_out_q[]=d_in_a7[];d_out_p[]=d_in_a7[];
35          when b"1000"=>d_out_q[]=d_in_a8[];d_out_p[]=d_in_a8[];
36          when b"1001"=>d_out_q[]=d_in_a9[];d_out_p[]=d_in_a9[];
37          when b"1010"=>d_out_q[]=d_in_a10[];d_out_p[]=d_in_a10[];
38          when b"1011"=>d_out_q[]=d_in_a11[];d_out_p[]=d_in_a11[];
39          when b"1100"=>d_out_q[]=d_in_a12[];d_out_p[]=d_in_a12[];
40      end case;
41 end if ;
42 END;
43
```

(b)

圖 6.168　AHDL 程式(續)

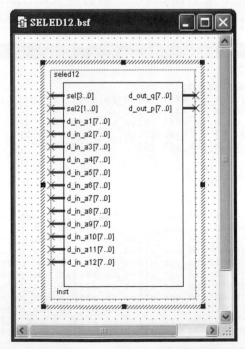

圖 6.169　seled12 多工器電路符號

6.7.20　移位計數器與行掃描計數器設計

Verilog HDL 編輯移位計數器與行掃描計數器

移位計數器與行掃描計數器電路設計主要包含有兩個計數器：一是 scan_counter，另一則為 addr_counter，分別利用 clk3(1K Hz)及 clk2(10^{-4}Hz)兩種不同頻率，產生兩個信號分別為 scan (用來做行掃描的計數值輸出)，及另一個 addr_out 信號(用來驅動內建字幕 ROM 的位址埠)。

scan_counter 是產生掃描每一行的位址，計數值將由 0 數到 7，此輸出接至 74138 解碼器產生類似環狀計數器的反向輸出效果(8 個輸出中每次只有一隻腳輸出為 low)，藉由這樣的功能來達到 8 個行掃描的功能，每一行掃描的時間是 1ms。

addr_counter 為每一行字幕的移位，而 addr_out 輸出則是由 addr+scan 而得到，即每 0.1 秒送出 8 行的字幕，如 0~7、1~8、2~9、3~10.......24~31 行的字幕。移位計數器與行掃描計數器的 Verilog HDL 編輯結果如下圖 6.170 所示，檔名為 scan_addr2，並產生代表移位計數器與行掃描計數器的符號如圖 6.171 所示。

```verilog
1  module scan_addr2(clk2,clk3,scan,addr_out,updown_sig,addr);
2  input clk2,clk3,updown_sig;
3  output [4:0]scan;
4  output [4:0]addr_out,addr;
5  wire [4:0]addr_out;
6  wire [4:0]addr;
7  reg [4:0]count,scan;
8  reg [4:0]addr_out;
9
10 always @(posedge clk3)
11 begin
12 addr_out=scan+addr;
13 if (scan>7)
14 scan=0;
15 else
16 scan=scan+1;
17 end
18 lpm_counter0  lpm_counter0_inst (
19    .clock ( clk2 ),
20    .updown ( updown_sig ),
21    .q ( addr )
22    );
23
24 endmodule
```

圖 6.170　Verilog HDL 程式

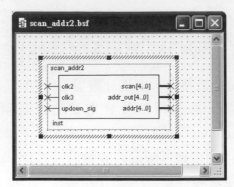

圖 6.171　移位計數器與行掃描計數器符號

6.7.21　tsel 多工器

AHDL 編輯 tsel 多工器

設計一個 tsel 多工器,控制人形燈是否閃爍及所對應的綠燈記憶體內容輸出到 CHMSEL 多工器。其 AHDL 編輯結果如下圖 6.172 所示,檔名為 tsel,並產生代表 tsel 多工器電路的符號如圖 6.173 所示。

```
1  SUBDESIGN tsel
2  (
3      scanclkin,ch: INPUT ;
4      scansel[3..0]: OUTPUT;
5  )
6  VARIABLE
7      scansel[3..0]          :  DFF;
8  BEGIN
9      scansel[].clk=scanclkin;
10     if ch==b"1" then
11         IF (scansel[].q==6) THEN
12             scansel[].d=1;
13         ELSE
14             scansel[].d=scansel[].q+1;
15         END IF ;
16     else
17         IF (scansel[].q==5) THEN
18             scansel[].d=1;
19         ELSE
20             scansel[].d=scansel[].q+1;
21         END IF ;
22     end if;
23 END;
24
```

圖 6.172　AHDL 程式

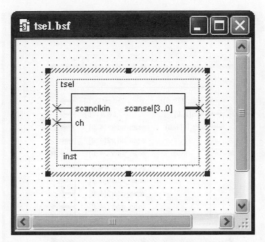

圖 6.173　tsel 多工器電路符號

6.7.22　CHMSEL 多工器

AHDL 編輯 CHMSEL 多工器

設計一個 CHMSEL 多工器，選擇哪一個記憶體內容及顯示顏色，送到 8×8 雙色點矩陣顯示。其 AHDL 編輯結果如下圖 6.174 所示，檔名為 CHMSEL，並產生代表 CHMSEL 多工器電路的符號如圖 6.175 所示。

```
3    scansel[3..0],selin[1..0],addr_in[4..0]    :input;
4    sel[3..0],sel2[1..0],scan_addr1[4..0],scan_addr2[4..0]
5    ,scan_addr3[4..0],scan_addr4[4..0],scan_addr5[4..0]            :output;
6    scan_addr6[4..0],scan_addr7[4..0]%,scan_addr8[4..0]
7    ,scan_addr9[4..0],scan_addr10[4..0]      %         :output;
8    %scan_addr11[4..0],scan_addr12[4..0]              :output;%
9   )
10   BEGIN
11   if (selin[]==b"00") then
12       scan_addr1[]=addr_in[];sel[]=b"0001";sel2[]=b"01";
13   elsif (selin[]==b"01") then
14       case scansel[] is
15           when h"1"=>scan_addr2[]=addr_in[];sel[]=b"0010";sel2[]=b"01";
16           when h"2"=>scan_addr3[]=addr_in[];sel[]=b"0011";sel2[]=b"01";
17           when h"3"=>scan_addr4[]=addr_in[];sel[]=b"0100";sel2[]=b"01";
18           when h"4"=>scan_addr5[]=addr_in[];sel[]=b"0101";sel2[]=b"01";
19           when h"5"=>scan_addr6[]=addr_in[];sel[]=b"0110";sel2[]=b"01";
20           when h"6"=>scan_addr7[]=addr_in[];sel[]=b"0111";sel2[]=b"01";
21
22       end case;
23   end if;
24   end;
25
```

圖 6.174　AHDL 程式

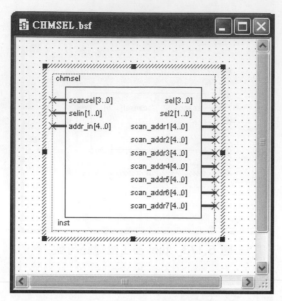

圖 6.175　CHMSEL 多工器電路符號

6.7.23　電路圖編輯紅綠燈小綠人電路

設計程序如下：

1. 建立新的專案(Project)：
   - 首先於 File 選單內，點選 New Project Wizard，並將出現 New Project Wizard 視窗。指定設計專案之名稱爲 red_green_light，其輸入步驟如圖 2.1 至圖 2.6。

2. 開啓新檔：
   - 設計者可點選"File"，並於下拉式選單中點選"New"，將出現 New 視窗。於 Design Files 標籤下，選定欲開啓的檔案格式如"Block Diagram/Schematic File"，並點選 OK 後，一個新的區塊/圖形編輯器視窗即展開。

3. 儲存檔案：
   - 設計者可點選"File"，並於下拉式選單中點選"Save As"，可出現另存新檔的對話視窗。設計者可於 File name 欄位填入欲儲存之檔名例如 red_green_light，並勾選 Add file to current project 後，點選"存檔"即可。

4. 編輯視窗中建立邏輯電路設計：
   - 選定物件插入時的位置，在圖形編輯視窗畫面內適當的位置點一下。

- 引入邏輯閘，選取視窗選單 Edit → Insert Symbol→在 Libraries → Project 處，點選 div_1K_t (除 1K 之除頻器)符號檔，按 OK。再選出 div_10M_t (除 10M 之除頻器)、div_1M_t (除 1M 之除頻器)、div_2M_t (除 2M 之除頻器)、div_100_t (除 100 之除頻器)、t601 (綠燈倒數計數器)、d201 (紅燈倒數計數器)、counter2 (二位元計數器)、coder (鍵盤行掃瞄編碼器)、tcsel (tcsel 多工器)、disbounce (消除開關機械彈跳器)、74138(解碼器)、keyboard (鍵盤解碼器)、keysel (計數器開關切換器)、LPM (內建記憶體電路)、muxsel (muxsel 多工器)、seven_seg_scan_t (掃描器)、seven (七段解碼器)、seled12 (seled12 多工器)、scan_addr2 (移位計數器與行掃描計數器)、tsel (tsel 多工器)及 CHMSEL (CHMSEL 多工器)符號檔。

- 引入輸入及輸出接腳，選取視窗選單 Edit → Insert Symbol→在 c:/altera/80/ quaturs/libraries/primitive/pin 處，點選 6 個 input 閘，及 41 個 output 閘。

- 更改輸入及輸出接腳名稱，在'PIN_NAME'處按兩下，更改輸入接腳為 clock、×1、×2、×3、×4 及 up_dwon，輸出接腳為 scanout[5..0]、sevena[6..0]、q[7..0]、p[7..0]及 y[11..0]等。

- 連線，點選 ⌐ 按鈕，將×1、×2、×3 及×4 分別連接到 coder 鍵盤行掃瞄編碼器電路符號檔的輸入端。其電路圖如圖 6.176 所示。

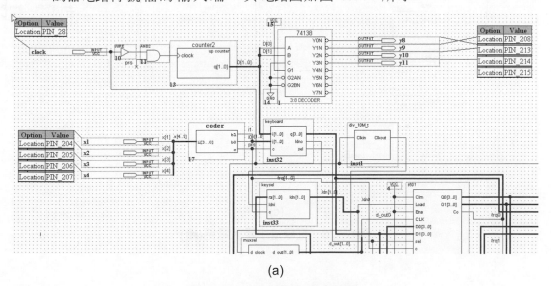

(a)

圖 6.176　紅綠燈小綠人電路

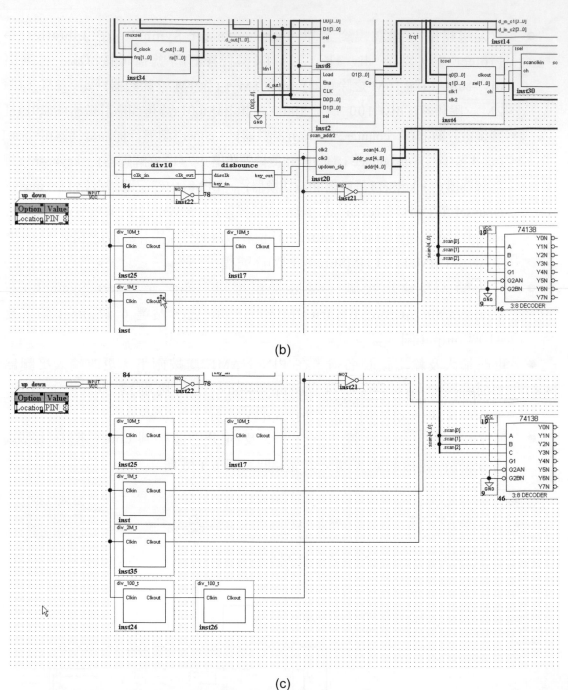

(b)

(c)

圖 6.176　紅綠燈小綠人電路(續)

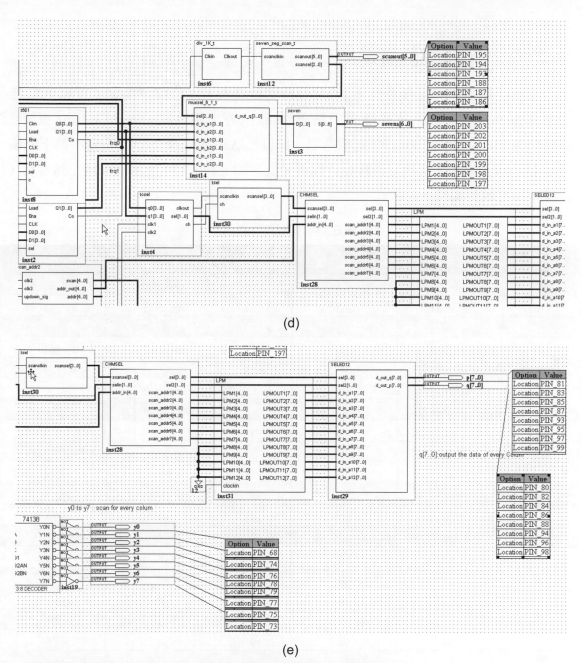

(d)

(e)

圖 6.176　紅綠燈小綠人電路(續)

5. 存檔並組譯，選取視窗選單 Processing → Compiler Tool → Start，即可進行組
譯，產生 top.sof 或.pof 燒錄檔。

6.7.24 元件腳位指定

在執行編譯前，可參考表 6.14 之模組腳位宣告，進行腳位指定。首先可點選 "Assignments"，並於下拉式選單中點選 "Pins"，將出現 Assignment Editor 視窗。直接點選 Filter 欄位的 Pins:all 選項選項。即可於 Assignment Editor 視窗的最下面欄位之 Location 處輸入或指定接腳編號即可完成，如下圖 6.177 所示。完成上述步驟，設計者即可執行編譯。

表 6.14 模組接腳對應

模組腳位	FPGA 接腳代號	FPGA 接腳編號	模組腳位	FPGA 接腳代號	FPGA 接腳編號
A	sevena0	203	SEL0	scanout0	195
B	sevena1	202	SEL1	scanout1	194
C	sevena2	201	SEL2	scanout2	193
D	sevena3	200	SEL3	scanout3	188
E	sevena4	199	SEL4	scanout4	187
F	sevena5	198	SEL5	scanout5	186
G	sevena6	197	clock	clock(10MHZ)	28
X1	x1	204	Y1	y8	208
X2	x2	205	Y2	y9	213
X3	x3	206	Y3	y10	214
X4	x4	207	Y4	y11	215
1	q0	80	14	y4	79
2	q1	82	15	y5	77
3	q2	84	16	y6	75
4	q3	86	17	y7	73
5	q4	88	17	p0	81
6	q5	94	18	p1	83
7	q6	96	19	p2	85
8	q7	98	20	p3	87
9	y0	68	21	p4	93
10	y1	74	22	p5	95
11	y2	76	23	p6	97
12	y3	78	24	p7	99

	To	Location	I/O Bank	I/O Standard	General Function	Special Function
1	clock	PIN_28	1	LVTTL	Dedicated Clock	CLK0/LVDSCLK1p
2	p[0]	PIN_81	4	LVTTL	Column I/O	LVDS65n
3	p[1]	PIN_83	4	LVTTL	Column I/O	LVDS64n
4	p[2]	PIN_85	4	LVTTL	Column I/O	LVDS63n
5	p[3]	PIN_87	4	LVTTL	Column I/O	LVDS62n
6	p[4]	PIN_93	4	LVTTL	Column I/O	VREF1B4
7	p[5]	PIN_95	4	LVTTL	Column I/O	LVDS61n
8	p[6]	PIN_97	4	LVTTL	Column I/O	LVDS60n
9	p[7]	PIN_99	4	LVTTL	Column I/O	LVDS59n
10	q[0]	PIN_80	4	LVTTL	Column I/O	LVDS65p
11	q[1]	PIN_82	4	LVTTL	Column I/O	LVDS64p
12	q[2]	PIN_84	4	LVTTL	Column I/O	LVDS63p
13	q[3]	PIN_86	4	LVTTL	Column I/O	LVDS62p
14	q[4]	PIN_88	4	LVTTL	Column I/O	
15	q[5]	PIN_94	4	LVTTL	Column I/O	LVDS61p/DM1B
16	q[6]	PIN_96	4	LVTTL	Column I/O	LVDS60p
17	q[7]	PIN_98	4	LVTTL	Column I/O	LVDS59p
18	scanout[0]	PIN_195	2	LVTTL	Column I/O	
19	scanout[1]	PIN_194	2	LVTTL	Column I/O	VREF0B2
20	scanout[2]	PIN_193	2	LVTTL	Column I/O	DPCLK3/DQS0T
21	scanout[3]	PIN_188	2	LVTTL	Column I/O	LVDS31p/DQ0T3
22	scanout[4]	PIN_187	2	LVTTL	Column I/O	LVDS31n/DQ0T2
23	scanout[5]	PIN_186	2	LVTTL	Column I/O	LVDS32p/DQ0T1

(a)

	To	Location	I/O Bank	I/O Standard	General Function	Special Function
24	sevena[0]	PIN_203	2	LVTTL	Column I/O	LVDS27p
25	sevena[1]	PIN_202	2	LVTTL	Column I/O	LVDS27n
26	sevena[2]	PIN_201	2	LVTTL	Column I/O	LVDS28p
27	sevena[3]	PIN_200	2	LVTTL	Column I/O	LVDS28n
28	sevena[4]	PIN_199	2	LVTTL	Column I/O	LVDS29p
29	sevena[5]	PIN_198	2	LVTTL	Column I/O	LVDS29n
30	sevena[6]	PIN_197	2	LVTTL	Column I/O	LVDS30p
31	up_down	PIN_8	1	LVTTL	Row I/O	LVDS12n/DQ0L1
32	x1	PIN_204	2	LVTTL	Column I/O	LVDS26n
33	x2	PIN_205	2	LVTTL	Column I/O	LVDS26p
34	x3	PIN_206	2	LVTTL	Column I/O	LVDS25n/DM0T
35	x4	PIN_207	2	LVTTL	Column I/O	LVDS25p
36	y0	PIN_68	4	LVTTL	Column I/O	LVDS68n/DQ1B6
37	y1	PIN_74	4	LVTTL	Column I/O	VREF2B4
38	y2	PIN_76	4	LVTTL	Column I/O	LVDS67n/DQ1B5
39	y3	PIN_78	4	LVTTL	Column I/O	LVDS66n
40	y4	PIN_79	4	LVTTL	Column I/O	
41	y5	PIN_77	4	LVTTL	Column I/O	LVDS66p/DQ1B4
42	y6	PIN_75	4	LVTTL	Column I/O	LVDS67p
43	y7	PIN_73	4	LVTTL	Column I/O	DPCLK7/DQS1B
44	y8	PIN_208	2	LVTTL	Column I/O	VREF1B2
45	y9	PIN_213	2	LVTTL	Column I/O	
46	y10	PIN_214	2	LVTTL	Column I/O	LVDS24n
47	y11	PIN_215	2	LVTTL	Column I/O	LVDS24p

(b)

圖 6.177　輸出/輸入接腳特徵列表

6.7.25　燒錄程式至 Cyclone FPGA 實驗器平台

1. Cyclone FPGA 基板具有 AS Mode 以及 JTAG Mode 兩種燒錄模式。AS Mode
   僅支援 Cyclone 系列元件，其目的是用來燒錄 EPROM 元件。而 JTAG Mode，
   則是將位元串資料載入 FPGA 晶片的一種方式。本實驗以 JTAG Mode 方式透
   過 ByteBlaster II 燒錄纜線分別連接至實驗器的 JTAG(10PIN)接頭及電腦並列
   埠，並將 JP1 及 JP2 設定為 JTAG Mode。

2. 選取視窗選單 Tools → Programmer，出現燒錄視窗。在燒錄視窗加入燒錄檔
   案，選取 Add File，出現 Select Programming File 視窗，選擇 red_green_light.sop
   燒錄檔案，在 Mode 選項，選擇 JTAG Mode，在 Program/Configure 處打勾，
   再按 Start 鍵進行燒錄模擬，如圖 6.178 所示。實驗結果在 8×8 雙色點矩陣顯
   示人形燈時有重疊現象，讀者如有興趣可以自行調整移位計數器與行掃描計數
   器的控制時間，來解決人形燈顯示時的重疊現象。

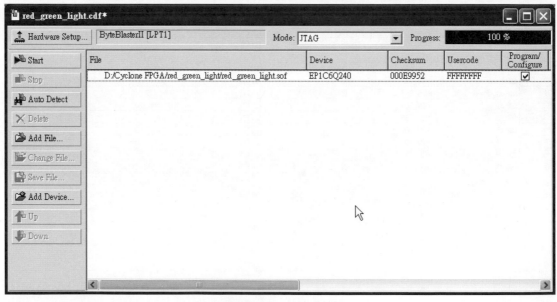

圖 6.178　燒錄模擬

具有 Audio 音效乒乓球遊戲實作

　　華亨數位實驗器 Cyclon FGPA 提供一擴充卡，此擴充卡除了支援 PS/2 介面、Audio 音效界面外，更使用德州儀器的 THS8134b 視訊解碼晶片，此晶片支援 24 位元(紅、綠、藍三元色各 8 位元)的全彩 VGA 顯示，可提供使用者自行設計 24 位元全彩(true color)之 VGA 顯示、PS/2 介面之滑鼠及 Audio 音訊輸出的模組，非常適合多媒體的實作應用。

　　以下介紹整合 VGA 顯示、Audio 音效及 PS/2 滑鼠控制等模組，設計出具有 Audio 音效之遊戲專案。本專案為乒乓球遊戲，此遊戲具有一反彈平台於螢幕的下方，並且有一隨機彈跳的乒乓球。此反彈平台可以藉由 PS/2 滑鼠加以操縱(PS/2 滑鼠控制將於 7.2 節介紹)。關於乒乓遊戲的 Verilog HDL 設計如下所示。

7.1 專案：具有 Audio 音效乒乓球遊戲設計

　　本專案將應用擴充卡之 THS8134b 晶片產生視訊信號及 VGA 顯示原理，配合 PS/2 介面之滑鼠移動反彈平台及 Audio 音訊輸出，設計出乒乓球遊戲模組。此遊戲模組具有一隨機彈跳的球及一反彈平台於螢幕的下方，並可藉由 PS/2 介面之滑鼠控制平台之左右移動。關於本專案設計步驟如下：

1. 設計一個 THS8134b 之 VGA 水平垂直同步信號產生器，將原本輸入頻率為 25MHz，產生適當的水平及垂直同步信號。

2. 設計一個乒乓球遊戲，此遊戲藉由 PS/2 滑鼠加以控制反彈平台，使反彈碰觸隨機彈跳的乒乓球。

3. 設計一個 PS/2 介面之滑鼠控制。

4. 設計一個 Audio 音訊輸出之音樂盒。

5. 整合 1 至 4 項等模組，設計出具有 Audio 音效之乒乓球遊戲專案實驗。

7.1.1 THS8134b 之 VGA 水平垂直同步信號產生器

華亨數位實驗器平台所提供的擴充子卡，具有 VGA 介面插槽。此 VGA 介面輸出晶片使用德州儀器的 THS8134b (參考附錄 A)，此晶片可支援 24 位元的全彩顯示，使用者可以利用 THS8134b 之 VGA 同步信號控制介面，即可進行全彩的 VGA 顯示等應用，而 VGA 顯示原理與 6.5 所介紹的 VGA 原理無異，可參考 6.5 節之 VGA 說明。

7.1.1.1 VHDL 編輯 THS8134b 之 VGA 水平及垂直同步信號產生器

THS8134b 之 VGA 水平及垂直同步信號產生器的 VHDL 編輯結果，如圖 7.1 所示，其檔名為 interface_vga，並產生代表 THS8134b 之 VGA 水平及垂直同步信號產生器的符號檔，如圖 7.2 所示。存檔並組譯，選取視窗選單 Processing → Compiler Tool → Start，即可進行組譯，產生 interface_vga.sof 或 .pof 燒錄檔。

```
   interface_vga.vhd                                               _ □ X
 1 LIBRARY ieee;
 2 USE ieee.std_logic_1164.ALL;
 3 USE ieee.numeric_std.ALL;
 4
 5 ENTITY interface_vga IS
 6   PORT(
 7     init        : IN  std_ulogic;            --
 8     clk_24Mhz   : IN  std_ulogic;            --
 9     r           : IN  std_logic_vector(7 DOWNTO 0);  -- 3 color
10     g           : IN  std_logic_vector(7 DOWNTO 0);  -- 3 color
11     b           : IN  std_logic_vector(7 DOWNTO 0);  -- 3 color
12
13     red       : OUT std_logic_vector(7 DOWNTO 0);  --
14     green       : OUT std_logic_vector(7 DOWNTO 0);  --
15     blue        : OUT std_logic_vector(7 DOWNTO 0);  --
16     ligne_pix   : OUT std_logic_vector(9 DOWNTO 0);  --
17     colonne_pix : OUT std_logic_vector(9 DOWNTO 0);  --
18     m1, m2      : OUT std_ulogic;            -- mode select dac
19     blank_n     : OUT std_ulogic;            -- commande DAC
20     sync_n      : OUT std_ulogic;            -- commande DAC
21     sync_t      : OUT std_ulogic;            -- commande DAC
22     video_clk   : OUT std_ulogic;            -- commande DAC
23     vga_vs      : OUT std_ulogic;            --
24     vga_hs      : OUT std_ulogic             --
25     );
26 END interface_vga;
27
28
29 ARCHITECTURE pour_lancelot OF interface_vga IS
30   SIGNAL video_on_v, video_on_h : std_ulogic;
31 BEGIN  -- pour_lancelot
32   --
33   m1 <= '0';
```

(a)

```
   interface_vga.vhd                                               _ □ X
34   m2 <= '0';
35   sync_n <= '1';
36   sync_t <= '0';
37   video_clk <= clk_24Mhz;
38
39   --
40   red <= r(7 DOWNTO 0);
41   green <= g(7 DOWNTO 0);
42   blue <= b(7 DOWNTO 0);
43
44   timing: PROCESS
45     VARIABLE c_v, c_h : natural RANGE 0 TO 1023;
46     --
47   BEGIN  -- PROCESS timing
48     WAIT UNTIL rising_edge(clk_24Mhz);
49     IF init = '1'  THEN
50       c_v := 0;
51       c_h := 0;
52     ELSE
53       -- horizontal, on doit compter 794
54       IF c_h = 767 THEN
55         c_h := 0;
56         -- vertical , on doit compter 525
57         IF c_v = 511 THEN
58           c_v := 0;
59         ELSE
60           c_v := c_v + 1;
61         END IF;
62       ELSE
63         c_h := c_h + 1;
64       END IF;
65       -- synchro horizontale
66       IF c_h < 700 AND c_h >= 655 THEN
```

(b)

圖 7.1　VHDL 程式

```
interface_vga.vhd
67          vga_hs <= '0';
68        ELSE
69          vga_hs <= '1';
70        END IF;
71        -- synchro verticale
72        IF c_v = 0 THEN
73          vga_vs <= '0';
74        ELSE
75          vga_vs <= '1';
76        END IF;
77        -- signal blank
78        IF c_h < 640 THEN
79          video_on_h <= '1';
80          colonne_pix <= std_logic_vector(to_unsigned(c_h,10));
81        ELSE
82          video_on_h <= '0';
83        END IF;
84        IF c_v <  480 THEN
85          video_on_v <= '1';
86          ligne_pix <= std_logic_vector(to_unsigned(c_v, 10));
87        ELSE
88          video_on_v <= '0';
89        END IF;
90      END IF;
91    END PROCESS timing;
92
93    blank_n <= video_on_h AND video_on_v;
94 END pour_lancelot;
95
```

(c)

圖 7.1   VHDL 程式(續)

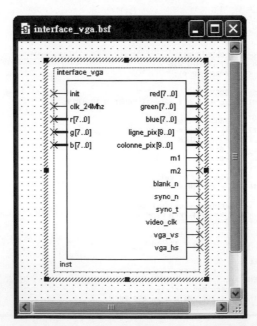

圖 7.2   THS8134b 之 VGA 水平及垂直同步信號產生器的符號檔

7.1.2　乒乓球遊戲設計

乒乓球遊戲的 Verilog HDL 編輯結果，如下圖 7.3 所示，其檔名為 pong，並產生代表乒乓球遊戲的符號檔，如圖 7.4 所示。存檔並組譯，選取視窗選單 Processing → Compiler Tool → Start，即可進行組譯，產生 pong.sof 或.pof 燒錄檔。

(a)

(b)

圖 7.3　Verilog HDL 程式

```
67  always @(posedge clk)
68  if(UpdateBallPosition)
69  begin
70      if(~(CollisionX1 & CollisionX2)) // if collision on both X-sides, don't move in the X direction
71      begin
72          ballX <= ballX + (ball_dirX ? -1 : 1);
73          if(CollisionX2) ball_dirX <= 1; else if(CollisionX1) ball_dirX <= 0;
74      end
75
76      if(~(CollisionY1 & CollisionY2))        // if collision on both Y-sides, don't move in the Y direction
77      begin
78          ballY <= ballY + (ball_dirY ? -1 : 1);
79          if(CollisionY2) ball_dirY <= 1; else if(CollisionY1) ball_dirY <= 0;
80      end
81  end
82
83  //------------------------------------------------------------------------
84  wire R = BouncingObject | ball | (CounterX[3] ^ CounterY[3]);
85  wire G = BouncingObject | ball;
86  wire B = BouncingObject | ball;
87
88  reg [7:0] vga_R, vga_G, vga_B;
89  always @(posedge clk)
90  begin
91      vga_R[7] <= R & inDisplayArea;
92      vga_G[7] <= G & inDisplayArea;
93      vga_B[7] <= B & inDisplayArea;
94      vga_R[6] <= R & inDisplayArea;
95      vga_G[6] <= G & inDisplayArea;
96      vga_B[6] <= B & inDisplayArea;
97      vga_R[5] <= R & inDisplayArea;
98      vga_G[5] <= G & inDisplayArea;
99      vga_B[5] <= B & inDisplayArea;
```

(c)

```
100     vga_R[4] <= R & inDisplayArea;
101     vga_G[4] <= G & inDisplayArea;
102     vga_B[4] <= B & inDisplayArea;
103
104     vga_R[3] <= R & inDisplayArea;
105     vga_G[3] <= G & inDisplayArea;
106     vga_B[3] <= B & inDisplayArea;
107
108     vga_R[2] <= R & inDisplayArea;
109     vga_G[2] <= G & inDisplayArea;
110     vga_B[2] <= B & inDisplayArea;
111
112     vga_R[1] <= R & inDisplayArea;
113     vga_G[1] <= G & inDisplayArea;
114     vga_B[1] <= B & inDisplayArea;
115     vga_R[0] <= R & inDisplayArea;
116     vga_G[0] <= G & inDisplayArea;
117     vga_B[0] <= B & inDisplayArea;
118
119
120     vga_R[7] <= R & inDisplayArea;
121     vga_G[7] <= G & inDisplayArea;
122     vga_B[7] <= B & inDisplayArea;
123
124
125
126 end
127 endmodule
```

(d)

圖 7.3   Verilog HDL 程式(續)

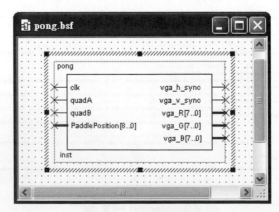

圖 7.4   乒乓球遊戲

7.2 滑鼠 PS/2 介面控制模組實作

華亨數位實驗器的擴充子卡上，具有 PS/2 介面插槽，提供使用者進行 PS/2 的介面電路設計來控制滑鼠或鍵盤等等應用。

7.2.1 認識 PS/2 滑鼠

一般 PS/2 滑鼠利用滾動的球驅動滑鼠內部的 2 個滾輪，此 2 個滾輪分別各與一組光學編碼器(Optical Encoder)接連，並藉由此光學編碼器計算滾輪所感測的移動脈衝數目，進而計算出滑鼠於 X 軸及 Y 軸的移動量。並且滑鼠會有 2 至 3 個按鍵，此按鍵的狀態亦會回傳至系統端。另外，滑鼠內部有一顆微控制器(Micro- Controller)，此微控制器負責將滑鼠移動狀態、按鍵狀態及確認(Acknowledge)訊息等資料封包回傳至系統端。

表 7.1 為華亨數位實驗器的 Cyclone FPGA 對 PS/2 滑鼠之指令，表中在使用滑鼠時，必須對滑鼠進行初始化動作，也就是對滑鼠下達"F4"的指令，其目的是要告知滑鼠可以開始執行傳送資料封包的動作。表 7.2 為 PS/2 滑鼠回傳至系統的訊息。

表 7.1　Cyclone FPGA 對 PS/2 滑鼠之指令

Command Sent to Mouse	Hex Value
Reset Mouse　　　Mouse returns AA,00 after self-test	FF
Resend Message	FE
Set to Default Value	F6
Disable Streaming Mode	F5
Enable Streaming Mode　　　Mouse starts sending data packets at default rate	F4
Set Sampling Rate　　XX is number of packets per second	F3,XX
Read Device Type	F2
Set Remote Data	EE
Set Wrap Mode　　Mouse returns data sent by system	EC
Read Remote Data　　Mouse sends 1 data packet	EB
Set Stream Mode	EA
Status Request　　Mouse returns 3 bytes with current setting	E9
Set Resolution　　　XX is 0, 1, 2, 3	E8,XX
Set Scaling 2 to 1	E7
Reset Scaling	E6

表 7.2　PS/2 滑鼠回傳的訊息

Messages Sent by Mouse		Hex Value
Resend Message		FE
Two bad messages in a row		FC
Mouse Acknowledge Command　Sent by Mouse after each command byte		FA
Mouse passed self-test		AA

資料流(Streaming)模式一旦啓動後，滑鼠將傳送 3 個位元組寬度的資料封包至系統。此 3 個位元組(Byte1、Byte2、Byte3)內容包含滑鼠的按鍵狀態、位置移動狀態，如表 7.3 所示。

表 7.3　PS/2 滑鼠資料封包的形式

Bit	MSB						LSB	
Bit	7	6	5	4	3	2	1	0
Byte1	Yo	Xo	Ys	Xs	1	M	R	L
Byte2	X7	X6	X5	X4	X3	X2	X1	X0
Byte3	Y7	Y6	Y5	Y4	Y3	Y2	Y1	Y0

L=滑鼠左鍵(Left)的狀態位元
M=滑鼠中間(Middle)按鍵的狀態位元
R=滑鼠右鍵(Right)的狀態位元
X7-X0= X 軸的移動距離(2 補數)　左移爲負；右移爲正
Y7-Y0= Y 軸的移動距離(2 補數)　下移爲負；上移爲正
Xo= X 資料的溢位位元(1:溢位)
Yo= Y 資料的溢位位元(1:溢位)
Xs= X 資料的符號位元(1:負)
Ys= Y 資料的符號位元(1:負)

7.2.2　PS/2 串列資料傳輸

PS/2 的標準規範爲每筆資料傳輸包含起始位元(Start Bit)、掃描碼(Scan Code)、奇同位檢查(Odd Parity)及終止位元(Stop Bit)共計 11 位元，並以雙向串列資料傳輸的方式，達到溝通的目的。且當主人端(host)或僕人端(slave)並無傳送或接收資料時，資料傳輸埠及時脈均將會升爲高電位。圖 7.5 所示爲每一筆資料傳輸所含內容如下：

1. 起始位元("0")

2. 8 位元資料寬度的掃描碼。

3. 奇同位元檢查，使掃描碼與奇同位元加起來 1 的數字為奇數個。

4. 終止位元("1")

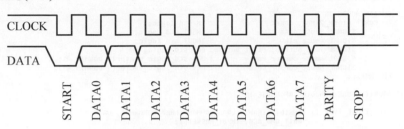

圖 7.5　PS2 串列傳輸標準

　　滑鼠控制介面僅使用到兩條傳輸埠，一為時脈埠，另一為資料埠，而傳輸埠具有三態(Tri-State)且雙向(Bidirectional)特性。其中時脈埠可由 Cyclone FPGA 主控，當任意時刻欲禁止滑鼠傳送資料時，Cyclone FPGA 僅需將時脈埠信號強制降為低位準(Pull Down)即可。另外就資料傳輸線來說，當開啓電源時，滑鼠內的微控制器將會執行自我測試(Self Test)，並且將 AA 與 00 碼回傳到 PC 端或 Cyclone FPGA。對 Cyclone FPGA 而言，均假設滑鼠已經安插於 PS2 座上，一旦系統電源啓動，即便是設計者尚未載入電路設計時，元件接腳是處於三態的高位準狀態，亦即是告知滑鼠可傳送 AA 與 00 碼。

　　當電源於啓動狀態，滑鼠無法傳遞訊息資料。若欲開始傳遞滑鼠訊息資料，Cyclone FPGA 需告知滑鼠微控制器進入資料流模式。為了使滑鼠開始送 3 個位元組的資料封包，Cyclone FPGA 必須輸送"F4"指令給滑鼠，也就是開啓資料流模式。此時三態的時脈信號將有 60us 的時間被 Cyclone FPGA 強制為低電位，以確保滑鼠不會在此段時間回傳資料。只有 Cyclone FPGA 對滑鼠下達命令時，時脈信號由 Cyclone FPGA 所控制，而大部份的時間，時脈信號仍由滑鼠所控制。

7.2.3　PS/2 滑鼠控制器設計

　　根據上述 PS/2 滑鼠原理，以 VHDL 完成 PS/2 滑鼠控制器電路設計，建立滑鼠符號檔，並將此滑鼠符號檔整合在 VGA 實例之遊戲實作。PS/2 滑鼠控制器電路的 VHDL 編輯結果如圖 7.6 所示，其檔名為 mouse，並產生代表 PS/2 滑鼠控制器電路的符號檔如圖 7.7 所示。存檔並組譯，選取視窗選單 Processing → Compiler Tool → Start，即可進行組譯，產生 mouse.sof 或 .pof 燒錄檔。

```
 1 LIBRARY IEEE;
 2 USE   IEEE.STD_LOGIC_1164.all;
 3 USE   IEEE.STD_LOGIC_ARITH.all;
 4 USE   IEEE.STD_LOGIC_UNSIGNED.all;
 5
 6 ENTITY MOUSE IS
 7    PORT( clock_25Mhz, reset          : IN std_logic;
 8         SIGNAL mouse_data             : INOUT std_logic;
 9         SIGNAL mouse_clk              : INOUT std_logic;
10         SIGNAL left_button, right_button: OUT std_logic;
11         SIGNAL mouse_cursor_row       : OUT std_logic_vector(9 DOWNTO 0);
12         SIGNAL mouse_cursor_column    : OUT std_logic_vector(9 DOWNTO 0));
13 END MOUSE;
14
15 ARCHITECTURE behavior OF MOUSE IS
16
17 TYPE STATE_TYPE IS (INHIBIT_TRANS, LOAD_COMMAND,LOAD_COMMAND2, WAIT_OUTPUT_READY,
18                     WAIT_CMD_ACK, INPUT_PACKETS);
19
20 -- Signals for Mouse
21 SIGNAL mouse_state                          : state_type;
22 SIGNAL inhibit_wait_count                   : std_logic_vector(10 DOWNTO 0);
23 SIGNAL CHARIN, CHAROUT                      : std_logic_vector(7 DOWNTO 0);
24 SIGNAL new_cursor_row, new_cursor_column    : std_logic_vector(9 DOWNTO 0);
25 SIGNAL cursor_row, cursor_column            : std_logic_vector(9 DOWNTO 0);
26 SIGNAL INCNT, OUTCNT, mSB_OUT               : std_logic_vector(3 DOWNTO 0);
27 SIGNAL PACKET_COUNT                         : std_logic_vector(1 DOWNTO 0);
28 SIGNAL SHIFTIN                              : std_logic_vector(8 DOWNTO 0);
29 SIGNAL SHIFTOUT                             : std_logic_vector(10 DOWNTO 0);
30 SIGNAL PACKET_CHAR1, PACKET_CHAR2,
31         PACKET_CHAR3                        : std_logic_vector(7 DOWNTO 0);
32 SIGNAL MOUSE_CLK_BUF, DATA_READY, READ_CHAR : std_logic;
33 SIGNAL i                                    : integer;
```

(a)

```
34 SIGNAL cursor, iready_set, break, toggle_next,
35         output_ready, send_char, send_data : std_logic;
36 SIGNAL MOUSE_DATA_DIR, MOUSE_DATA_OUT, MOUSE_DATA_BUF,
37         MOUSE_CLK_DIR                       : std_logic;
38 SIGNAL MOUSE_CLK_FILTER                     : std_logic;
39 SIGNAL filter                               : std_logic_vector(7 DOWNTO 0);
40
41
42 BEGIN
43
44 mouse_cursor_row <= cursor_row;
45 mouse_cursor_column <= cursor_column;
46
47          -- tri_state control logic for mouse data and clock lines
48 MOUSE_DATA <= 'Z' WHEN MOUSE_DATA_DIR = '0' ELSE MOUSE_DATA_BUF;
49 MOUSE_CLK <=  'Z' WHEN MOUSE_CLK_DIR = '0' ELSE MOUSE_CLK_BUF;
50
51          -- state machine to send init command and start recv process.
52    PROCESS (reset, clock_25Mhz)
53    BEGIN
54       IF reset = '1' THEN
55            mouse_state <= INHIBIT_TRANS;
56            inhibit_wait_count <= conv_std_logic_vector(0,11);
57            SEND_DATA <= '0';
58        ELSIF clock_25Mhz'EVENT AND clock_25Mhz = '1' THEN
59            CASE mouse_state IS
60 -- Mouse powers up and sends self test codes, AA and 00 out before board is downloaded
61 -- Pull clock line low to inhibit any transmissions from mouse
62 -- Need at least 60usec to stop a transmission in progress
63 -- Note: This is perhaps optional since mouse should not be tranmitting
64            WHEN INHIBIT_TRANS =>
65            inhibit_wait_count <= inhibit_wait_count + 1;
66            IF inhibit_wait_count(10 DOWNTO 9) = "11" THEN
```

(b)

圖 7.6　VHDL 程式

```
 67                         mouse_state <= LOAD_COMMAND;
 68                 END IF;
 69                     -- Enable Streaming Mode Command, F4
 70                         charout <= "11110100";
 71                     -- Pull data low to signal data available to mouse
 72             WHEN LOAD_COMMAND =>
 73                     SEND_DATA <= '1';
 74                     mouse_state <= LOAD_COMMAND2;
 75             WHEN LOAD_COMMAND2 =>
 76                     SEND_DATA <= '1';
 77                     mouse_state <= WAIT_OUTPUT_READY;
 78     -- Wait for Mouse to Clock out all bits in command.
 79     -- Command sent is F4, Enable Streaming Mode
 80     -- This tells the mouse to start sending 3-byte packets with movement data
 81             WHEN WAIT_OUTPUT_READY =>
 82                     SEND_DATA <= '0';
 83                 -- Output Ready signals that all data is clocked out of shift register
 84                     IF OUTPUT_READY='1' THEN
 85                         mouse_state <= WAIT_CMD_ACK;
 86                     ELSE
 87                         mouse_state <= WAIT_OUTPUT_READY;
 88                     END IF;
 89     -- Wait for Mouse to send back Command Acknowledge, FA
 90             WHEN WAIT_CMD_ACK =>
 91                     SEND_DATA <= '0';
 92                     IF IREADY_SET='1' THEN
 93                         mouse_state <= INPUT_PACKETS;
 94                     END IF;
 95     -- Release clock_25Mhz and data lines and go into mouse input mode
 96     -- Stay in this state and recieve 3-byte mouse data packets forever
 97     -- Default rate is 100 packets per second
 98             WHEN INPUT_PACKETS =>
 99                     mouse_state <= INPUT_PACKETS;
```

(c)

```
100             END CASE;
101         END IF;
102     END PROCESS;
103
104     WITH mouse_state SELECT
105 -- Mouse Data Tri-state control line: '1' FLEX Chip drives, '0'=Mouse Drives
106         MOUSE_DATA_DIR  <=  '0' WHEN INHIBIT_TRANS,
107                             '0' WHEN LOAD_COMMAND,
108                             '0' WHEN LOAD_COMMAND2,
109                             '1' WHEN WAIT_OUTPUT_READY,
110                             '0' WHEN WAIT_CMD_ACK,
111                             '0' WHEN INPUT_PACKETS;
112 -- Mouse Clock Tri-state control line: '1' FLEX Chip drives, '0'=Mouse Drives
113     WITH mouse_state SELECT
114         MOUSE_CLK_DIR   <=  '1' WHEN INHIBIT_TRANS,
115                             '1' WHEN LOAD_COMMAND,
116                             '1' WHEN LOAD_COMMAND2,
117                             '0' WHEN WAIT_OUTPUT_READY,
118                             '0' WHEN WAIT_CMD_ACK,
119                             '0' WHEN INPUT_PACKETS;
120     WITH mouse_state SELECT
121 -- Input to FLEX chip tri-state buffer mouse clock_25Mhz line
122         MOUSE_CLK_BUF   <=  '0' WHEN INHIBIT_TRANS,
123                             '1' WHEN LOAD_COMMAND,
124                             '1' WHEN LOAD_COMMAND2,
125                             '1' WHEN WAIT_OUTPUT_READY,
126                             '1' WHEN WAIT_CMD_ACK,
127                             '1' WHEN INPUT_PACKETS;
128
129 -- filter for mouse clock
130 PROCESS
131 BEGIN
132         WAIT UNTIL clock_25Mhz'event and clock_25Mhz = '1';
```

(d)

圖 7.6　VHDL 程式(續)

```
133         filter(7 DOWNTO 1) <= filter(6 DOWNTO 0);
134         filter(0) <= MOUSE_CLK;
135         IF filter = "11111111" THEN
136             MOUSE_CLK_FILTER <= '1';
137         ELSIF filter = "00000000" THEN
138             MOUSE_CLK_FILTER <= '0';
139         END IF;
140 END PROCESS;
141
142     --This process sends serial data going to the mouse
143 SEND_UART: PROCESS (send_data, Mouse_clk_filter)
144 BEGIN
145 IF SEND_DATA = '1' THEN
146     OUTCNT <= "0000";
147     SEND_CHAR <= '1';
148     OUTPUT_READY <= '0';
149         -- Send out Start Bit(0) + Command(F4) + Parity  Bit(0) + Stop Bit(1)
150     SHIFTOUT(8 DOWNTO 1) <= CHAROUT ;
151         -- START BIT
152     SHIFTOUT(0) <= '0';
153         -- COMPUTE ODD PARITY BIT
154     SHIFTOUT(9) <=  not (charout(7) xor charout(6) xor charout(5) xor
155         charout(4) xor Charout(3) xor charout(2) xor charout(1) xor
156         charout(0));
157         -- STOP BIT
158     SHIFTOUT(10) <= '1';
159         -- Data Available Flag to Mouse
160         -- Tells mouse to clock out command data (is also start bit)
161     MOUSE_DATA_BUF <= '0';
162
163 ELSIF(MOUSE_CLK_filter'event and MOUSE_CLK_filter='0') THEN
164 IF MOUSE_DATA_DIR='1' THEN
165         -- SHIFT OUT NEXT SERIAL BIT
```

(e)

```
166     IF SEND_CHAR = '1' THEN
167         -- Loop through all bits in shift register
168         IF OUTCNT <= "1001" THEN
169         OUTCNT <= OUTCNT + 1;
170         -- Shift out next bit to mouse
171         SHIFTOUT(9 DOWNTO 0) <= SHIFTOUT(10 DOWNTO 1);
172         SHIFTOUT(10) <= '1';
173         MOUSE_DATA_BUF <= SHIFTOUT(1);
174         OUTPUT_READY <= '0';
175         -- END OF CHARACTER
176     ELSE
177         SEND_CHAR <= '0';
178         -- Signal the character has been output
179         OUTPUT_READY <= '1';
180         OUTCNT <= "0000";
181     END IF;
182     END IF;
183 END IF;
184 END IF;
185 END PROCESS SEND_UART;
186
187 RECV_UART: PROCESS(reset, mouse_clk_filter)
188 BEGIN
189 IF RESET='1' THEN
190     INCNT <= "0000";
191     READ_CHAR <= '0';
192     PACKET_COUNT <= "00";
193     LEFT_BUTTON <= '0';
194     RIGHT_BUTTON <= '0';
195     CHARIN <= "00000000";
196 ELSIF MOUSE_CLK_FILTER'event and MOUSE_CLK_FILTER='1' THEN
197     IF MOUSE_DATA_DIR='0' THEN
198         IF MOUSE_DATA='0' AND READ_CHAR='0' THEN
```

(f)

圖 7.6　VHDL 程式(續)

```
┌─ MOUSE.vhd* ──────────────────────────────────────── [_][□][X] ─┐
199              READ_CHAR<= '1';
200              IREADY_SET<= '0';
201          ELSE
202          -- SHIFT IN NEXT SERIAL BIT
203          IF READ_CHAR = '1' THEN
204              IF INCNT < "1001" THEN
205                  INCNT <= INCNT + 1;
206                  SHIFTIN(7 DOWNTO 0) <= SHIFTIN(8 DOWNTO 1);
207                  SHIFTIN(8) <= MOUSE_DATA;
208                  IREADY_SET <= '0';
209          -- END OF CHARACTER
210              ELSE
211                  CHARIN <= SHIFTIN(7 DOWNTO 0);
212                  READ_CHAR <= '0';
213                  IREADY_SET <= '1';
214                  PACKET_COUNT <= PACKET_COUNT + 1;
215          -- PACKET_COUNT = "00" IS ACK COMMAND
216                  IF PACKET_COUNT = "00" THEN
217          -- Set Cursor to middle of screen
218                      cursor_column <= CONV_STD_LOGIC_VECTOR(320,10);
219                      cursor_row <= CONV_STD_LOGIC_VECTOR(240,10);
220                      NEW_cursor_column <= CONV_STD_LOGIC_VECTOR(320,10);
221                      NEW_cursor_row <= CONV_STD_LOGIC_VECTOR(240,10);
222                  ELSIF PACKET_COUNT = "01" THEN
223                      PACKET_CHAR1 <= SHIFTIN(7 DOWNTO 0);
224      -- Limit Cursor on Screen Edges
225      -- Check for left screen limit
226      -- All numbers are positive only, and need to check for zero wrap around.
227      -- Set limits higher since mouse can move up to 128 pixels in one packet
228                      IF (cursor_row < 128) AND ((NEW_cursor_row > 256) OR
229                         (NEW_cursor_row < 2)) THEN
230                          cursor_row <= CONV_STD_LOGIC_VECTOR(0,10);
231          -- Check for right screen limit
└──────────────────────────────────────────────────────────────┘
```

(g)

```
┌─ MOUSE.vhd* ──────────────────────────────────────── [_][□][X] ─┐
232                      ELSIF NEW_cursor_row > 480 THEN
233                          cursor_row <= CONV_STD_LOGIC_VECTOR(480,10);
234                      ELSE
235                          cursor_row <= NEW_cursor_row;
236                      END IF;
237          -- Check for top screen limit
238                      IF (cursor_column < 128)  AND ((NEW_cursor_column > 256)  OR
239                         (NEW_cursor_column < 2)) THEN
240                          cursor_column <= CONV_STD_LOGIC_VECTOR(0,10);
241          -- Check for bottom screen limit
242                      ELSIF NEW_cursor_column > 510 THEN
243                          cursor_column <= CONV_STD_LOGIC_VECTOR(510,10);
244                      ELSE
245                          cursor_column <= NEW_cursor_column;
246                      END IF;
247                  ELSIF PACKET_COUNT = "10" THEN
248                      PACKET_CHAR2 <= SHIFTIN(7 DOWNTO 0);
249                  ELSIF PACKET_COUNT = "11" THEN
250                      PACKET_CHAR3 <= SHIFTIN(7 DOWNTO 0);
251              END IF;
252              INCNT <= conv_std_logic_vector(0,4);
253              IF PACKET_COUNT = "11" THEN
254                  PACKET_COUNT <= "01";
255      -- Packet Complete, so process data in packet
256      -- Sign extend X AND Y two's complement motion values and
257      -- add to Current Cursor Address
258      --
259      -- Y Motion is Negative since up is a lower row address
260                  NEW_cursor_row <= cursor_row - (PACKET_CHAR3(7) &
261                          PACKET_CHAR3(7) & PACKET_CHAR3);
262                  NEW_cursor_column <= cursor_column + (PACKET_CHAR2(7) &
263                          PACKET_CHAR2(7) & PACKET_CHAR2);
264                  LEFT_BUTTON <= PACKET_CHAR1(0);
└──────────────────────────────────────────────────────────────┘
```

(h)

圖 7.6　VHDL 程式(續)

```
265                         RIGHT_BUTTON <= PACKET_CHAR1(1);
266                    END IF;
267               END IF;
268          END IF;
269       END IF;
270  END IF;
271 END IF;
272 END PROCESS RECV_UART;
273
274 END behavior;
275
```

(i)

圖 7.6　VHDL 程式(續)

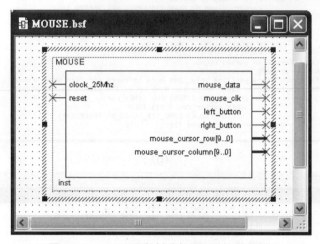

圖 7.7　PS/2 滑鼠控制器電路的符號檔

7.3　音樂盒模組實作

　　華亨數位實驗器的擴充子卡上，具有播放音效的輸出接頭，提供使用者進行 Audio 音訊輸出的模組設計，藉由 Cyclone FPGA 的組態，將樂譜內建於 Cyclone FPGA 內部記憶體中，透過音訊輸出的模組設計，進而達到音樂播放的效果。以下設計範例說明，首先從產生單一音色進行設計介紹，然後漸進至更多的音色，最後至一首完整的音樂。

7.3.1　單一音色的產生

　　音效播放頻率可藉由除頻器得到所需音頻率，如輸入時脈頻率爲 25MHz，當欲得到 440Hz 音頻率時，則需設計 56818 之除頻器(25000000/400=56818)，其電路的

Verilog HDL 編輯結果，如圖 7.8 所示，圖中 0 至 28408 其輸出 q 為 high，28409 至 56817 其輸出 q 為 low，即可產生 440Hz 音頻率。

```
music_400hz.v*
1  module music(clk, q);
2  input clk;
3  output q;
4  parameter clkdivider = 25000000/440/2;
5  reg [14:0] counter;
6  always @(posedge clk) if(counter==0) counter <= clkdivider-1;
7                        else counter <= counter-1;
8  reg q;
9  always @(posedge clk) if(counter==0) q <= ~q;
10
11 endmodule
12
```

圖 7.8 440Hz 音頻率 Verilog HDL 電路描述

表 7.4 為 C 大調音階頻率對照表，欲產生表中各音階頻率所使用之除頻器，可根據上例分別完成除頻器設計。

表 7.4 C 大調音階頻率對照表

C 大調音階	頻率(Hz)	C 大調音階	頻率(Hz)	C 大調音階	頻率(Hz)
LDO	130.8	DO	261.6	DO	523.3
LRE	146.9	RE	293.7	HRE	587.3
LMI	164.8	MI	329.6	HMI	659.3
LFA	174.6	FA	349.2	HFA	698.5
LSO	196.0	SO	392.0	HSO	784.0
LLA	220.0	LA	440.0	HLA	880.3
LSI	246.9	SI	493.2	HSI	987.6

7.3.2 音樂盒設計

在播放音樂之前，應熟悉如何播放出完整的音符。首先假設以 6 位元進行音符之編碼，可得 64 筆音符。一個 8 度音具有 12 個音符(note)。因此 64 個音符將有 5 個 8 度音階(octave)，對一般的旋律應已足夠。為了能播放完整的音符，可使用 28 位元的計數器，並從最高的 6 個位元取出名為 fullnote，表示為欲播放之位元(具有 64 種變化之音符)。如圖 7.9 中標記 A 所示。

將"fullnote"播放位元除以 12，亦即將 64 筆音符除以 12，可得 5 組 8 度音階 (octave)。為了便於區分此 5 組 8 度音階，另外使用 3 個位元來區別，其範圍由 0 到 4 共 5 組八度音階。而一組 8 度音階內含 12 個音符(note)，因此需另外使用 4 個位元來表示音符，其範圍由 0-11 共 12 個音符。如圖 7.9 中標記 B 所示。

當音符每往下降一個音符，其頻率需增加為"1.0594"倍，可以使用查表(Look-up Table) 方式找到近似值，如時脈除以 512 為音符 A，當時脈除以 483 為音符 A#，以此類推。如圖 7.9 中標記 C 所示。另外 8 度音階每往下降一個八度音階，其頻率相差為 2 倍，亦即最低的 8 度音階為 counter_note 除以 256，第二低的 8 度音階為 counter_note 除以 128，以此類推。如圖 7.9 中標記 D 所示。

音樂盒的 Verilog HDL 編輯結果如圖 7.9 所示，其檔名為 music_main，並產生代表音樂盒的符號檔如圖 7.10 所示。

```verilog
1 module music_main(clk, q);
2 input clk;
3 output q;
4
5 //mark A
6 reg [30:0] tone;
7 always @(posedge clk) tone <= tone+1;
8
9 // wire [5:0] fullnote = tone[27:22];
10 wire [7:0] fullnote;
11 music_rom rom(.inclock(clk), .outclock(clk), .address(tone[29:22]), .q(fullnote));
12
13 //mark B
14 wire [2:0] octave;
15 wire [3:0] note;
16 divide_by12 divby12(.numer(fullnote[5:0]), .quotient(octave), .remain(note));
17
18 //mark C
19 reg [8:0] clkdivider;
20 always @(note)
21 case(note)
22   0: clkdivider = 512-1; // A
23   1: clkdivider = 483-1; // A#/Bb
24   2: clkdivider = 456-1; // B
25   3: clkdivider = 431-1; // C
26   4: clkdivider = 406-1; // C#/Db
27   5: clkdivider = 384-1; // D
28   6: clkdivider = 362-1; // D#/Eb
29   7: clkdivider = 342-1; // E
30   8: clkdivider = 323-1; // F
31   9: clkdivider = 304-1; // F#/Gb
32   10: clkdivider = 287-1; // G
33   11: clkdivider = 271-1; // G#/Ab
```

(a)

圖 7.9　Verilog HDL 程式

```
34    12: clkdivider = 0; // should never happen
35    13: clkdivider = 0; // should never happen
36    14: clkdivider = 0; // should never happen
37    15: clkdivider = 0; // should never happen
38 endcase
39
40 reg [8:0] counter_note;
41 always @(posedge clk) if(counter_note==0) counter_note <= clkdivider;
42                       else counter_note <= counter_note-1;
43
44 //mark D
45 reg [7:0] counter_octave;
46 always @(posedge clk)
47 if(counter_note==0)
48 begin
49  if(counter_octave==0)
50   counter_octave <= (octave==0?255:octave==1?127:octave==2?63:octave==3?31:octave==4?15:7);
51  else
52   counter_octave <= counter_octave-1;
53 end
54
55 reg q;
56 always @(posedge clk)
57         if(counter_note==0 && counter_octave==0 && tone[30]==0 && fullnote!=0) q <= ~q;
58
59 endmodule
60
```

(b)

圖 7.9　Verilog HDL 程式(續)

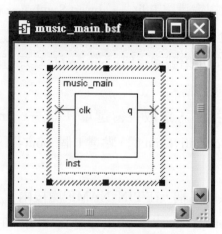

圖 7.10　音樂盒的符號檔

7.4　電路圖編具有 Audio 音效乒乓球遊戲

設計程序如下：

1.　建立新的專案(Project)：

● 首先於 File 選單內，點選 New Project Wizard，並將出現 New Project Wizard 視窗。指定設計專案之名稱為 vga，其輸入步驟如圖 2.1 至圖 2.6。

2. 開啓新檔：
   - 設計者可點選"File"，並於下拉式選單中點選"New"，將出現 New 視窗。於 Design Files 標籤下，選定欲開啓的檔案格式如"Block Diagram/Schematic File"，並點選 OK 後，一個新的區塊/圖形編輯器視窗即展開。

3. 儲存檔案：
   - 設計者可點選"File"，並於下拉式選單中點選"Save As"，可出現另存新檔的對話視窗。設計者可於 File name 欄位填入欲儲存之檔名例如 vga，並勾選 Add file to current project 後，點選"存檔"即可。

4. 編輯視窗中建立邏輯電路設計：
   - 選定物件插入時的位置，在圖形編輯視窗畫面內適當的位置點一下。
   - 引入邏輯閘，選取視窗選單 Edit → Insert Symbol→在 Libraries → Project 處，點選 mouse (PS2 介面之滑鼠控制)符號檔，按 OK。再選出 interface_vga (THS8134b 之 VGA 水平垂直同步信號產生器)、pong (乒乓球遊戲)及 music_main (Audio 音訊輸出之音樂盒)符號檔。
   - 引入輸入及輸出接腳，選取視窗選單 Edit → Insert Symbol→在 c:/altera/ quaturs51/libraries/primitive/pin 處，點選 1 個 input 閘、2 個 bidir 閘及 17 個 output 閘。
   - 更改輸入及輸出接腳名稱，在'PIN_NAME'處按兩下，更改輸入接腳為 pld_clk，雙向接腳為 msdat 及 msclk，輸出接腳為 red[7..0]、green[7..0]、blue[7..0]、ligne_pixr[9..0]、colonne_pix [9..0]、m1、m2、blank_n、sync_n、sync_t、video_clk、vga_vs、vga_hs、q、ps2_sel、pon_h_sync 及 pon_v_sync 等。
   - 連線，其電路圖如圖 7.11 所示。

5. 存檔並組譯，選取視窗選單 Processing → Compiler Tool → Start，即可進行組譯，產生 VGA.sof 或.pof 燒錄檔。

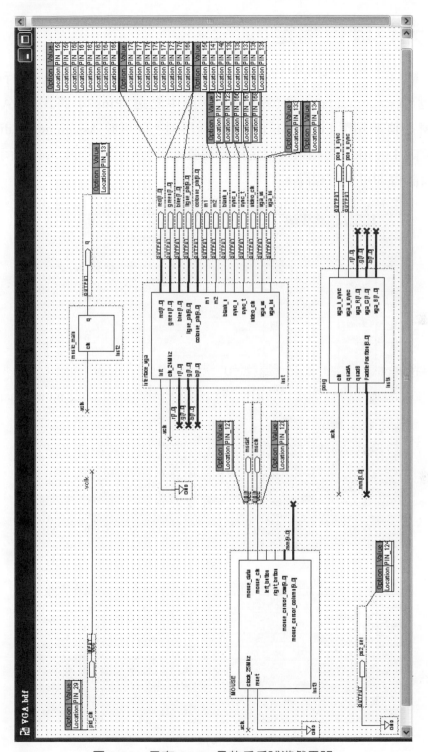

圖 7.11　具有 Audio 音效乒乓球遊戲電路

7.5 元件腳位指定

在執行編譯前，可參考圖 7.21 擴充卡之 VGA 顯示模組腳位宣告，進行腳位指定。首先可點選"Assignments"，並於下拉式選單中點選"Pins"，將出現 Assignment Editor 視窗。直接點選 Filter 欄位的 Pins:all 選項。即可於 Assignment Editor 視窗的最下面欄位之 Location 處輸入或指定接腳編號即可完成，如下圖 7.12 所示。完成上述步驟，設計者即可執行編譯。

	To	Location	I/O Bank	I/O Standard
1	vga_hs	PIN_134	3	LVTTL
2	vga_vs	PIN_133	3	LVTTL
3	sync_t	PIN_168	3	LVTTL
4	sync_n	PIN_167	3	LVTTL
5	blank_n	PIN_166	3	LVTTL
6	m2	PIN_123	3	LVTTL
7	m1	PIN_122	3	LVTTL
8	red[0]	PIN_158	3	LVTTL
9	red[1]	PIN_159	3	LVTTL
10	red[2]	PIN_160	3	LVTTL
11	red[3]	PIN_161	3	LVTTL
12	red[4]	PIN_162	3	LVTTL
13	red[5]	PIN_163	3	LVTTL
14	red[6]	PIN_164	3	LVTTL
15	red[7]	PIN_165	3	LVTTL
16	green[0]	PIN_178	3	LVTTL
17	green[1]	PIN_177	3	LVTTL
18	green[2]	PIN_176	3	LVTTL
19	green[3]	PIN_175	3	LVTTL
20	green[4]	PIN_174	3	LVTTL
21	green[5]	PIN_173	3	LVTTL
22	green[6]	PIN_170	3	LVTTL
23	green[7]	PIN_169	3	LVTTL
24	blue[0]	PIN_156	3	LVTTL
25	blue[1]	PIN_141	3	LVTTL
26	blue[2]	PIN_140	3	LVTTL

(a)

	To	Location	I/O Bank	I/O Standard
27	blue[3]	PIN_139	3	LVTTL
28	blue[4]	PIN_138	3	LVTTL
29	blue[5]	PIN_137	3	LVTTL
30	blue[6]	PIN_136	3	LVTTL
31	blue[7]	PIN_135	3	LVTTL
32	pld_clk	PIN_29	1	LVTTL
33	msdat	PIN_127	3	LVTTL
34	msclk	PIN_128	3	LVTTL
35	ps2_sel	PIN_124	3	LVTTL
36	q	PIN_131	3	LVTTL

(b)

圖 7.12 輸出/輸入接腳特徵列表

7.6　燒錄程式至 Cyclone FPGA 實驗器平台

1.　Cyclone FPGA 基板具有 AS Mode 以及 JTAG Mode 兩種燒錄模式。AS Mode 僅支援 Cyclone 系列元件，其目的是用來燒錄 EPROM 元件。而 JTAG Mode，則是將位元串資料載入 FPGA 晶片的一種方式。本實驗以 JTAG Mode 方式透過 ByteBlaster II 燒錄纜線分別連接至實驗器的 JTAG(10PIN)接頭及電腦並列埠，並將 JP1 及 JP2 設定為 JTAG Mode，擴充卡裝置在擴充卡位置，最後將 VGA 插頭、PS/2 滑鼠及喇叭插頭 Audio 音效插入擴充卡相關位置即可。

2.　選取視窗選單 Tools → Programmer，出現燒錄視窗。在燒錄視窗加入燒錄檔案，選取 Add File，出現 Select Programming File 視窗，選擇 vga.sop 燒錄檔案，在 Mode 選項，選擇 JTAG Mode，在 Program/Configure 處打勾，再按 Start 鍵進行燒錄模擬，如圖 7.13 所示，其實驗結果可參考附錄 B。

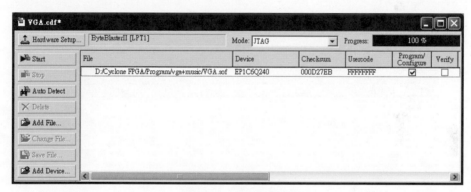

圖 7.13　燒錄模擬

華亨數位實驗器 Cyclone FPGA 擴充卡之 Video DAC 元件介紹

　　華亨數位實驗器 Cyclone FPGA 擴充卡，使用德州儀器(Texas Instrument)開發的 THS8134b 元件內含有三組高速之 8 位元 D/A 轉換器(Digital to Analog Converter,DAC)。此元件操作於 5 V 的類比電壓及 3V~5V 範圍的數位電壓環境，並且取樣率最高可達 80MSPS。透過數位的控制界面 THS8134b 可產生傳統的雙位準 (Bi-level)同步信號或符合電影電視工程師協會（Society of Motion Picture and Television Engineers,SMPTE）所規範三位準(Tri-level)同步信號，此同步信號可以藉由使用者規劃選擇被疊加至單一的類比輸出信號通道(AGY) (Syc-on-green/ Luminance)或者是被疊加於所有類比的(AGY/ARPr/ ABPb)輸出通道，其視頻及同步電位比率為 7:3，適合影像或圖形上的應用，THS8134b 方塊圖如圖 A.1 所示。

A.1　元件特色

- 元件內含 3 組 8 位元的 D/A 轉換器
- 支援 80 MSPS Operation
- 3x8 Bit 4:4:4, 2x8 Bit 4:2:2 or 1x8 Bit 4:2:2 之(ITU-BT.656)多樣的 YPbPr/GBR 輸入模式
- 支援雙位準-EIA 或是三位準之同步信號及 7:3 之視訊/同步比率
- 可將 SYNC 信號疊加於綠/亮度之類比視訊輸出信號或疊加於所有類比輸出信號
- 可組態的遮沒信號
- 具有內部的參考電位

常見應用如下：

- 高畫質電視 (HDTV) 視訊轉換盒/接收器
- 高解析度影像處理

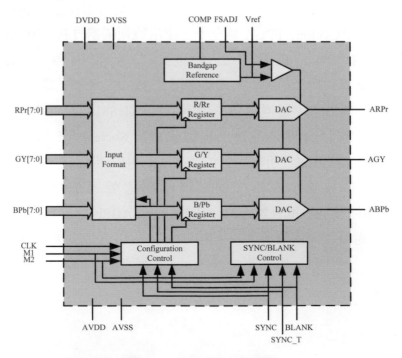

圖 A.1　THS8134 方塊圖

A.2 元件功能描述

THS8134b 之數位信號輸入

表 A.1 為 THS8134b 元件 M1/M2 的兩種組態模式，表中關於 M2 腳位有兩種組態模式，可分別組態為 INS3_INT 及 M2_INT。而 THS8134b 元件之輸出格式，可藉由 M1 及 M2_INT 腳位進行指定，如表 A.2 所示。

表 A.1 M1/M2 的兩種組態模式

SYNC	SYNC_T	M1	M2	說明
H->L	L or H	X	INS3_INT	同步信號的致能。當 SYNC 為降緣時，倘若(INS3_INT=L)則同步信號將疊加於一組 DAC 之通道輸出，當 (INS3_INT=H) 則同步信號將疊加於三組 DAC 之通道輸出。SYNC_T 可為 1 或 0，取決於同步信號為 Bi-Level 或 Tri-level 信號位準。
L->H	X	X	M2_INT	M2_INT 與 M1 可指定 THS8134b 元件的輸出組態模式。不同的組態輸出，相對於遮沒(BLANK)信號位準亦將隨組態模式而有所不同。

表 A.2 THS8134b 元件之輸出形式

M1	M2_INT	輸出形式	
L	L	GBR	3x8b–4:4:4
L	H	YPbPr	3x8b–4:4:4
H	L	YPbPr	2x8b–4:2:2
H	H	YPbPr	1x8b–4:2:2

輸入於 THS8134b 元件的數位視訊資料格式，最大可支援 4：4：4 的資料取樣，亦即支援 3 個位元組(24 bits)的 G/B/R 或 Y/Pb/Pr 的數位視訊信號輸入。若 THS8134b 元件被組態成 4：4：4 的資料取樣模式，THS8134b 元件將於時脈(T1)的正緣將資料讀入，此時三組 DAC 將同步於時脈速度運作，如圖 A.2 所示。

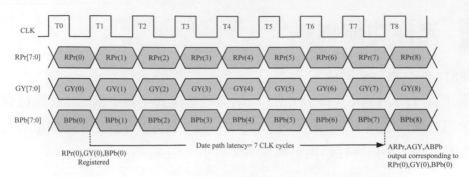

圖 A.2　YPbPr 4:4:4 以及 GBR 4:4:4 3x8 位元資料輸入格式

　　若為 4：2：2 的 Y/Pb/Pr 資料取樣模式，可操作於 2 個位元組(16 bits)或是 1 個位元組(8 bits)的數位視訊信號輸入模式。THS8134b 元件經組態後，其內部的解多工器會將輸入視訊資料搬送到適當的 DAC 進行處理。

　　當輸入為一個位元組的數位視頻信號時，信號的輸入通道僅使用 GY 通道。而 GY 通道的輸入序列為 Pb-Y-Pr，此為國際電信聯盟 ITU-BT.656 制定的規範。當 Blank 遮沒信號由 0 轉變為 1 時，視訊資料由時脈(T1)的正緣依序被取樣進來，且每二次時脈取樣一次 Y 信號，每四次時脈取樣一次 Pb 或 Pr 信號，如圖 A.3 所示。

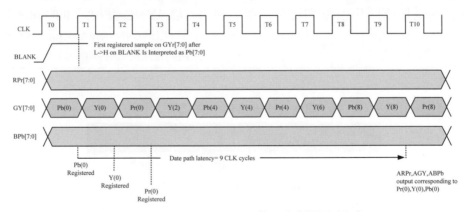

圖 A.3　YPbPr 4:2:1 1x8 位元資料輸入格式

　　若輸入為兩個位元組的數位視頻信號時，信號的輸入通道將使用 GY 和 RPr 為通道。而 RPr 通道的輸入序列為 Pb-Pr。當 Blank 由 0 轉變為 1 時，資料由第一個時脈(T1)正緣處依序續被取樣進來。而系統於每次時脈取樣一次 Y 信號，每二次時脈取樣一次 Pb 或 Pr 信號，如圖 A.4 所示。

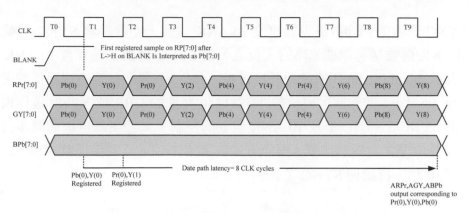

圖 A.4　YPbPr 4:2:2 2x8 位元資料輸入格式

A.3　如何生成同步及遮沒信號

　　THS8134b 藉由 SYNC 與 SYNC_T 的控制，可以將電流疊加於類比輸出通道上。而將電流疊加於單一的 AGY 輸出通道或者是三個輸出通道上，則取決於 INS3_INT 的設定。透過 SYNC 及 SYNC_T 控制信號的時序控制，無論是雙位準或者是三位準之水平同步或是垂直同步信號均可予以產生出來。當 SYNC 保持為 0 的周期時間，定義了同步信號的時間週期，其中若 SYNC 保持為 0 且 SYNC_T 為 1 時，將產生三位準的同步信號。

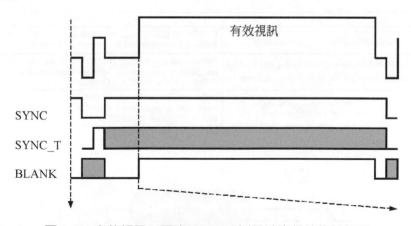

圖 A.5　有效視訊、同步(tri-level)以及遮沒信號的關係圖

　　而 SYNC 信號的動作將優先於遮沒 BLANK 信號，亦就是當 SYNC 信號為 0 的時候，BLANK 信號是可以被忽略的。反之，當 SYNC 信號不為 0 且 BLANK 信號為 0 時，則表示 blanking level 的週期長度。BLANK=1，則為有效的視訊信號週期。至於 blanking level =1 的安置，取決於 THS8134b 元件的 GBR 或 YPbPr 運作模式。圖 A.5 為藉由 SYNC、SYNC_T 及 BLANK 信號的控制，來產生三位準的同步信號與遮沒信號。而雙位準之負同步信號，操作方式與上述 Tri-level 同步信號相似，只差別於當 SYNC 為 0 時，持續使 SYNC_T 保持為 0 即可。

A.4　THS8134b 之類比信號輸出

　　THS8134b 元件內之 DAC 可引導出電流於元件輸出端，亦就是類比輸出驅動器將產生電流輸出。使用者亦可於 THS8134b 之 FSADJ 腳位，配置適當的 R(fs)電阻可調整輸出電流值。另外當所有電流包含(Video, Blanking, Sync) 自元件內部成形，將會產生 1.35 V 的參考電位 Vref 輸出。關於 THS8134b 元件的類比視訊輸出規格，可以符合任一之電影電視工程師協會（Society of Motion Picture and Television Engineers, SMPTE）所規範的視訊標準，如表 A.3 所示。並可藉由使用者配置的輸出端負載，進而可以直接於 DAC 的電流輸出端推動負載阻抗而產生符合標準之電壓位準。

表 A.3　視訊標準

STANDARD	TITLE	SCOPE
AMPTE 253M	3-channel RGB Analog Vedio Interface	Component analog video for studio applications using 525 lines 59.94 fields, 2:1 interface and 4:3 or 16:9 aspect ratio.
AMPTE 274M	1920×1080 Scanning and Analog and Parallel Digital Interface for Multple-Picture Pates	Definition of image format of 1920×1080pixes inside a total raster of 1125 lines, with an aspectratio of 16:9 interfaced format used for 1080 display defintion of the ATSC HDTV standard
AMPTE 296M	1280×720 Scanning, Analog and Digtal Representation and Analog Interface	Defintion of image format of 1280×720 pixeis inside a total raster of 750 lines, with an aspect ratio of 16:9 Progressive format used for 720P display definition of the ATSC HDTV standard.

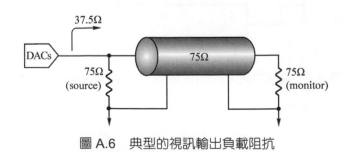

圖 A.6　典型的視訊輸出負載阻抗

以 SMPTE253M 標準爲例，可使用 75 歐姆之雙端並聯阻抗的方法(將 75 歐姆電阻接地及螢幕之 75 歐姆阻抗並聯)，成爲 37.5 歐姆輸出端負載，如圖 A.6 所示，將產生符合 SMPTE253M 視頻標準的視訊輸出電壓範圍如表 A.4。

白色(White)位準之 AGY 輸出電壓 => 26.67mA * 37.5= 1V

黑色(Black)位準之 AGY 輸出電壓 => 8.00mA * 37.5=0.3V

而視訊(Video)位準之 AGY 輸出電壓 => (Video+8.00)mA * 37.5= (Video+0.3)V

(亦即視訊與黑色位準之電流疊加後，再乘上阻抗值)

表 A.4　THS8134b 產生符合 SMPTE253M 標準之信號輸出

LEVEL	AGY		ARPr.ABPb		SYNC	SYNC_T	BLANK	DAC INPUT
	[mA]	[V]	[mA]	[V]				
While	26.67	1.000	16.67	0.7000	1	×	1	FF_h
Video	Video+8.00	Video+0.3	Video	Video	1	×	1	data
Black	8.00	0.3000	0	0	1	×	1	00_h
Blank	8.00	0.3000	0	0	1	×	1	$××_h$
Sync	0	0	0	0	0	×	0	$××_h$

另外，當 SMPTE253M 規範之同步信號爲雙位準形式，由表 A.4 中得知當 SYNC 爲 0 時，SYNC_T 將始終保持爲 0。關於 SMPTE253M 視訊標準之掃描線波形，如圖 A.7 所示。

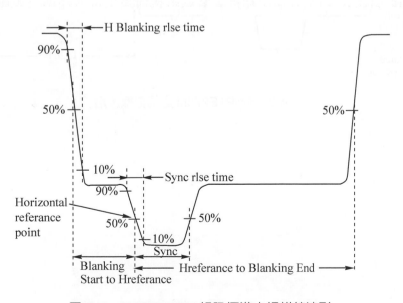

圖 A.7　SMPTE253M 視訊標準之掃描線波形

　　若 SMPTE274M 規範之同步信號則爲三位準形式，表 A.5 中 Sync 同步位準則區分爲正同步(Sync Pos)與負同步(Sync Neg)。當 SYNC 爲 0，且 SYNC_T 爲 1 表示正同步位準。而當 SYNC 爲 0，且 SYNC_T 爲 0 的狀態則表示負同步位準，SMPTE274M 之掃描線波形，如圖 A.8 所示。關於 SMPTE274M 電壓位準計算方式與 SMPTE253M 相同。

表 A.5　THS8134b 產生符合 SMPTE274M 標準之 GBRY 信號輸出

LEVEL	GBRY		SYNC	SYNC_T	BLANK	DAC INPUT
	[mA]	[V]				
While	26.67	1.000	1	×	1	FF_h
Video	Video+8.00	Video+0.3	1	×	1	data
Sync Pos	8.00	0.600	0	1	×	00_h
Black	8.00	0.3000	1	×	1	00_h
Blank	8.00	0.3000	1	×	0	$××_h$
Sync Neg	0	0	0	0	×	$××_h$

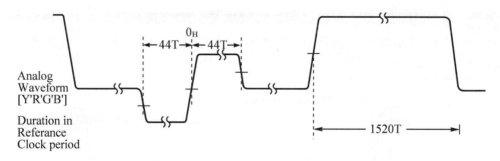

圖 A.8　SMPTE274M 之掃描線波形

B.1　可調整時間之電子鐘專案設計

　　可調整時間之電子鐘專案設計之實驗結果如圖 B.1 所示。圖 B.2、圖 B.3 及圖 B.4 分別為調整小時、分鐘及秒鐘。

圖 B.1　可調整時間之電子鐘專案設計之實驗結果

圖 B.2　調整小時之實驗結果

圖 B.3　調整分鐘之實驗結果

圖 B.4 調整秒鐘之實驗結果

B.2 8×8 點矩陣廣告燈專案設計

8×8 點矩陣廣告燈專案設計之實驗結果如圖 B.5 所示。

圖 B.5 8×8 點矩陣廣告燈專案設計之實驗結果

B.3　繼電器控制專案設計

繼電器控制專案設計之實驗結果如圖 B.6 所示。

圖 B.6　繼電器控制專案設計之實驗結果

B.4 字幕型 LCD 專案設計

字幕型 LCD 專案設計之實驗結果如圖 B.7 所示。

圖 B.7 字幕型 LCD 專案設計之實驗結果

B.5 VGA 顯示控制模組乒乓球遊戲專案設計

VGA 顯示控制模組乒乓球遊戲專案設計之實驗結果如圖 B.8 所示。

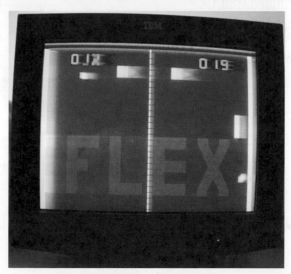

圖 B.8 VGA 顯示控制模組乒乓球遊戲專案設計之實驗結果

B.6 Audio 音效乒乓球遊戲專案設計

具有 Audio 音效乒乓球遊戲專案設計之實驗結果如圖 B.9 所示。

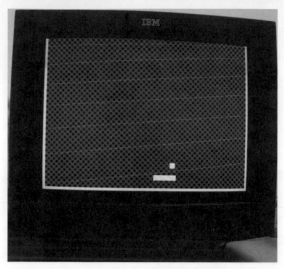

圖 B.9　具有 Audio 音效乒乓球遊戲專案設計之實驗結果

參考書籍

1. CPLD/FPGA 數位電路設計 Cycolone 數位邏輯研發平台，華亨科技有限公司，網址 www.hhnet.com.tw。

2. Introduction to Quartus II Manual (Ver4.0 Rev2)，ALTERA 公司，茂綸股份有限公司，網址 www.gfec.com.tw。

3. CPLD 數位電路設計使用 Max+plus II 入門篇，廖裕評、陸瑞強，全華科技圖書股份有限公司。

4. 系統晶片設計使用 Quartus II，廖裕評、陸瑞強，全華科技圖書股份有限公司。

5. 數位電路系統 IC 軟體設計 VHDL、AHDL 與專題應用，沈鴻哲、周欣欣，旗標出版股份有限公司。

6. VHDL 數字電路設計與應用實踐教程，王振紅，機械工業出版社。

國家圖書館出版品預行編目資料

FPGA/CPLD 數位電路設計入門與實務應用：使用
Quartus II / 莊慧仁編著. -- 五版. -- 新北市
：全華圖書, 2015.03
面；　公分
ISBN 978-957-21-9768-4(平裝附光碟片)
1.CST: 積體電路　2.CST: 設計
448.62　　　　　　　　　　　　　　104002161

FPGA/CPLD 數位電路設計入門與實務應用－使用 Quartus II

作者 / 莊慧仁

發行人 / 陳本源

執行編輯 / 張峻銘

出版者 / 全華圖書股份有限公司

郵政帳號 / 0100836-1 號

印刷者 / 宏懋打字印刷股份有限公司

圖書編號 / 05567047

五版六刷 / 2022 年 10 月

定價 / 新台幣 450 元

ISBN / 978-957-21-9768-4 (平裝附光碟片)

全華圖書 / www.chwa.com.tw

全華網路書店 Open Tech / www.opentech.com.tw

若您對書籍內容、排版印刷有任何問題，歡迎來信指導 book@chwa.com.tw

臺北總公司(北區營業處)
地址：23671 新北市土城區忠義路 21 號
電話：(02) 2262-5666
傳真：(02) 6637-3695、6637-3696

南區營業處
地址：80769 高雄市三民區應安街 12 號
電話：(07) 381-1377
傳真：(07) 862-5562

中區營業處
地址：40256 臺中市南區樹義一巷 26 號
電話：(04) 2261-8485
傳真：(04) 3600-9806(高中職)
　　　(04) 3601-8600(大專)

歡迎加入 全華會員

● 會員獨享

會員享購書折扣、紅利積點、生日禮金、不定期優惠活動…等。

● 如何加入會員

填妥讀者回函卡直接傳真 (02) 2262-0900 或寄回，將由專人協助登入會員資料，待收到 E-MAIL 通知後即可成為會員。

如何購買 全華書籍

1. 網路購書

全華網路書店「http://www.opentech.com.tw」，加入會員購書更便利，並享有紅利積點回饋等各式優惠。

2. 全華門市、全省書局

歡迎至全華門市（新北市土城區忠義路 21 號）或全省各大書局、連鎖書店選購。

3. 來電訂購

(1) 訂購專線：(02) 2262-5666 轉 321-324
(2) 傳真專線：(02) 6637-3696
(3) 郵局劃撥（帳號：0100836-1 戶名：全華圖書股份有限公司）
※ 購書未滿一千元者，酌收運費 70 元。

OpenTech.com.tw 全華網路書店

全華網路書店 www.opentech.com.tw
E-mail: service@chwa.com.tw

※ 本會員制如有變更則以最新修訂制度為準，造成不便請見諒。

讀者回函卡

掃 QRcode 線上填寫 ▶▶▶

姓名：_____　生日：西元_____年_____月_____日　性別：□男 □女

電話：(　　)_____　手機：_____

e-mail：_____（必填）

通訊處：□□□□□

學歷：□高中・職 □大學 □碩士 □博士

職業：□工程師 □教師 □學生 □軍・公 □其他

學校/公司：_____　科系/部門：_____

註：數字零，請用 ⊕ 表示，數字 1 與英文 L 請另註明避免混淆，謝謝。

· 您購買的書名：_____　書號：_____

· 需求書類：
□ A. 電子 □ B. 電機 □ C. 資訊 □ D. 機械 □ E. 汽車 □ F. 工管 □ G. 土木 □ H. 化工 □ I. 設計
□ J. 商管 □ K. 日文 □ L. 美容 □ M. 休閒 □ N. 餐飲 □ O. 其他

· 本次購買圖書為：_____

· 您對本書的評價：
封面設計：□非常滿意 □滿意 □尚可 □需改善，請說明_____
內容表達：□非常滿意 □滿意 □尚可 □需改善，請說明_____
版面編排：□非常滿意 □滿意 □尚可 □需改善，請說明_____
印刷品質：□非常滿意 □滿意 □尚可 □需改善，請說明_____
書籍定價：□非常滿意 □滿意 □尚可 □需改善，請說明_____
整體評價：請說明_____

· 您在何處購買本書？
□書局 □網路書店 □書展 □團購 □其他

· 您購買本書的原因？（可複選）
□個人需要 □公司採購 □親友推薦 □老師指定用書 □其他

· 您希望全華以何種方式提供出版訊息及特惠活動？
□電子報 □DM □廣告 （媒體名稱_____）

· 您是否上過全華網路書店？（www.opentech.com.tw）
□是 □否 您的建議_____

· 您希望全華出版哪方面書籍？_____

· 您希望全華加強哪些服務？_____

感謝您提供寶貴意見，全華將秉持服務的熱忱，出版更多好書，以饗讀者。

填寫日期：_____ / _____ / _____

2020.09 修訂

勘誤表

親愛的讀者：

感謝您對全華圖書的支持與愛護，雖然我們很慎重的處理每一本書，但恐仍有疏漏之處，若您發現本書有任何錯誤，請填寫於勘誤表內寄回，我們將於再版時修正，您的批評與指教是我們進步的原動力，謝謝！

全華圖書　敬上

書　號		書　名		作　者
頁　數	行　數		錯誤或不當之詞句	建議修改之詞句

我有話要說：_____
（其它之批評與建議，如封面、編排、內容、印刷品質等・・・）